クローズアップRFワールド

掲載記事の写真の一部をフルカラーでご覧ください．〈編集部〉

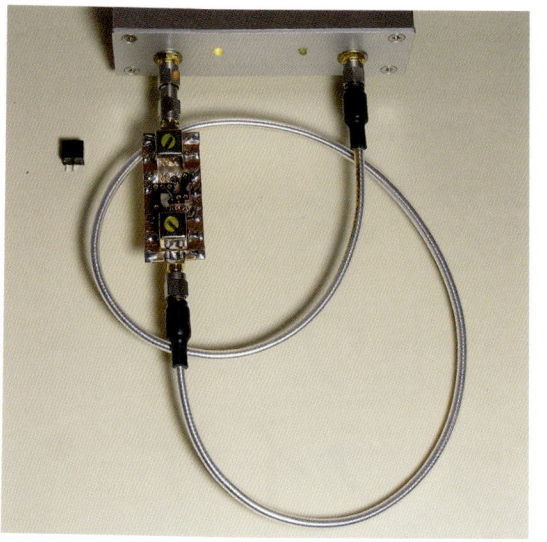

〈写真1〉セラミック・フィルタ測定用治具を接続したようす（特集 第7章）

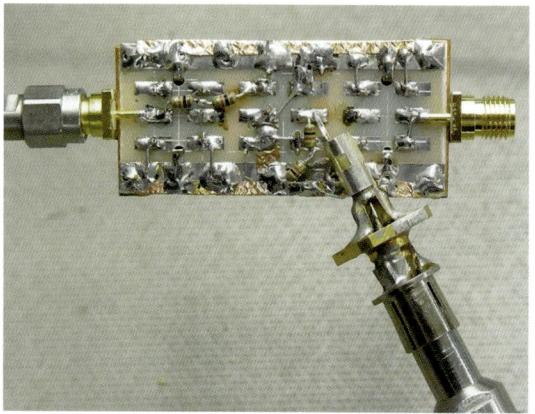

〈写真2〉抵抗マッチング方式の評価回路で測定する（特集 第7章）

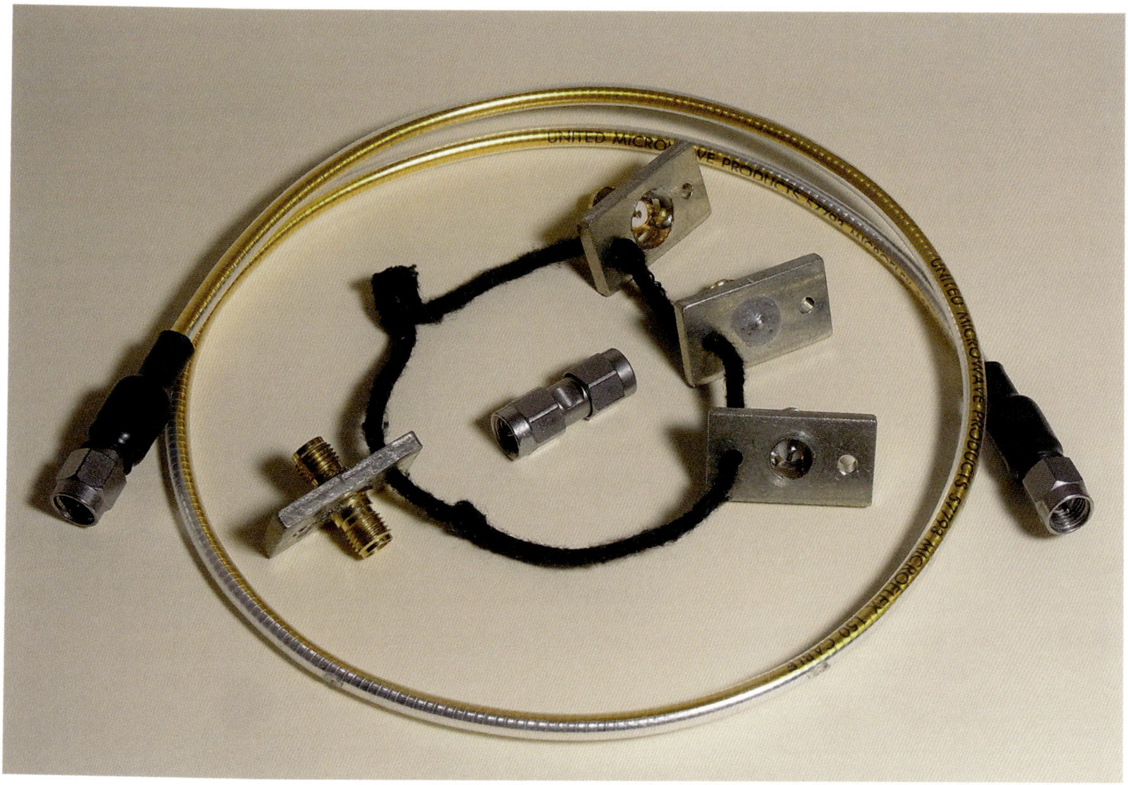

〈写真3〉SMAメス・コネクタで自作した標準器とSMAオス-オス中継コネクタ（特集 第6章）

RFワールド

RADIO FREQUENCY
無線と高周波の技術解説マガジン

1	クローズアップRFワールド

特◎集 USB接続で500 MHzまで測れるVNAの設計と製作　　　7

作る！ベクトル・ネットワーク・アナライザ

特集執筆：富井 里一

イントロダクション VNAは何が測れるのか？，測定の仕組み，ziVNAuの特徴
8 5分でわかる！VNA

12 **Appendix** ziVNAuを製作するに至った動機

[第1章] Sパラメータのおさらい，VNAの基本構成と測定原理，VNAは校正が命
13 VNAのおさらい

[第2章] システム構成，ziVNAuの回路，基板仕様やレイアウト，マイコン書き込みインターフェース
20 製作したVNAの概要

32 **Appendix** 写真で見るziVNAuユニットのプリント基板

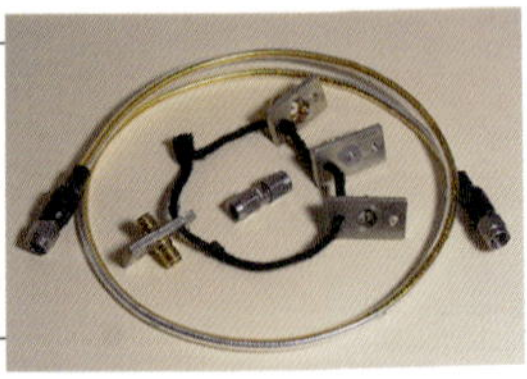

[第3章] 開発環境とその準備，マイコンが担当する機能の概要，周波数掃引スピードの工夫など
34 PICマイコンのソフトウェア

[第4章] 測定の流れ，USB通信，FIRフィルタ，ヒルベルト変換，キャリブレーション，DDSの計算など
46 PC側のアプリケーション・ソフトウェア

[第5章] USBドライバのインストール，PCアプリのセットアップ，ziVNAuユニットの動作試験など
61 インストールと動作確認

RFワールド No.35

CONTENTS No.35

www.rf-world.jp　トランジスタ技術 増刊

本文イラスト: 神崎 真理子

[第6章]	基本的な操作，マイクロストリップ・ラインのS_{11}測定，校正手順，壊さないための注意事項	
69	**基本的な使い方**	

[第7章]	フィルタや水晶発振子の周波数特性，アンテナのマッチング，トランジスタのSパラメータ	
88	**受動部品，アンテナ，高周波トランジスタの測定**	

エピローグ		
106	**My実験室にVNAを！**	

特設記事		
107	 電波の安全性を誰が評価するのか？ 生体に対する影響と細胞に対する影響，国際機関による評価の概要など **電波と健康のお話応用**	宮越 順二

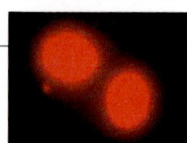

技術解説	**PSSRの仕組み**	
116	 電波を発射せずに航空機の航行位置を算出できる！ **受動型2次監視レーダーのしくみと実際**	野田 晃彦
125	**Appendix**　発明者 植田知雄とPSSR開発をめぐる四方山話 **受動型SSR装置の今は昔**	塩見 格一

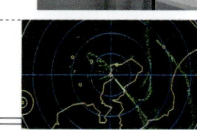

歴史読物	平磯無線開設100周年記念	
131	平磯無線の100年史 **日本の無線通信研究の故郷** 後編：電波警報から宇宙天気予報へ	丸橋 克英
142	**Appendix**　電波伝搬と関連深い観測速報を国際的に交換するシステム **ウルシグラムの創成と国際警報業務機関**	丸橋 克英

折り込み付録

 無線LANや無線PANなどの周波数チャートⅣ
無線と高周波の便利メモ

発行人	寺前 裕司　編集人 小串 伸一	印刷所　三晃印刷(株)
発行所	CQ出版株式会社　〒112-8619 東京都文京区千石4-29-14	©CQ出版社 2016　禁無断転載
電話	編集　(03)5395-2123　FAX (03)5395-2022	Printed in Japan
	販売　(03)5395-2141　FAX (03)5395-2106	＜定価は表4に表示してあります＞
	広告　(03)5395-2131　FAX (03)5395-2104	本書に記載されている社名および製品名は，一般に開発メーカの登録商標または商標です．なお本文中では，TM，®，©の各表示を明記しておりません．
振替	00100-7-1066	

クローズアップRFワールド

→1ページから続く

〈写真4〉ziVNAuで2SC3356のS_{11}を測定するようす(特集 第7章)

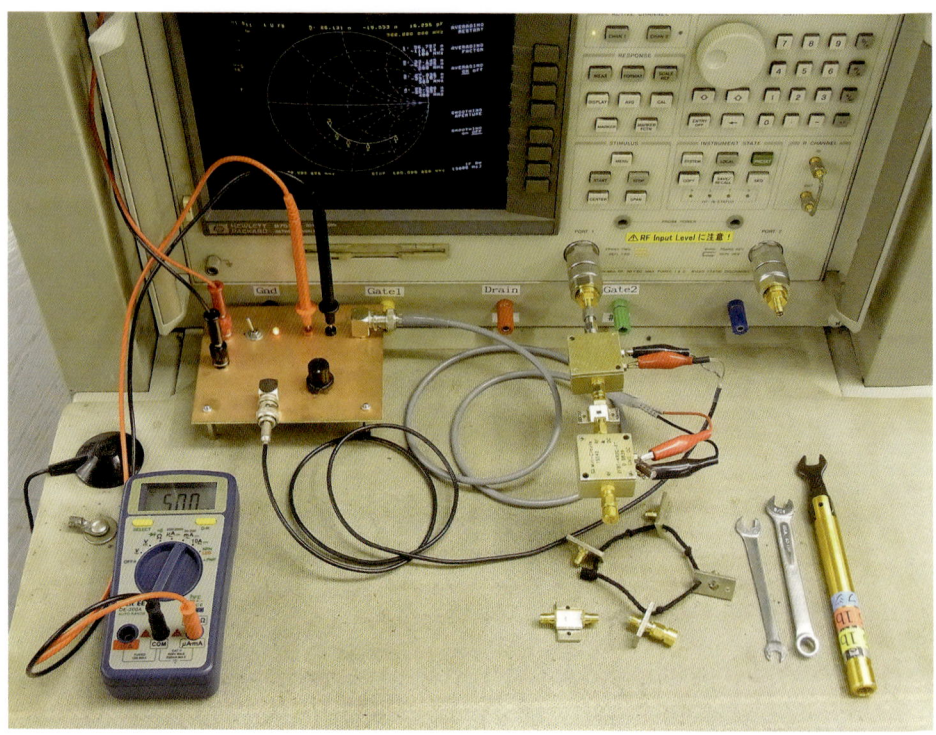

〈写真5〉8753Dで2SC3356のS_{11}を測定するようす(特集 第7章)

クローズアップRFワールド

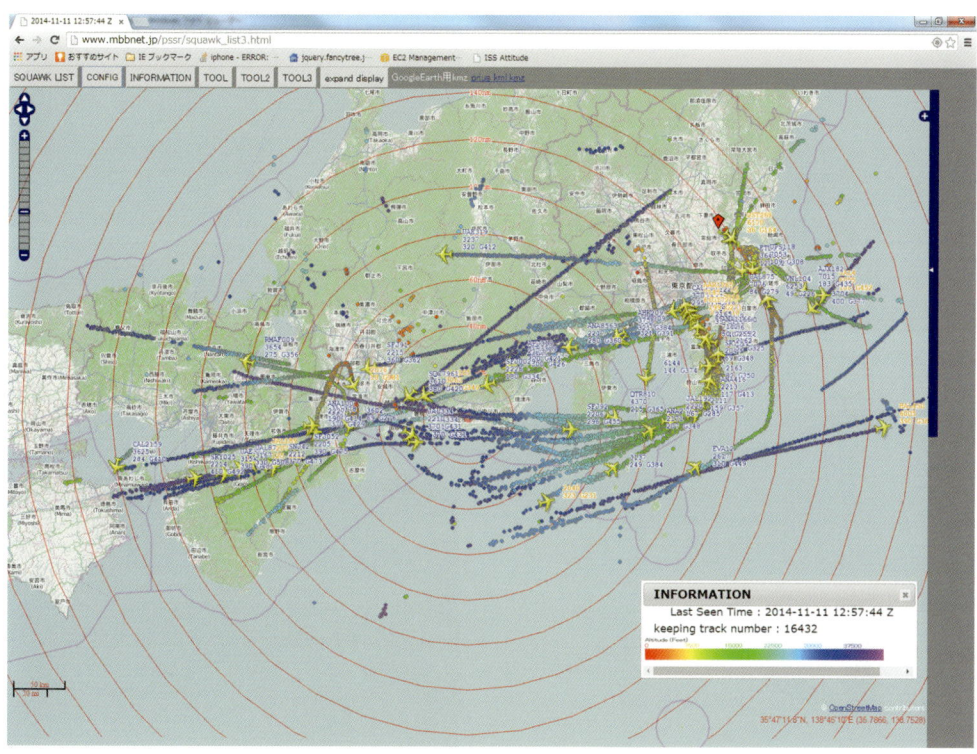

〈図1〉成田空港と小牧空港の情報を集約して表示した例(p.116)

〈図2〉SSRモードA/CならADS-Bでは捕捉できない航空機も表示できている(p.116)

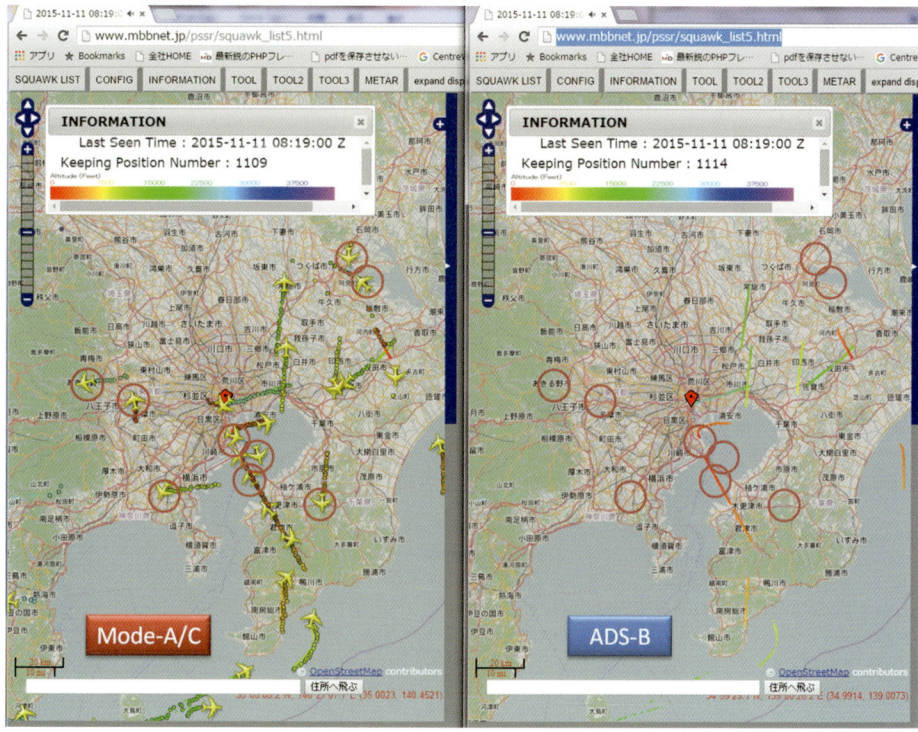

クローズアップRFワールド

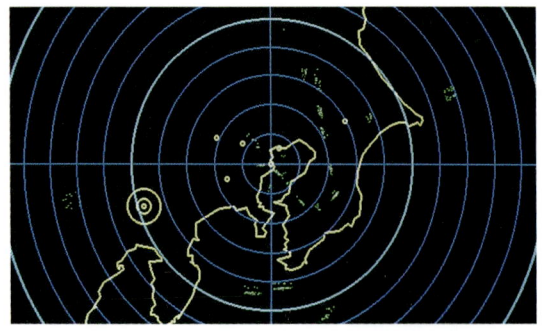

〈写真6〉関東圏空域を観測した最初の結果（東京ヘリポートに設置）（p.125）

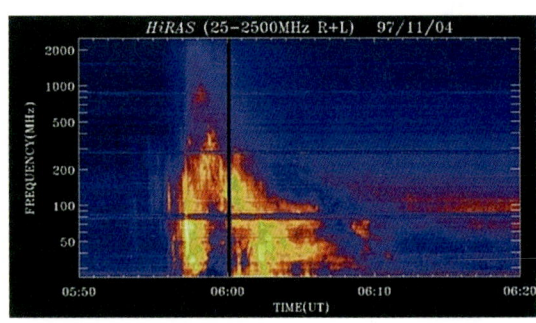

〈図3〉HiRASで記録した太陽電波バーストのダイナミック・スペクトル観測例（p.131）

◀〈写真7〉太陽電波を観測するパラボラ・アンテナ（p.131）

〈写真8〉短波モニタ用対数周期アンテナ（4～30 MHz）（p.131）

〈図4〉宇宙天気の概念図（p.131）

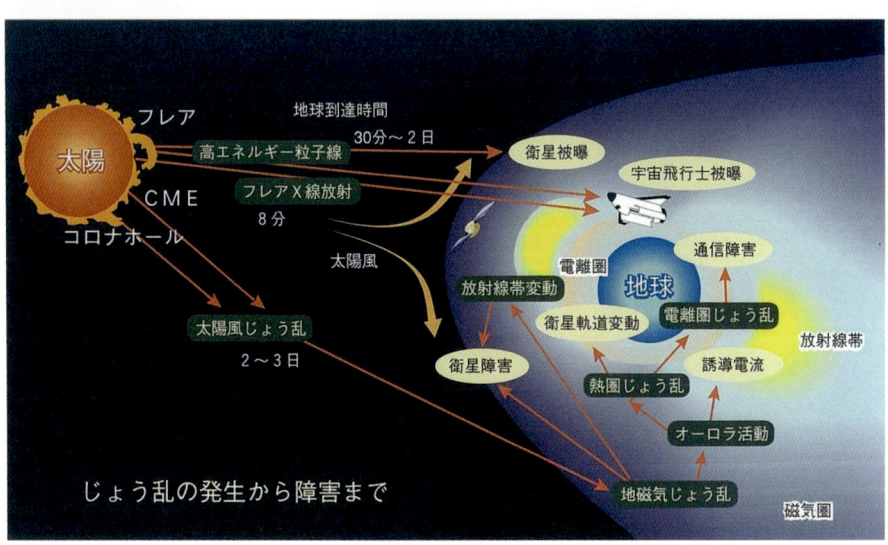

特◎集

USB接続で500MHzまで測れるVNAの設計と製作

特集 作る！ベクトル・ネットワーク・アナライザ

スペクトラム・アナライザは使ったことがあるけど，ベクトル・ネットワーク・アナライザ（VNA）は使ったことがないというアナタに朗報です！

本特集では，USB 2.0接続で500 MHzまで測れるWindowsベースのVNAを設計し，製作します．希望者には組み立て調整済みの完成基板を有償頒布（期間限定）いたします．この機会にVNAをマスターしてみませんか？

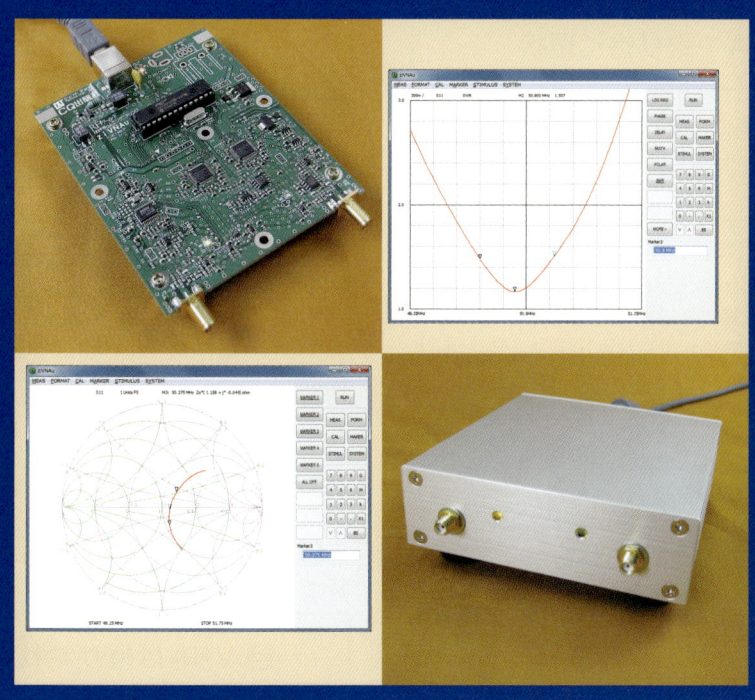

8	イントロダクション	5分でわかる！ VNA
12	Appendix	ziVNAuを製作するに至った動機
13	第1章	VNAのおさらい
20	第2章	製作したVNAの概要
32	Appendix	写真で見るziVNAuユニットのプリント基板
34	第3章	PICマイコンのソフトウェア
46	第4章	PC側のアプリケーション・ソフトウェア
61	第5章	インストールと動作確認
69	第6章	基本的な使い方
88	第7章	受動部品，アンテナ，高周波トランジスタの測定
106	エピローグ	My実験室にVNAを！

特集 イントロダクション

VNAは何が測れるのか？, 測定の仕組み, ziVNAuの特徴

5分でわかる！VNA

富井 里一
Tommy Reach

❶ VNAを取り巻く現状

■ ディジタルの回路設計にも登場するようになったSパラメータ

　少し前まではRF設計の世界でしか登場しなかった「Sパラメータ」は，最近では高速ディジタル信号（USB, HDMI, PCI-Expressなど）の信号波形シミュレーションでも，耳にするようになってきました．コネクタやEMC対策部品をSパラメータとしてシミュレータに取り込むような場面です．このSパラメータを測定するのが"VNA"すなわちベクトル・ネットワーク・アナライザです．

■ メーカ製VNAの価格

　この30年あまりでメーカ製のスペアナ（スペクトラム・アナライザ）は低価格化が進んで，3GHzぐらいまでのスペアナなら，10万円台で購入できる時代になったと思います．例えば台湾GW-Instek社の150k～3GHzスペアナGSP-730は定価98,000円です．
　一方で，メーカ製のVNA（写真1，写真2）はまだまだ高価です．2ポートの3GHz級VNAでも350万円ぐ

らいします．ハンドヘルドならもう少し安いですが，それでも150万円ぐらいします．

■ 個人で持てる低価格なVNAもある

　その一方で，本誌No.10で紹介された"VNWA2"（ドイツのアマチュア無線家DG8SAQが発表）は，手のひらサイズの簡易VNAをキットと完成品で頒布していて，完成品を購入した方に聞いたところ362ポンド（約65,000円）だったそうです．
　回路構成としては，抵抗ブリッジで方向性の信号を取り出し，RFミキサ（SA612）でオーディオ帯域まで周波数変換をして，OPアンプで増幅します．また，ローカル信号はDDS（AD9859）を使用し，オーバー・クロックとDDSのスプリアス成分もローカルにする大胆な使い方で測定周波数レンジを広げています．VNWA2の頒布は終了しましたが，現在はその後継機種としてVNWA3シリーズ（写真3）の完成品を7万円弱（日本国内では10万円弱）で購入できるようです．

❷ VNAは何が測れるのか？

　本格的な測定に使うならメーカ製の高価なVNAを使うと思いますが，そもそもVNAを使うと何が測れ

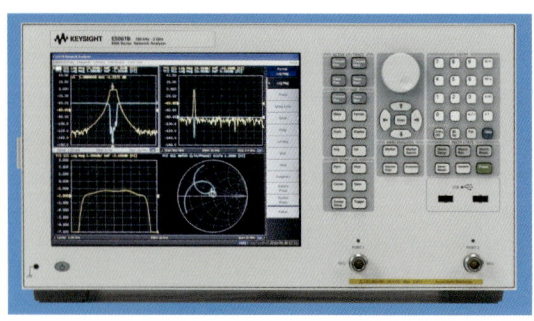

〈写真1〉ネットワーク・アナライザE5061B-135（100k～3GHz）［写真提供：キーサイト・テクノロジー（合同）］

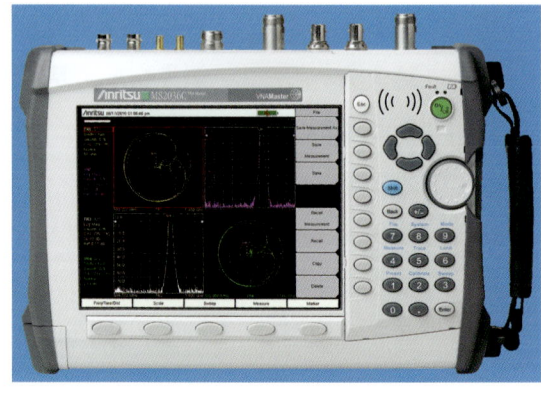

〈写真2〉ネットワーク・アナライザMS2036C "VNAマスタ"（5k～6GHz）［写真提供：アンリツ㈱］

特集　作る！ベクトル・ネットワーク・アナライザ

〈写真3〉手のひらサイズのベクトル・ネットワーク・アナライザ "VNWA3"（http://sdr-kits.net/）

るのでしょうか？

　フィルタの振幅特性を知りたいなら**写真4**のようにトラッキング・ジェネレータ(TG)とスペアナを組み合わせる方法でも測定可能です．ですが，VNAの特徴はスミス・チャート表示と位相測定にあると思います．いくつか例を挙げてみます．また，★印は第7章で測定事例として紹介します．

■ 回路のインピーダンス測定

　VNAは回路のインピーダンスを測定できます．50Ωから外れてくると測定精度が落ちてきますが，VNAの定番の測定だと思います．

■ 部品のSパラメータの測定 ★

　部品のSパラメータを測定できます．第7章では，トランジスタのS_{11}とS_{22}の測定を紹介します．

■ アンテナのインピーダンス ★

　アンテナはSWRで評価することが多いと思いますが，スカラー・ネットワーク・アナライザでも測定できます．VNAでももちろん測定できます．
　一方で，アンテナの特性をスミス・チャートに表示すると，L性やC性の偏り，共振の有無，抵抗値などの情報が読み取れるので，性能を改善しようとする次の一手が見つかりやすいように思います．
　このようにVNAはアンテナの分析にも利用できます．

■ 水晶発振子のf_rとf_aの測定 ★

　水晶発振子は直列共振周波数(f_r)と並列共振周波数(f_a)の間で誘導性リアクタンスを示すので，コイルと見なせます．水晶発振回路は，この特性を利用して周波数の安定な信号を取り出すことができます．
　VNAはこのf_rとf_aを測定できます．詳しくは第7章を見てください．

■ 電気長の測定

　アンテナのバランに同軸ケーブルを利用するときに位相を測定します．**図1**は$\lambda/2$長のU字バランの構造です．同軸ケーブルの電気長を$\lambda/2$にすることで，位相が180°反転してバランとして機能します．
　VNAはこのような同軸ケーブルの電気長を測定できます．

■ 群遅延の測定 ★

　位相を測れるので群遅延もわかります．角周波数の変化量と位相変化量の比が群遅延です．FMの変復調(FM，FSK，PSK，MSKなど)に利用するIFフィルタの群遅延特性が悪いと，例えばFM復調では復調したオーディオ信号の歪みが増えてしまいます．
　VNAは群遅延特性も測定できます．

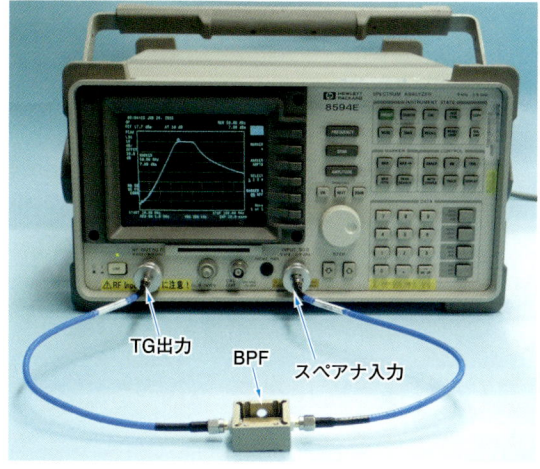

〈写真4〉TG付きスペアナ(HP8594E)でBPFを測定しているようす

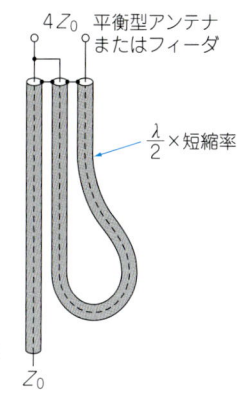

〈図1〉[2]
$\lambda/2$迂回ラインを使うU字バラン

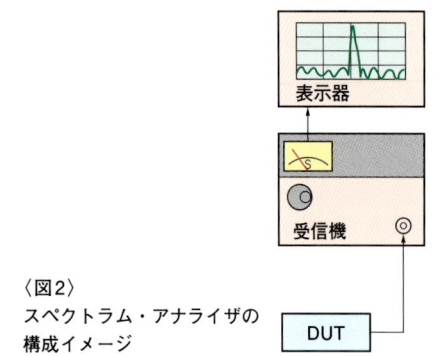

〈図2〉スペクトラム・アナライザの構成イメージ

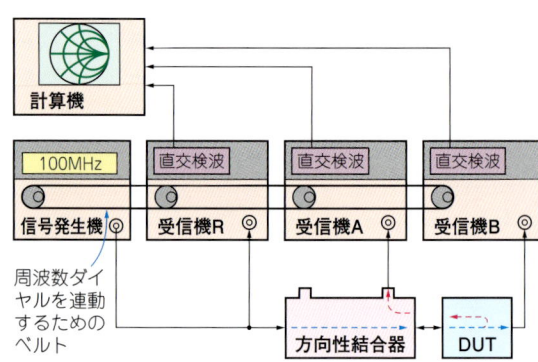

〈図4〉ベクトル・ネットワーク・アナライザの構成イメージ

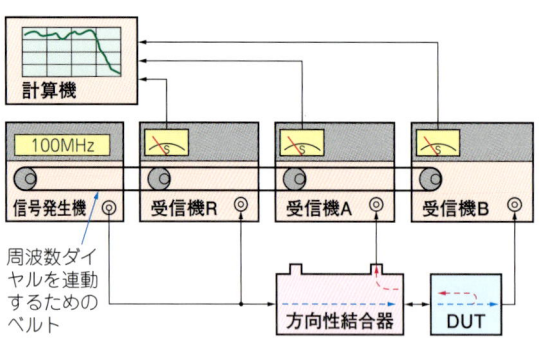

〈図3〉スカラー・ネットワーク・アナライザの構成イメージ

測定は，各周波数で受信した二つのSメータのレベルを除算します．分母を基準となる受信機RのSメータ・レベル，分子をDUTから戻ってきた信号を受ける受信機AのSメータ・レベルとして除算をすれば，リターン・ロスを測定することになります．または，受信機Bと受信機RのSメータ・レベルを除算すれば伝達ロスを測定することになります．そして，各周波数の除算結果を横軸が周波数のグラフに表示するのがスカラーNAです．測定値は振幅の相対値になります．

スペアナと比べたときのスカラーNAの特徴として，下記があげられます．
- 方向性結合器または同等機能が必要
- 基準となるSGが必要
- 2台の受信レベルを除算する機能がある
- SGと3台の受信機の周波数を同時に変える機能がある

■ VNA

スカラーNAとの違いは，3台の受信機にそれぞれ直交検波器を搭載して，実数と虚数を計算機に渡すところが異なります．図4はそのイメージ図です．

複素数(実数と虚数)どうしの除算ですから，実数どうしの除算より少々複雑になります．分母の虚数を無くなるようにする実数化が必要です．

スカラーNAと比べたときのVNAの特徴は，
- 3台の受信機は直交検波器を搭載している
- 2台の受信信号を複素数で除算する機能がある

このようにVNAは，受信回路が3個も必要で，かつ，3台の受信機には直交検波器が必要になり，スペアナやスカラーNAより回路規模が大がかりになることがわかると思います．

4 本特集で紹介する"ziVNAu"の特徴

本特集ではDG8SAQによる"VNWA2"と同様の構成で実現した2ポート簡易ベクトル・ネットワー

3 VNAによる測定の仕組み

スペアナやスカラー・ネットワーク・アナライザを受信機に置き換えて，位相が測定できるVNAのしくみを説明します．

■ スペクトラム・アナライザ

図2を見てください．受信機のアンテナに測定したい回路(DUT)を接続します．受信機のチューニング・ダイヤルを回しながら，Sメータ(受信信号レベル計)の指示値を読み取ります．その値を横軸が周波数で縦軸が信号レベルのグラフにプロットしたものがスペアナの画面表示です．

スペアナの測定値は絶対値(VやdBm)になります．

■ スカラー・ネットワーク・アナライザ

2ポートのスカラー・ネットワーク・アナライザ(以下スカラーNA)は，3台の受信機，1台のSG(信号発生器)，方向性結合器と，計算と表示を行う計算機を用意します．図3はそのイメージ図です．

SGは受信周波数とピッタリ同じ周波数の正弦波を発生させます．そして，周波数を可変する部分は，一つのダイヤルを回すとSGと3台の受信機の受信周波数が同時に変わるようにします．

特集　作る！ベクトル・ネットワーク・アナライザ

〈写真5〉ケースに納めた簡易ベクトル・ネットワーク・アナライザ "ziVNAu"（ジバナウ）

ク・アナライザ "ziVNAu"（**写真5**）を題材として，Windowsベースの測定器の製作法，VNAによる基本的な測定方法などを紹介します．

ziVNAuの特徴は，次の通りです．

- **測定範囲は100 kHz～500 MHz**
  ダイナミック・レンジを無視すれば3 GHzまで設定可能です．
- **ダイナミック・レンジ約75 dB**（100 kHz～200 MHz）
  上限となる500 MHzでは約50 dBです．
- **ケーブル付け替えなしにS_{22}やS_{12}も測定可能**
  S_{11}とS_{21}を測定できるほか，ポート2からも出力できるのでケーブルを付け替えることなくS_{22}やS_{12}も測定可能です．

- **使用部品は入手容易な市販品を使用**
  部品は，秋月電子通商，RSコンポーネンツ，DigiKeyなど小売店やウェブ通販で購入できる市販品で構成しました．（プリント基板を除く）
- **ソフトウェアは無償公開**
  パソコン側のソフトウェアもマイコン側のファームウェアも無料でダウンロードできるようにする予定ですから，ハードウェアを用意すれば直ぐに測定できます．また，それらのソース・コードも無償公開する予定です．詳しくは下記サイトをご参照ください．
  http://www.rf-world.jp/go/3501/
- **操作性**（PCアプリ）**は8753風**
  パソコン上で動作する本機のソフトウェアの操作は，キーサイト社のVNA 8753Dに似ています．8753Dを使ったことのある方には直感的に操作できると思います．

◆ 参考文献 ◆

(1) 西村芳一；「"VNWA2"キットの製作・試用記」，RFワールド No.10, pp.113～119, CQ出版社, 2010年6月．
(2) 角居 洋司（編），吉村 裕光（編）；「アンテナ・ハンドブック」，ダイナミック・ハムシリーズNo.5, 399p., CQ出版社, 1985年2月．

とみい・りいち
祖師谷ハム・エンジニアリング

■ **関連ソフトウェアのダウンロード・サービスと完成基板頒布サービスについて**

● **関連ソフトウェアの無償ダウンロード・サービス**
ziVNAuユニットに搭載されたPICマイコンのファームウェア，同ソース・コード，Windowsパソコン上で動作するアプリケーション・ソフトウェア（ziVNAu.exe），同ソース・リスト，全回路図などを無償公開する予定です．詳しくは下記サイトをご覧ください．
http://www.rf-world.jp/go/3501/

● **完成基板頒布サービス**
ziVNAuの完成基板（**写真A**）を希望者に実費＋αで頒布する予定です．基板は部品実装済みで，動作検査済みです．ただし，ケースは付属しませんので，ご自身で製作してください．完成基板頒布サービスは期間限定です．詳しくは下記サイトをご参照ください．〈編集部〉
http://www.rf-world.jp/go/3501/

〈写真A〉頒布予定の "ziVNAu" 完成基板

Appendix

簡単な回路で，抵抗値とリアクタンス値がわかる測定器に取り組んだわけ
ziVNAuを製作するに至った動機

富井 里一
Tommy Reach

● アンテナの入力インピーダンスが知りたい！

　ある日，アマチュア無線用に自作したアンテナのSWRが期待通りに下がらず，アンテナの入力インピーダンスがスミス・チャートのどこにいるのかを知りたくなったのがきっかけです．今ではリアクタンスまで測れるアンテナ・アナライザが5万円台で市販されていますが，用途がアンテナ測定に絞られてしまうので，購入に踏み切れずにいました．そのときからVNAの自作を考えるようになりました．

● 簡単な回路だけで，抵抗値とリアクタンス値を別々に測れるしくみ

　市販アンテナ・アナライザに関して一番不思議だったのは，抵抗値とリアクタンス値を別々に測るしくみを5万円台で実現していることでした．メーカ製VNAなら何百万円もするのに….

　そのような時，本誌No.10で抵抗ブリッジの解説を見つけたことと，信号処理の勉強でヒルベルト変換を知ったことで，これらを組み合わせて実験してみたい！という気持ちになったのでした．

● VNAの面白さに引き込まれる

　最初は単なる実験だけで終わるつもりでしたが，計算ができたらS_{11}をスミス・チャートにプロットしてみたい！次はS_{21}，周波数をスイープして…という具合に止まらなくなってしまい，せっかくここまでできたので，ローカル仲間（アマチュア無線の知れたどうしの仲間）にも使ってもらいたい気持ちになり，VNAの形にまとめる気になりました．写真1は一通りのハ

〈写真1〉ユニバーサル基板に回路を組んだ試作機

ードウェアがユニバーサル基板に組みあがったころの写真です．これでハードウェアとソフトウェアを評価していました．

● 完成までの長い道のり

　いったんVNAを作ると決心すると，プリント基板を作らなくてはならないですし，部品の実装性や組み立てやすさなども考慮する必要があり，結構，気が遠くなりました．1か月くらいはフリーのCADに部品登録をしていました．はんだ付け性を考えて自分で寸法を決めていたためです．

　そんな時，会社の同僚に愚痴をいうと「時間と費用を考えれば，廉価版のVNAが買えるんじゃないの？」といわれ「フン，今に見ていろ！」という気持ちになり，最後まで踏ん張れたのかもしれません．

とみい・りいち
祖師谷ハム・エンジニアリング

特集　作る！ベクトル・ネットワーク・アナライザ

第1章　Sパラメータのおさらい，VNAの基本構成と測定原理，VNAは校正が命

VNAのおさらい

富井 里一
Tommy Reach

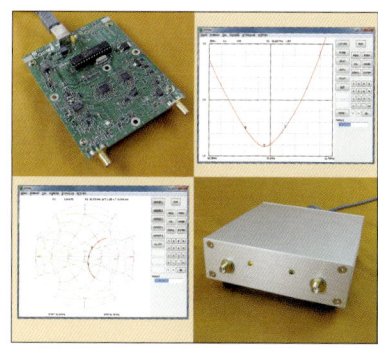

1.1 Sパラメータのおさらい

Sパラメータは，回路をブラック・ボックスとして，入出力信号の関係だけで表すhパラメータや，yパラメータの仲間です．トランジスタのデータ・シートを見ると，低周波はhパラメータ，HFまではyパラメータ，VHF以上はSパラメータで示すことが多いように思います．

図1.1は2ポートのSパラメータを表す図と式です．Sパラメータの解説では必ず出て来るおなじみのものです．

■ 1.1.1 S_{11}は反射係数

図1.1の式から，S_{11}はa_2がゼロのときの$b_1 \div a_1$になります．

$$S_{11} = \frac{b_1}{a_1} \bigg|_{a_2=0} \quad \cdots\cdots\cdots (1.1)$$

ここに登場するa_1とb_1の定義は，図1.2に示すように，V_1の電圧を送り(V_{1F})と戻り(V_{1R})の電圧に分離して表す時，以下のように定義します．

$$a_1 = \frac{V_{1F}}{\sqrt{Z_0}} \quad \cdots\cdots\cdots (1.2)$$

$$b_1 = \frac{V_{1R}}{\sqrt{Z_0}} \quad \cdots\cdots\cdots (1.3)$$

この送る電圧V_{1F}と戻る電圧V_{1R}を利用して，S_{11}が「反射係数」であることを求めてみます．

図1.3は1ポート回路において，負荷のインピーダンスを信号源の出力インピーダンスZ_0と等しくしたときの回路です．信号源と負荷インピーダンスはZ_0で一致していますから，戻る電圧(V_{1R})と電流(I_{1R})はゼロになります．この条件で図1.2にある$V_1 = V_{1F} + V_{1R}$の式からV_{1F}を求めます．戻る電圧(V_{1R})と電流(I_{1R})はゼロなので，信号源電圧E_1を二つのZ_0で分圧した半分の電圧がV_{1F}になります．言い換えると，信号源のZ_0の両端電圧V_1と負荷側のZ_0の両端電圧$I_1 Z_0$を合計した電圧を半分にしたものがV_{1F}になります．

$$V_{1F} = \frac{E_1}{2} = \frac{V_1 + I_1 Z_0}{2} \quad \cdots\cdots (1.4)$$

一方V_{1R}は，V_{1F}が求まれば図1.2にある$V_1 = V_{1F} + V_{1R}$の式から求まります．

$$V_{1R} = V_1 - V_{1F} = V_1 - \frac{E_1}{2} = V_1 - \frac{V_1 + I_1 Z_0}{2}$$

$$= \frac{2V_1}{2} - \frac{V_1 + I_1 Z_0}{2} = \frac{V_1 - I_1 Z_0}{2} \quad \cdots (1.5)$$

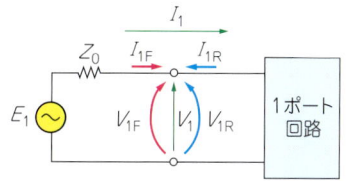

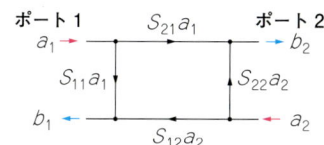

〈図1.1〉2ポートのSパラメータを表す図と式

〈図1.2〉1ポート回路のSパラメータを表す図と式

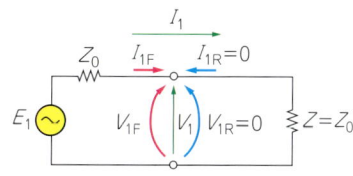

〈図1.3〉負荷をZ_0にしたときの1ポート回路

そして，図1.2の$S_{11} = V_{1R}/V_{1F}$の式に，式(1.4)と式(1.5)を代入し，S_{11}の式を解いてゆきます．

$$S_{11} = \frac{V_{1R}}{V_{1F}} = \frac{\frac{V_1 - I_1 Z_0}{2}}{\frac{V_1 + I_1 Z_0}{2}} = \frac{V_1 - I_1 Z_0}{V_1 + I_1 Z_0} \cdots\cdots(1.6)$$

分母分子をそれぞれI_1で割ります．

$$S_{11} = \frac{\frac{V_1 - I_1 Z_0}{I_1}}{\frac{V_1 + I_1 Z_0}{I_1}} = \frac{\frac{V_1}{I_1} - Z_0}{\frac{V_1}{I_1} + Z_0} \cdots\cdots(1.7)$$

ここで，V_1/I_1をZ_1に置き換えます．

$$S_{11} = \frac{Z_1 - Z_0}{Z_1 + Z_0} \cdots\cdots(1.8)$$

さらに，小文字のzをZ_0で正規化したものとすると，S_{11}は馴染みある反射係数の式になります．

$$\Gamma = S_{11} = \frac{z - 1}{z + 1} \cdots\cdots(1.9)$$

■ 1.1.2 S_{21}は伝達係数

図1.4は，負荷をZ_0にした1ポートの回路(図1.3)を2ポートにしたものです．二つの負荷は，信号源のインピーダンスと同じZ_0です．ここから，送る電圧と戻る電圧を利用してS_{21}を求めてゆきます．

ポート2側の戻る電圧V_{2R}は，1ポート回路で求めたV_{1R}と同じ考え方で式が整理できます．

$$V_{2R} = V_2 - V_{2F} = V_2 - \frac{E_2}{2}$$
$$= V_2 - \frac{V_2 + I_2 Z_0}{2} = \frac{V_2 - I_2 Z_0}{2} \cdots\cdots(1.10)$$

そしてS_{21}は，図1.4にある$S_{21} = V_{2R}/V_{1F}$の式を利用します．S_{21}を求めるときは，ポート2から信号を出力しない条件が付くので，E_2をゼロにします．V_{1F}は先ほど解いた式(1.4)を利用します．そして，整理するとS_{21}を求める式になります．

$$S_{21} = \frac{V_{2R}}{V_{1F}} = \frac{V_2 - \frac{0}{2}}{\frac{V_1 + I_1 Z_0}{2}} = \frac{2V_2}{V_1 + I_1 Z_0} \cdots\cdots(1.11)$$

SPICE系の回路シミュレータでも式(1.11)を利用すればS_{21}が求まります．試しにLTspiceで式(1.11)を利用して図1.5のLPF回路のS_{21}を計算してみたのが図1.6です．LTspiceは.NETコマンドを利用すればSパラメータが計算できるので，検算として.NETコマンドの結果も同時表示しています．振幅も位相も.NETコマンドの特性と一致しています．

ポート1とポート2のインピーダンスが異なるときは，式(1.12)になります．

$$S_{21} = \frac{2V_2}{V_1 + I_1 Z_1} \sqrt{\frac{Z_1}{Z_2}} \cdots\cdots(1.12)$$

これはポート1とポート2がそれぞれ消費する電力の比と，ポート1とポート2のインピーダンス比が同じなので，式(1.11)にポート1とポート2の比を組み込みます．ただし，ポート1とポート2のインピーダンス比は電力の次元なので，式(1.11)と同じ次元にするために，ポート1とポート2の比をルートしたものを式(1.11)に乗算して，式(1.12)になります．

S_{21}は「伝送係数」と呼ばれていますが，具体的には伝達利得やロスに相当します．

■ 1.1.3 $a_2 = 0$の条件はポート2をZ_0(50Ω)で終端

S_{11}やS_{21}を求めるときに$a_2 = 0$の条件が付きますが，これはどのような意味があるのでしょうか．

ここでは図1.2を利用したいので，$a_2 = 0$を$a_1 = 0$に置き換えて話を進めます．

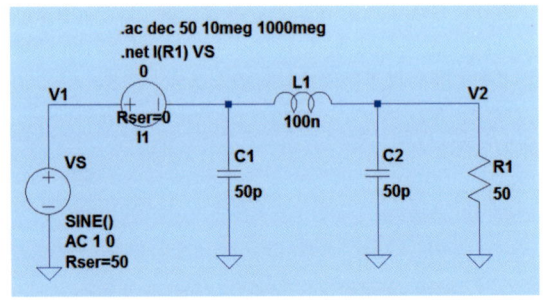

〈図1.5〉式(1.11)を使ってS_{21}を計算する回路

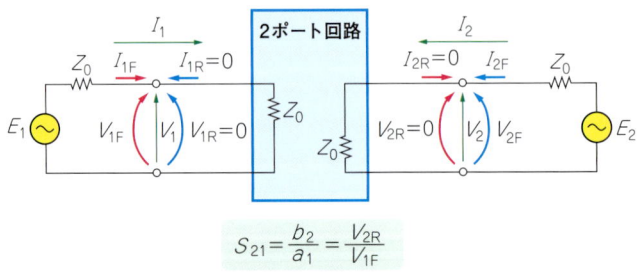

〈図1.4〉負荷をZ_0にしたときの2ポート回路

特集 作る！ベクトル・ネットワーク・アナライザ

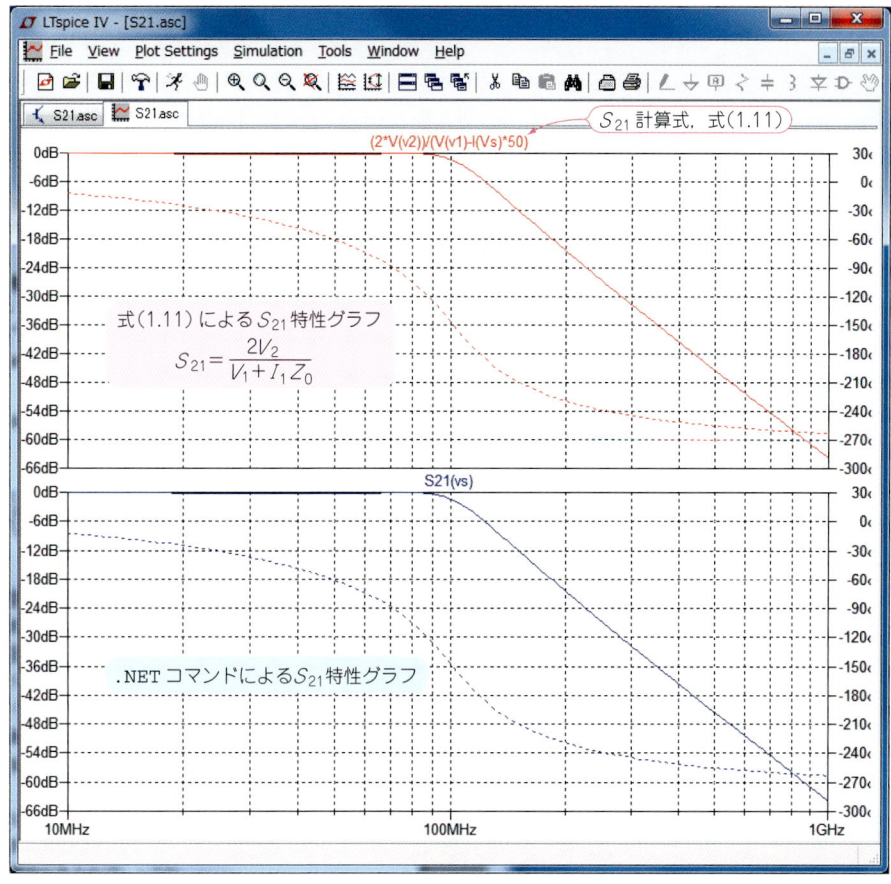

〈図1.6〉
LTspiceによる式(1.11)とS_{21}の計算結果

式(1.2)においてa_1をゼロにするには，分子にあるV_{1F}をゼロにすれば良いことになります．V_{1F}が発生する元の電源はE_1なので，E_1をゼロにすることでa_1はゼロになります．

ただ，見落としやすいことは，信号源側のZ_0の存在です．$E_1 = 0$ VでZ_0はGNDに接続しています．電源の内部抵抗はゼロΩなので，信号源側のZ_0はGNDに接続していることと同じです．言い換えれば，信号源側はZ_0で終端していることになります．つまり$a_1 = 0$や$a_2 = 0$の条件は，そのポートの信号出力をOFFにして，かつ，Z_0（50 Ω）で終端することを意味します．

Sパラメータの測定において，空いているポートは50 Ωで終端すれば良いという話につながるわけです．

■ 1.1.4 Sパラメータを
　　　　 dB単位で表すには20log₁₀

図1.2にあるa_1とb_1の式を2乗すると，ちょうどオームの法則の電力を求める式になります．

$$|a_1|^2 = \frac{|V_{1F}|^2}{Z_0} \quad\quad\quad\quad (1.13)$$

$$|b_1|^2 = \frac{|V_{1R}|^2}{Z_0} \quad\quad\quad\quad (1.14)$$

つまり，S_{11}をdB単位で表示するときは$20\log_{10} S_{11}$になることがわかります．S_{21}も同じ考え方です．

普段はVNAがdB表示してくれるので気にする必要はありませんが，Sパラメータのデータを入手してExcelで計算するときに「20logするの？それとも10log？」などと悩んだことがありました．

1.2 基本的なVNAの構成と測定の原理

図1.7は，S_{11}とS_{21}を測定するVNAの構成であり，イントロダクションで紹介した図4をブロック図風に修正したものです．図4と結び付くように「受信機R」「受信機A」「受信機B」の入り口を図に示していますが，ここではSパラメータの意味を示す図1.1を意識して「受信機R」はa_1，「受信機A」はb_1，「受信機B」はb_2にそれぞれ変えて説明します．

■ 1.2.1 基本的なVNAの構成と信号の流れ

図1.7において，RF信号源から出力されたRF信号は，スプリッタで二つに分離して，一方はそのままa_1のミキサに入力します．もう一方は方向性結合器を経由してDUTに入力します．

DUTで反射して戻ってきた信号は，方向性結合器を経由してb_1のミキサに入力します．

方向性結合器は，DUTで反射して戻ってくる信号をb_1のミキサに伝えますが，スプリッタから来た信号はb_1のミキサに伝わりにくい特性を持ったデバイスです．

DUTを通過した信号は，b_2のミキサに入力します．a_1，b_1，b_2それぞれの経路は，BPFで目的の信号以外を除去した後に直交検波して直交の関係（実数と虚数）になるベースバンド信号に落とします．そしてA-Dコンバータでディジタル信号にして複素数の信号処理をします．

■ **1.2.2 測定の原理**

● S_{11}

S_{11}の値は，RF信号源から直接受信したa_1と，DUTから反射して戻ってきた信号を受信したb_1をそれぞれ直交検波して複素数になったa_1とb_1を除算（$b_1 \div a_1$）したものになります．

A-Dコンバータで得たa_1やb_1のデータは，サンプリング周波数の間隔で得た瞬間の電圧を集めたもので，そのデータを見ていても電圧がたえず変化していることしかわかりません．そこで，a_1とb_1はそれぞれ直交関係（実数と虚数）のデータにして，1周360°の電気角と振幅で表すことで，a_1を基準したb_1の位相と振幅比が求まります．これがS_{11}になります．

ただし，測定器内部の誤差要因が含まれているので，これを取り除く補正をしてから測定値を表示します．補正はこの後の「1.3 VNAは校正が命」で触れます．

● S_{21}

S_{21}の測定は，RF信号源から直接受信したa_1と，DUTを通過して出てきた信号を受信したb_2をそれぞれ直交検波して複素数になったa_1とb_2を除算（$b_2 \div a_1$）したものになります．S_{11}と同じ考え方で，a_1を基準にしたb_2の位相と振幅比が求まり，これがS_{21}になります．また，S_{11}と同じように測定器内部の誤差要因を補正してから測定結果を表示します．

■ **1.2.3 グラフの種類**

VNAが表示するグラフの種類を紹介します．

S_{11}とS_{21}を例にしていますが，S_{22}はS_{11}と同じ考え方で，S_{12}はS_{21}と同じ考え方で計算できます．

● スミス・チャート（S_{11}）

スミス・チャートはさまざまな用途に利用できます．VNAで測定しているときは，おもにインピーダンスを読み取るのに使います．また，その位置からインピーダンスがイメージしやすく，LやCの定数増減や追加削除で動かす方向もわかるので，性能改善する

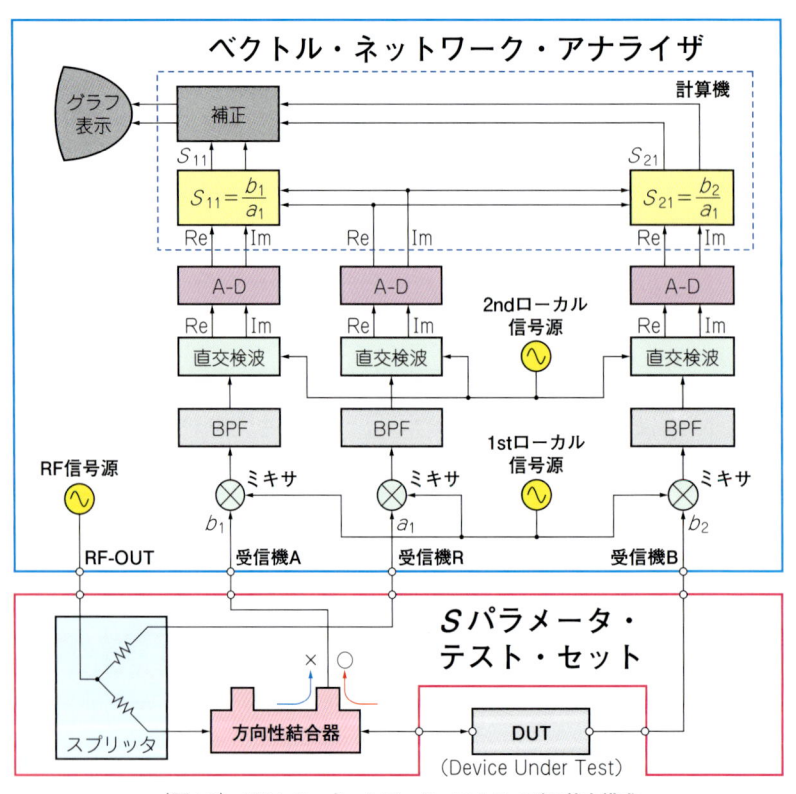

〈図1.7〉ベクトル・ネットワーク・アナライザの基本構成

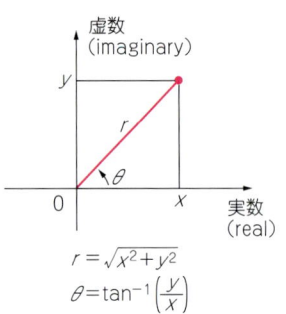

〈図1.8〉直交座標を極座標に変換する

ときには，次の一手を決めやすいとてもありがたいグラフです．

スミス・チャートは反射係数のXY座標（直交座標）とインピーダンス座標の二つが重なったグラフです．S_{11}は反射係数ですから，スミス・チャート図にプロットするときは，S_{11}（real，imaginary）をそのままXY座標のスケールにプロットします．

レジスタンスやリアクタンスの円弧（インピーダンス座標）は，反射係数Γをインピーダンスから求める以下の式を利用して抵抗値またはリアクタンス値どちらかを一定にしてプロットした軌跡がそれらの円弧になります．

$$\Gamma = \frac{z-1}{z+1} \quad \cdots\cdots\cdots\cdots (1.15)$$

スミス・チャート図の描画方法をもう少し調べたい時は「スミス・チャート実践活用ガイド」[1]が役立つと思います．

測定したカーブ・データにマーカを当てたときは，以下の変換式を利用してマーカのインピーダンスを表示するようなやり方になると思います．

$$z = \frac{1+S_{11}}{1-S_{11}} [\Omega] \quad \cdots\cdots\cdots\cdots (1.16)$$

● 極座標グラフ（S_{11}，S_{21}）

トランジスタやFETのS_{21}は極座標グラフを利用することが多いと思います．位相が0°に近づいてくる周波数と振幅の関係は極座標が見やすいからです．ちょうどOPアンプの位相余裕を見ていることと同じだと思います．

測定したS_{11}やS_{21}のreal（実部）とimaginary（虚部）のデータを極座標にするには，基本的には**図1.8**に示す以下の式によって，長さrと角度θを求めます．

$$r = \sqrt{x^2 + y^2}, \quad \theta = \tan^{-1}\left(\frac{y}{x}\right) \quad \cdots\cdots (1.17)$$

ただ注意することはtanの角度範囲は0°≦θ＜90°になることです．計算してほしい範囲は−180°≦θ≦＋180°です．atan2()関数があれば，おそらく−180°〜＋180°に対応していると思います．無ければ**リスト1.1**のようなrealとimaginaryから角度θを求める簡単なプログラムを作れば大丈夫です．

● リターン・ロス（S_{11}）

値が小さいほど「反射が少ない」，「50Ωに近い」，というスカラー量を評価するものです．グラフの横軸は周波数です．縦軸を以下の式で計算します．

$$\rho = 20\log_{10}(|S_{11}|) [\text{dB}] \quad \cdots\cdots\cdots (1.18)$$

● 伝達利得，伝達ロス（S_{21}）

値が大きいほど「利得が高い」，または「ロスが少ない」というスカラー量を評価するものです．グラフの横軸は周波数です．縦軸を以下の式で計算します．

$$G = 20\log_{10}(|S_{21}|) [\text{dB}] \quad \cdots\cdots\cdots (1.19)$$

〈リスト1.1〉直交座標から位相θを計算するプログラム例

```
class function TZiMSmt.ReIm2Ph(ReIm:
TZiComplex
): Extended;
var
   exPh: Extended; // 角度
   exMa: Extended; // 長さ
begin
   // 1e308 を超えるとエラーになるのでここで制限
   if      ReIm.A >  1e308 then ReIm.A:=  1e308
   else if ReIm.A < -1e308 then ReIm.A:= -1e308;

   if      ReIm.B >  1e308 then ReIm.B:=  1e308
   else if ReIm.B < -1e308 then ReIm.B:= -1e308;

   exMa:= Sqrt(Sqr(ReIm.A) + Sqr(ReIm.B));

   // 分母がゼロになるとまずいので、ここでチェック
   // 分母がゼロの場合、角度にゼロを代入しこのプロシジャを
      抜ける
   if exMa = 0 then
   begin
      Result:= 0;
      Exit;
   end;

   // アークサインで0°〜+180°を計算
   exPh:= ArcCos(ReIm.A / (Abs(exMa)));

   // ラジアンから度に変換
   exPh:= RadToDeg(exPh);

   // 虚数がマイナスの時は角度は0°〜-180°に修正
   if ReIm.B < 0 then exPh:= -exPh;

   Result:= exPh;
end;
```

● SWR（S_{11}）

SWRはアンテナの評価でよく利用する定在波比です．リターン・ロスから次の式で縦軸を計算します．横軸は周波数です．

$$S = \frac{1+|S_{11}|}{1-|S_{11}|} \quad \cdots\cdots\cdots\cdots (1.20)$$

● 群遅延（S_{21}）

入力と出力の位相差θと角周波数ωの変化比がどのくらい直線的に変化するかを評価するときに利用するグラフなので，位相差θを角周波数ωで微分したものになります．プログラム的には一つ前の周波数のSパラメータを利用して以下の計算をすることになります．

$$t_{GD} = -\frac{1}{360}\frac{\phi_N - \phi_{(N-1)}}{f_N - f_{(N-1)}} \quad \cdots\cdots (1.21)$$

ここで，t_{GD}：群遅延時間［sec］，f_N：N番目の周波数，$f_{(N-1)}$：$N-1$番目の周波数，ϕ_N：f_NにおけるS_{21}の位相，$\phi_{(N-1)}$：$f_{(N-1)}$におけるS_{21}の位相

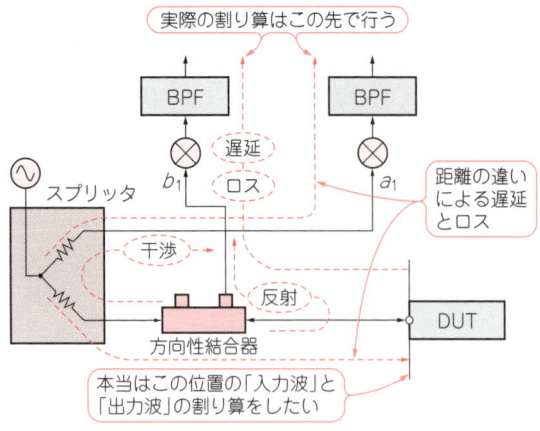

〈図1.9〉システム的な誤差要因

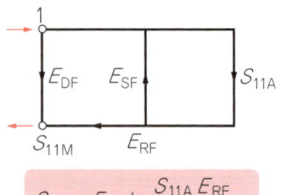

〈図1.10〉[2] 1ポート・システマティック誤差モデル

1.3 VNAは校正が命

DUTの接続部（Sパラメータを測定したい位置）の「入力波」と「出力波」を除算することで，DUTのSパラメータを測定できますが，現実は測定器の中で検出したa_1とb_1を除算するので，図1.9に示すようにDUTの測定値以外に，DUTからの時間遅れ，測定器内部やDUTまでのケーブルの通過ロス，反射，干渉が測定値に含まれています．これらシステム的な誤差は，以下の処理で除くことができます．

① 1ポートや2ポートのシグナル・フロー・グラフでモデル化する．
② シグナル・フロー・グラフのルールにしたがってモデル化したシグナル・フロー・グラフの式を解く．
③ 解いた式に標準器の測定データを代入して補正データを求める．
④ シグナル・フロー・グラフから解いた式に，補正データとDUTを測定したSパラメータ・データを代入することで，システム的な誤差を補正したDUTのSパラメータが求められる．

VNAは校正することで，はじめて望む測定値が得られる測定器です．試しにメーカ製VNAの電源をONした直後にポート1に何も接続しないでS_{11}をスミス・チャート表示すると，鳴門巻き（食べ物）の断面のように軌跡がグルグル巻き状態になるので，このままでは狙った測定結果が得られないことを簡単に体験できると思います．

■ 1.3.1 OSL校正

スミス・チャートにS_{11}やS_{22}をプロットする測定（回路のインピーダンス測定）に利用される1ポートの校正です．

校正のために利用する標準器は，Open標準器，Short標準器，Load標準器の三つを使います．

周波数の上限はLoad標準器の周波数特性で決まってしまいます．マイクロウェーブ帯の周波数くらいからスライディング・ロードやTRL（Thru-Reflect-Line）キャリブレーションが主になります．

図1.10は1ポートのシステム誤差のシグナル・フロー・グラフのモデルとモデル式[2]です．1ポートの場合は，測定器内部やDUTまでのケーブルによって三つのシステム的な誤差すなわち，

- 方向性誤差（E_{DF}）
- 反射トラッキング誤差（E_{RF}）
- ソース・マッチ誤差（E_{SF}）

が存在します．

OSL校正は，三つの既知（標準器：Open, Short, Load）をS_{11A}とみなして式を解いてゆくことで，三つのシステム的な誤差（E_{DF}, E_{SF}, E_{RF}）を求めます．そしてDUTの測定結果S_{11M}と三つの誤差を図1.10のS_{11M}の式に代入してS_{11A}（真の値）を計算します．

■ 1.3.2 基準面

● 基準面とOpen, Short, Loadの位置

OSL校正など，校正した位置を「基準面」と呼んでいます．校正後にVNAの画面に表示されるS_{11}の測定結果は，基準面の位置のS_{11}になります．例えばAPC-3.5コネクタ（写真1.1）の基準面は図1.11の断面図に示す位置です．

基準面でOpen, Short, Loadの校正ができれば理想的ですが，そうならないコネクタがほとんどです．例えばAPC-3.5の場合，実際のOpen, Short, Loadの位置は基準面より標準器の内側にあります．図1.12を見てください．Short標準器の断面図です．メスのコネクタは，オスの中心コンタクト部が挿さるので，その部分にはOpen, Short, Loadを配置できません．配置可能な位置は図1.12のショート位置になります．それゆえ，メーカのキャリブレーション・キットは，基準面からOpen, Short, Loadの距離をDelayとして時間で数値化しています．校正のときにこのDelay

特集　作る！ベクトル・ネットワーク・アナライザ

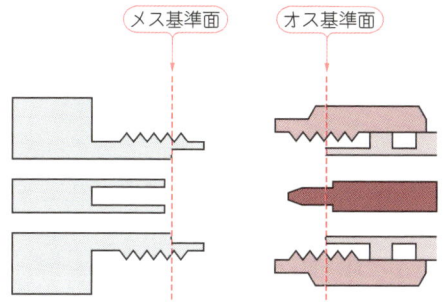

〈図1.11〉APC-3.5コネクタの基準面

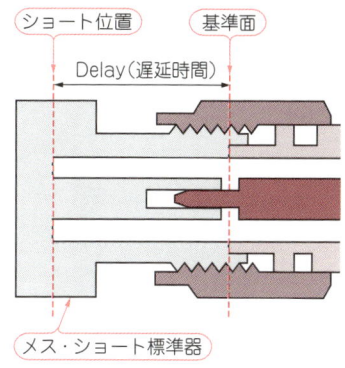

〈図1.12〉APC-3.5のショート標準器（メス）のショート位置と基準面

〈写真1.1〉APC-3.5コネクタのオス

分だけ計算上で戻し，図1.11に示す位置が基準面として機能するようになっています．オスの標準器も基準面から少し標準器内側にOpen，Short，Loadが配置されています．中心導体の保持や加工のやりやすさなどが理由だと思います．

キーサイト社のVNAは，キャリブレーションのメニュー画面にキャリブレーション・キットの型名を選択するメニューがあると思います．型名を選択することでDelayの数値が決まります．VNA画面で選ぶキャリブレーション・キットの型名と実際に利用する型名が異なると，もしかしたらDelayの値が異なるかもしれません．OSLの標準器であればなんでも良いというわけではありません．

● 校正後の変換コネクタ追加は位相と振幅誤差の要因

校正した後にDUTのコネクタのオス/メスが逆であることに気づいて，変換コネクタを追加することがあると思います．変換コネクタを追加すると，その分だけ位相が余計に回ってしまいます．またロスが増加するので振幅も少し小さくなってしまいます．S_{11}は往復の距離の位相とロスが増えるので，S_{21}より影響が大きくなります．

基準面を把握していないと，せっかくの校正が台なしになる可能性があるので十分注意が必要です．

◆参考・引用＊文献◆
(1) 大井克己：スミス・チャート実践活用ガイド，pp.11～44，CQ出版社，初版2006年7月1日．
(2) ＊「RF/マイクロ波コース ネットワーク・アナライザの基礎」，p.81，5988-6966JA，キーサイト・テクノロジー（合同）．
 http://cp.literature.agilent.com/litweb/pdf/5988-6966JA.pdf
(3) 市川古都美，市川裕一：「高周波回路設計のためのSパラメータ詳解」，pp.24～49，CQ出版社，初版2008年1月．

とみい・りいち　祖師谷ハム・エンジニアリング

特集

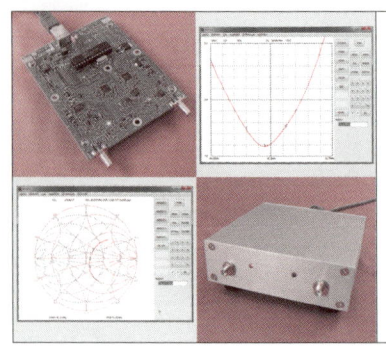

第2章　システム構成，ziVNAuの回路，基板仕様やレイアウト，マイコン書き込みインターフェース

製作したVNAの概要

富井 里一
Tommy Reach

2.1 システム構成

■ 2.1.1 システム構成

図2.1は製作したziVNAuのシステム構成図です．

ポートP1およびポートP2に接続されているRブリッジ(抵抗ブリッジ)は方向性結合器に相当します．

三つの受信機は，一つのローカル信号源(LO)から局部発振信号を受け取ります．また，受信機に直交検波器を配置しないで，代わりにPCアプリケーション(以下PCアプリ)側の計算処理で複素数にしています．一方，RF信号源はスイッチを経由して二つのRブリッジのどちらかに供給します．

受信機で受けた受信信号はオーディオ周波数に変換されます．受信機Rの出力は常にA-Dコンバータでディジタル化されますが，受信機Aと受信機Bの出力はスイッチ経由で，どちらか一方がA-Dコンバータに入力されディジタル化されます．このA-Dコンバータの入力手前にあるスイッチとRブリッジ側のスイッチを制御することによりS_{11}, S_{21}, S_{12}, S_{22}のいずれかを測定できます．

PCアプリとziVNAuユニットの通信はUSB経由です．また，ziVNAuユニットの電源はUSBのバス・パワーの5Vだけです．受け取った5Vをユニット内のレギュレータICで各電圧を作っています．

PCアプリ側では，受信した信号をFIRフィルタで希望信号だけを通し，ヒルベルト変換で複素数にし，さらに校正による測定データの補正をした後に目的のグラフをプロットします．

PC側はマイクロチップ・テクノロジー社のUSBドライバとアプリ開発環境Delphi XE2(PASCAL言語)で作ったソフトウェアから構成されています．

■ 2.1.2 ziVNAuユニットのブロック図

図2.2はziVNAuのブロック図です．

受信機は，ミキサIC SA612AでRF信号を24 kHzに周波数変換して，OPアンプTLV2461でA-Dコンバータの入力レンジまで増幅します．

RFとLOの信号源はVNWA2でも利用しているDDS ICのAD9859を使用しています．このDDSの出力ピンはポジティブとネガティブの二つです．一方，受ける側は三つあります．そのため受ける側の二つを並列接続して，DDSの二つの出力ピンに対応します．

DDS-RFの二つの出力ピンは，Rブリッジに行く経路をネガティブのピン(20番ピン)と，基準となる受信機Rに行く経路をポジティブのピン(21番ピン)に分けています．ポートP1やポートP2に接続される

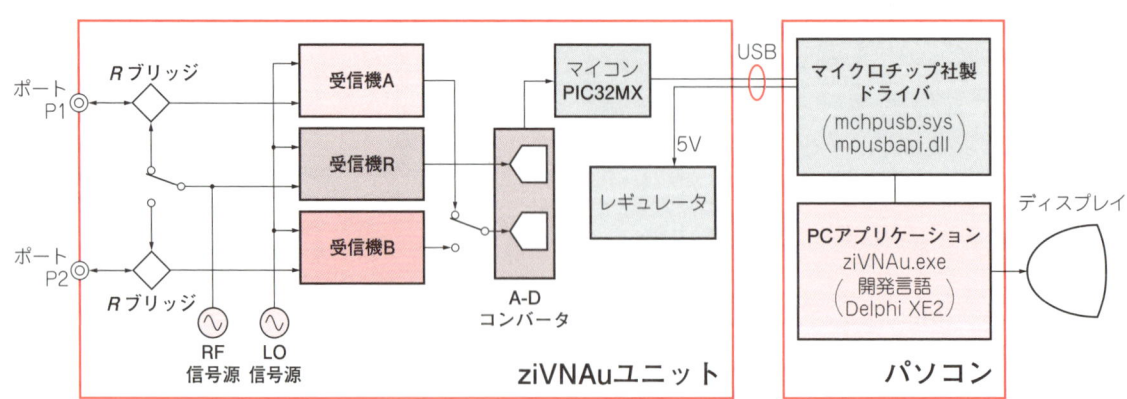

〈図2.1〉ziVNAuユニットのシステム構成図

特集 作る！ベクトル・ネットワーク・アナライザ

DUTの負荷に受信機RのRFレベルまで変動してしまう心配を回避したいと考えたからです．

DDS-LOの二つの出力ピンは，受信機Rと受信機Bを共用にしてポジティブのピン（21番ピン）に接続し，受信機Aは単独にネガティブのピン（20番ピン）に接続しています．これはDDS（IC$_{11}$）とミキサ（IC$_{14}$）の距離が遠いためにLOレベルの減衰を気にしたからです．

受信機で24 kHzに周波数変換された信号はステレオ・オーディオ用ADC（A-Dコンバータ）PCM1803Aでディジタル化されます．ADCのサンプリング周波数は96 kHzの設定です．

ADCとPICマイコンはI^{2}S(Inter-IC Sound)のデータで渡されます．I^{2}SのマスタはADCです．PICマイコンはスレーブ設定です．

PICマイコンはPCアプリの指示にしたがって，ADCのデータをPCに送信する処理や，二つのDDSのレジスタ設定，RFスイッチとアナログ・スイッチの制御，ポートP1やポートP2からRF信号が出力されるときのLED，USBのインジケータを制御します．

PICマイコンのクロックは，8 MHzの水晶発振子です．一方，ADCと二つのDDSのクロックは一つの水晶発振器36.864 MHzから供給を受けています．

■ 2.1.3 電源ブロック

図2.3はziVNAuユニットの電源系統図です．

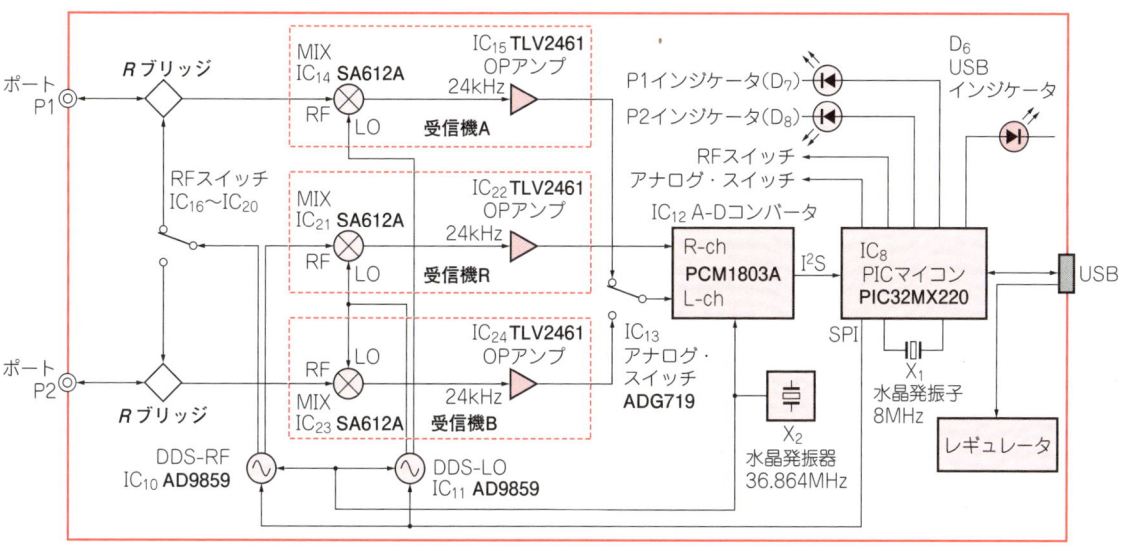

〈図2.2〉ziVNAuユニットのブロック図

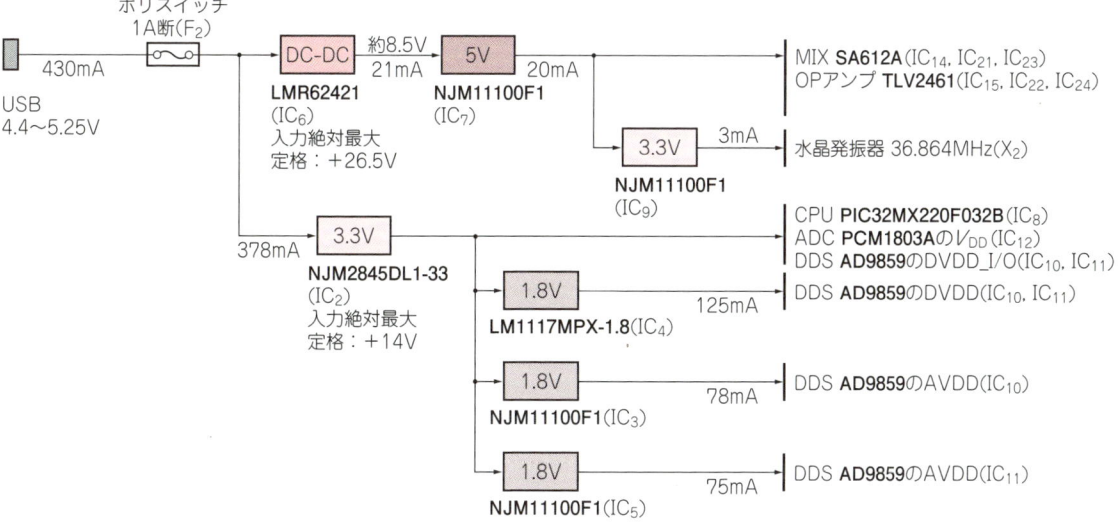

〈図2.3〉ziVNAuユニットの電源系統図

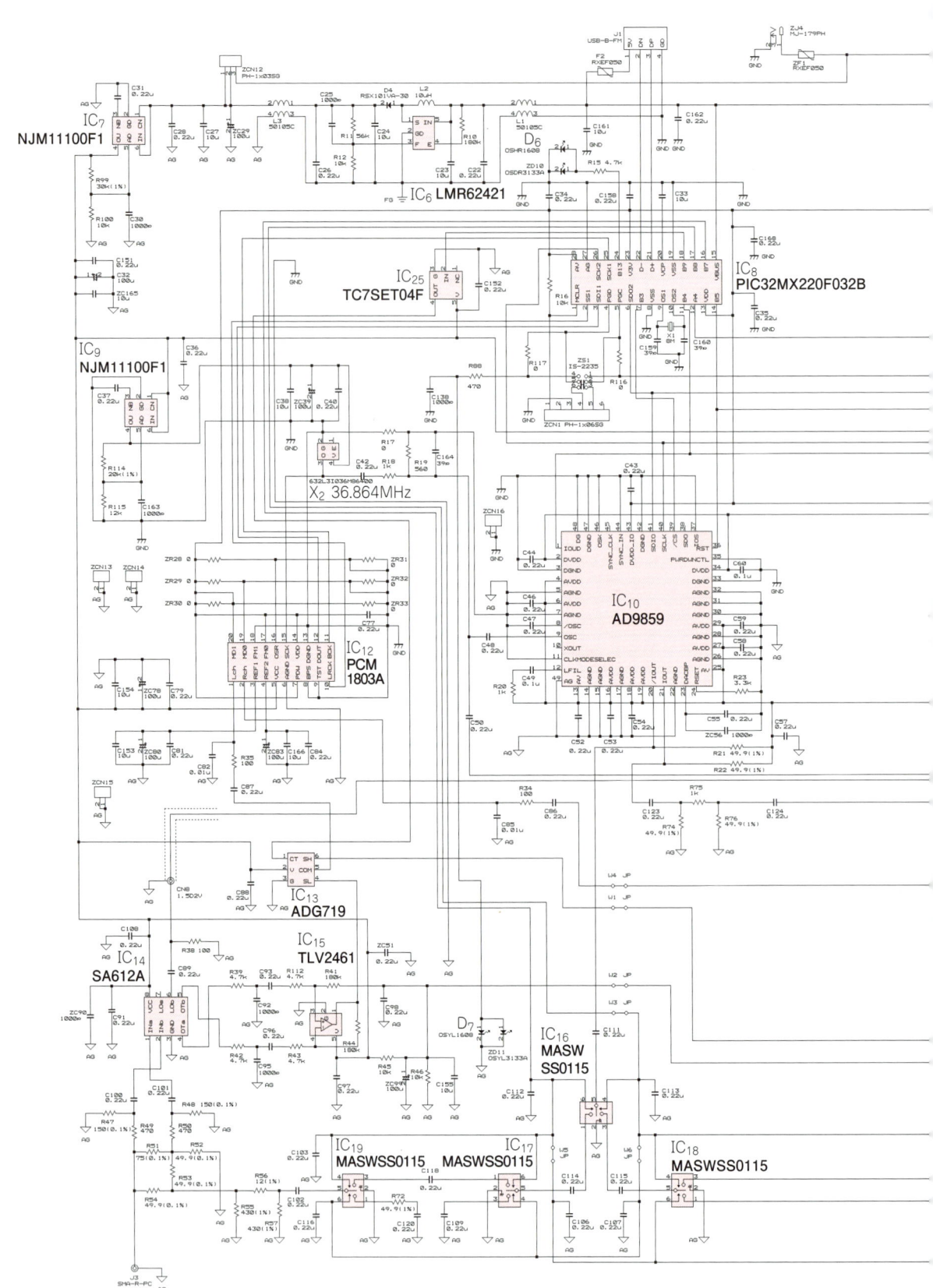

〈図2.4〉ziVNAuユニットの全回路図①

特集　作る！ベクトル・ネットワーク・アナライザ

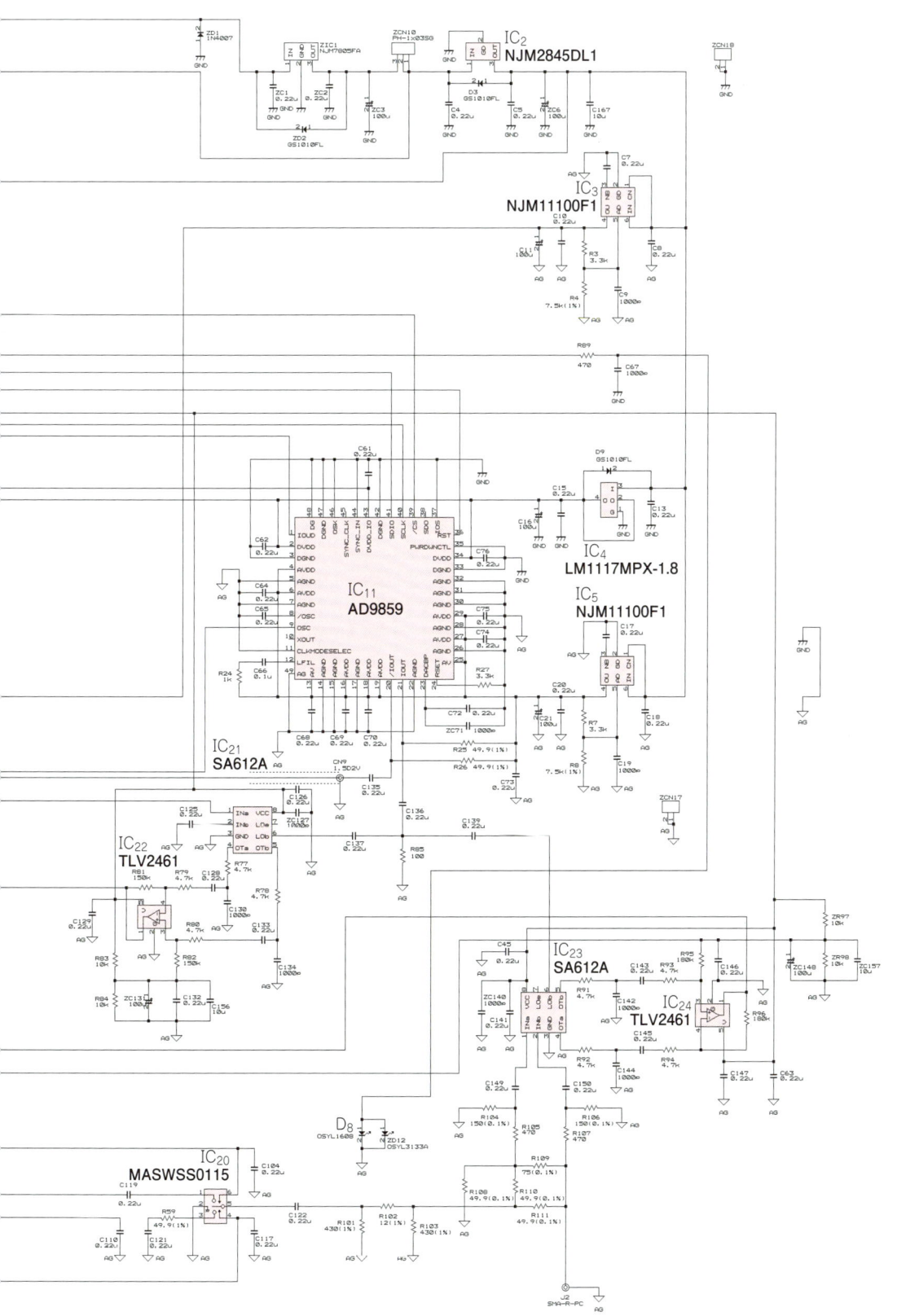

〈図2.4〉ziVNAuユニットの全回路図②

本ユニットの電源は前述のようにUSBバス・パワーを利用します．バス・パワーの電圧範囲は4.4〜5.25 V[(2)]で約5 Vです．USBのコネクタから入力された電源は，ポリスイッチ(F_2)を経由してDC-DCコンバータIC(IC_6)と3端子レギュレータ3.3 V(IC_2)に分岐します．すべてのICの電源は，IC_6またはIC_2のレギュレータを経由して供給されます．

　バス・パワーから6 V以上を入力するのは避けた方が良いと思います．それは3.3 Vレギュレータ(IC_2)の熱損失のスペックに余裕がなくなるためです．なおIC_2の許容熱損失はヒートシンクなしで1 W@25℃です．一方，IC_6とIC_2の入力絶対定格は5 Vに対して十分高いので心配不要です．

　DC-DCコンバータでいったん約8.5 Vに昇圧した後に5 Vレギュレータ(IC_7)で安定化させ，おもに5 Vのアナログ回路に供給します．また，その5 Vを利用して36.864 MHz水晶発振器の専用電源レギュレータ(IC_9)によって3.3 Vを作っています．DDSも利用するクロックなので，できるだけ電源ノイズを少なくするためにこのような構成にしました．

　一方，3.3 Vレギュレータ(IC_2)はディジタル系の3.3 V電源として利用する他，DDS用1.8 Vのレギュレータ(IC_3，IC_4，IC_5)にも利用しています．DDSのアナログ1.8 Vはそれぞれ専用のレギュレータを用意しました．何か問題があったわけではなく，二つのDDSの相互干渉を避けることを考えて，この構成にしました．

　図2.3における各ノードの電流値は，Sパラメータを測定している状態の値です．

2.2 ziVNAuユニットの回路

　図2.4はziVNAuユニット全体の回路図です．この中の主要な回路に関して見て行きたいと思います．なお，誌面の都合で縮小されているため見づらいかもしれません．フルサイズの回路図をダウンロード・サービスに収録する予定なので，細部を確認したい方はそちらもご覧ください．

　回路図の中で先頭に"Z"が付いている参照番号は，未実装の部品です．おもに回路検討の助けになる部品であって，通常は使用しません．

　図2.2のブロック図も合わせてご参照ください．

■ 2.2.1 DDS IC AD9859(IC_{10}, IC_{11})

　DDSを利用すると手軽に高分解能のRF信号を得ることができますが，高い周波数まで使えるICは個人で利用するには高価です．そこでデータシートの規格値を超える周波数でも動作する実績があるAD9859を採用し，できるだけ高い周波数まで伸ばす手段としてオーバー・クロックを利用しました．

● オーバー・クロックの限界

　DDSのサンプリング周波数f_sは外部クロック(9番ピン，OSC)の周波数と内部逓倍数で決まります．AD9859のサンプリング周波数f_s(データシートではFS)のスペックは上限400 MHzです．

　外部クロック周波数を可変して，どこまでオーバー・クロックで動作するか実験してみました．内部逓倍数は20とします．結果は，外部クロック周波数が39.5 MHzを越えるとDDS出力信号のC/Nが悪化することをスペアナで確認できました．そのときのDDSのf_sは790 MHzです．周囲温度を振るともう少し低い周波数からC/Nが悪化する可能性があります．40 MHzを越えるとDDSは動作しませんでした．

　本ユニットはADC(A-Dコンバータ)とクロックを共用している関係で39.5 MHzより低い36.864 MHzをDDSに入力することにしています．そのときのf_sは，36.864 MHzを20倍した737.28 MHzのオーバー・クロックで動作します．

● オーバー・クロックによる周波数の拡大

　理論的なDDS出力レベルは，図2.5に示すように$\sin(x)/x$の周波数特性があります．本ユニットの上限周波数を500 MHzにしていますが，オーバー・クロックでf_sが737.28 MHzで動作しているときに500 MHzのDDS出力レベルは理論上約-8 dB(図中の黒色の太い実線矢印)まで下がることになります．

　DDSのf_sスペック400 MHzにおける-8 dBの周波数(図中の黒色の破線矢印)は約270 MHzです．つまり，正規の使い方に留めた場合は利用周波数が270 MHzまで下がります．

● 二つのDDSの同期

　44番ピン(SYNC_IN)と45番ピン(SYNC_CLK)を利用すると2個のDDSを同期させることができますが，それらのピンを今回利用していません．また，レジスタの設定ON/OFFでも同期させることができますがこちらも使っていません．理由は，ユニバーサル基板の実験では，同期するまでの時間が遅かったためです．

　一応，二つのDDSの1番ピン(I/O UPDATE)を同時に立ち上げて，DDSのレジスタをラッチするタイミングを同じにしています．また，二つのDDSは同じ外部クロック(36.864 MHz)を利用しています．このやりかたで，VNAの測定値に影響は出ていません．1番ピン(I/O UPDATE)はPICマイコンのGPIOで制御します．

　図2.6はPICマイコンと二つのDDSが接続されている制御線をまとめたブロック図です．マイコンとDDSのI/O UPDATEの関係がわかると思います．

特集 作る！ベクトル・ネットワーク・アナライザ

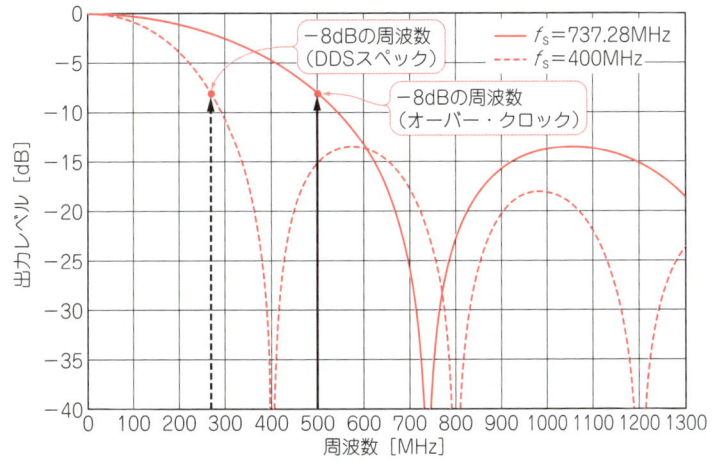

〈図2.5〉DDS出力レベルの理論値がもつ $\sin(x)/x$ の周波数特性

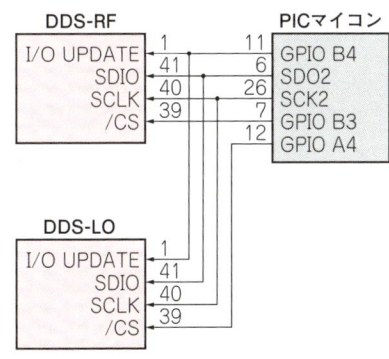

〈図2.6〉PICマイコンからDDSへの制御線

● DDS内部の発振回路と内部クロック・バッファ

ユニバーサル基板で実験したときは，水晶発振子をDDS-RFの内部発振回路で20MHzを発振させ，DDS-RFのクロック・バッファ10番ピン（CRYSTAL OUT）をDDS-LOの9番ピン（OSC/REFCLK）に接続していました．しかし，ユニバーサル基板にも原因があるかもしれませんが，DDS-LOのクロック入力ピン（9番ピン）を手で触れるとDDS-RF側の周波数までフラフラする症状がありました．

AD9859のクロック・バッファの利用は不安があるので，ADC（IC_{12}）用の水晶発振器（X_2）をDDS-RF（IC_{10}）とDDS-LO（IC_{11}）に分配しました．この辺の事情は「2.2.2 クロック（36.864MHz）」で説明します．

● クロックのグラウンド

クロックのグラウンドはAGND（アナログ・グラウンド）に接続するのか，それともDGND（ディジタル・グラウンド）に接続すべきなのか，データ・シートに関連する記述は見つかりませんでした．

AD9859のクロックのグラウンドについてインターネットで調べてみると，AGNDに接続している方もいらっしゃいますし，DGNDに接続している方もいらっしゃるようです．

本ユニットはAGNDとして扱っています．パッケージのピン配置的には，周囲がAGNDです．また，データ・シートのクロック・レベルは0（dBm）という記載なので，矩形波で電力表示というのもピンときません．さらに，クロック・ピンに正弦波を入力してもDDSは正常に動作しました．以上のことから，本ユニットはAGNDにしています．

■ 2.2.2 クロック（36.864MHz）

● クロックはA-DコンバータとDDSを共用

DDS（AD9859）とA-Dコンバータ（PCM1803A）のクロックに関して悩むところはあったのですが，結果的には共用にしています．図2.7は，36.864MHzクロック回路を共用している部分を抜粋したものです．

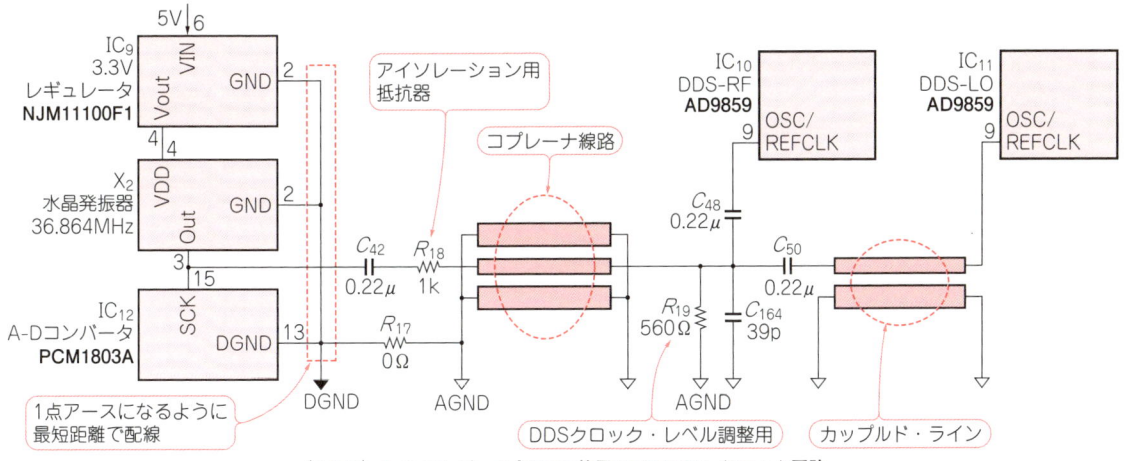

〈図2.7〉A-DコンバータとDDS兼用36.864MHzクロック回路

共用のきっかけは，DDSのクロック入力レベルは低いレベルでも動作可能という点です．スプリアス受信の面からもクロック周波数の種類を増やしたくありません．

具体的には，A-Dコンバータのクロックと DDS のクロックの間に1 kΩ (R_{18}) を挿入して共用しました．こうすることで，水晶発振器とDDSの間はアイソレーションが保たれて，A-Dコンバータ側のクロック波形がDDSの入力インピーダンスに引っ張られて波形が鈍ることもないだろうという考えです．また，その1 kΩ (R_{18}) と560 Ω (R_{19}) の分圧でDDSに入力されるレベルを0 dBmまで減衰できます．

一方で，ディジタル・ノイズがDDSに回り込む懸念があります．そこで，クロックに関係する3.3 Vレギュレータ (IC_9)，36.864 MHz水晶発振器 (X_2)，A-Dコンバータ (IC_{12}) のグラウンドをできるだけ「1点アース」になるように配線します．そして，その1点アースとアナログ・グラウンドを接続するようにして，DDS側のクロック入力ピンから見たディジタル・ノイズをできるだけ抑えるようにします．

● 周波数と部品の選定

A-Dコンバータのクロックは13種類の周波数の中から選択する制限と，DDSのクロックは39 MHz以下にしたいという二つの理由から，水晶発振器の周波数は36.864 MHzにしました．

部品選定にあたっては，水晶発振器の発振周波数と電源電圧の条件で品種が多い通販のDigiKey社から部品を選びました．選定のポイントはジッタが少ないことです．結果的にはCTS社の型名632L3I036M86400を選択しました．最大ジッタ周期：40 $ps_{(pp)}$，最大位相ジッタ：1 $ps_{(rms)}$です．

のちに，3石で製作した発振回路をDDSのクロックにしたり，A-Dコンバータと別のクロックに分けたりする実験をしましたが，ダイナミック・レンジ (S_{11}のリターン・ロス) は現状より良くなりませんでした．

● DDSクロックのパターン配線

DDSクロック回りの配線も図2.7がわかりやすいと思います．

▶ 1 kΩと560 Ωの間のコプレーナ線路

水晶発振器 (X_2) とDDS (IC_{10}, IC_{11}) は部品配置的に距離があるためにシールド線のようなイメージで配線することを考え，コプレーナ線路にしています．

▶ C_{164} (39 pF)

DDSは矩形波である必要はないので，高調波を抑えるために入れてあります．

▶ C_{50}とDDS-LO (IC_{11}) 間の線路

水晶発振器 (X_2)，DDS-RF (IC_{10})，DDS-LO (IC_{11}) の部品配置の関係から，36.864 MHzのパターンは一筆書きになりました．その関係から，DDS-LO (IC_{11}) から水晶発振器 (X_2) に戻るリターン経路を確保するために一定間隔 (0.15 mm) にAGNDを配置しています．図2.7のカップルド・ラインのシンボルは，そのリターン経路を表現したものです．

DDSのデータ・シートには，クロックから各DDSの配線は等長配線にする記述[1]がありますが，この一筆書き配線でも不具合は出ていません．

■ 2.2.3 Rブリッジ

● Rブリッジの方向性

DUTから来た信号だけをミキサに伝えるための方向性結合器と同じ機能をするRブリッジ (抵抗ブリッジ) を使います．

図2.8はすべての抵抗値が50 ΩのRブリッジ回路です．この理想的なRブリッジ回路を評価して，Rブリッジの特性を調べてみます．

図においてRブリッジの各素子間の伝達ロスとDUTから見たリターン・ロスの計算結果を表2.1に示します．計算にはLTspice (リニアテクノロジー社) を使いました．図2.9はその一例として，DUTからR_DETへの伝達ロス (S_{21}) を計算するときのLTspiceの回路図です．

LTspiceは390 dBより大きい値を示さないようなので，結果が390 dBのとき，表2.1には390 dBの代わ

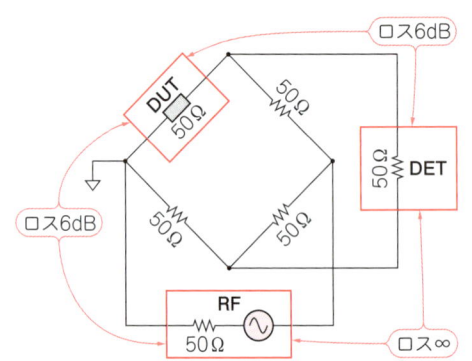

〈図2.8〉理想条件のRブリッジ回路

〈表2.1〉Rブリッジの各素子間の伝達ロスとDUTから見たリターン・ロスの計算結果

素　子	伝達ロス
RF⇔DUT	6 dB
DUT⇔DET	6 dB
RF⇔DET	∞

(a) 伝達ロス

素　子	リターン・ロス
DUT	∞

(b) リターン・ロス

りに∞マークで記しました.

この表からわかることは，RFからDUTには6 dBのロスがあるものの信号は伝わります．さらに，DUTからDETの伝達も6 dBのロスがあります．しかし，RFからDETには信号が伝わりません．つまり，この特性を利用することで，DUTからの反射信号だけをミキサに伝達できることがわかります.

また，DUTのリターン・ロスは無限大なので，DUTをVNAのポートにすることで，外部からVNAのポート・インピーダンスを見ると50Ωに見えます.

本ユニットは，以上の特徴を利用します.

● **実際のRブリッジ**

図2.8において，DETの抵抗器がミキサの入力に相当しますが，ミキサIC SA612Aの入力インピーダンスは1.5 kΩ//3 pFです．"//"は並列接続を意味します．

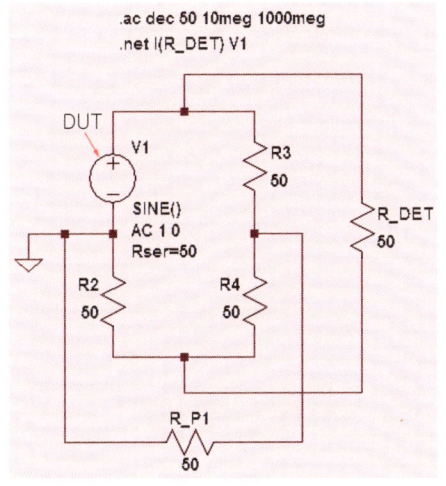

〈図2.9〉DUTからR_DETへの電圧ロスを計算する回路図

DETが50Ω以外になるとRブリッジのDUTを接続するポートのインピーダンスが50Ωからずれてしまう問題が出てきます．例えばDETを100ΩにしてLTspiceで計算すると，DUTの入力インピーダンスは59.1Ωになります．図2.10は結果のグラフと計算に利用した回路図です．

そこで，DUTからミキサへの伝達ロスが増えることは承知で，R_DETブロックが50Ω付近を維持できるように抵抗器を追加しました．また各抵抗値はE-24系列になるようにLTspice上でカット&トライして探しました．その結果が図2.11(a)のS_{11}およびS_{21}の周波数特性で，このときのLTspiceの回路図は図2.11(b)です．

S_{11}はDUTポートのリターン・ロスを表し，周波数とともにリターン・ロスは悪化して，500 MHzで約40 dBになる計算です．一方，S_{21}はDUTポートからミキサ入力への伝達ロスを表し，100 MHzから高い周波数では右肩下がりの特性ですが，おおむね35 dBのロスを持つ回路です．

本ユニットは図2.11(b)に示す抵抗値を採用しています．

■ **2.2.4 アナログ回路のレベル・ダイヤグラム**

DUTからOPアンプ出力までのレベル・ダイヤグラムを図2.12に示します．DDS出力レベル，ポートの出力レベル，A-Dコンバータの入力レベルの参考になると思います．

■ **2.2.5 直交検波器**

本ユニットは直交検波器を搭載していません．複素

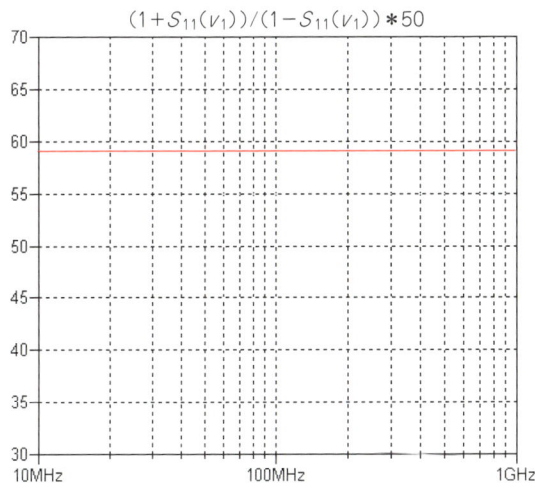
(a) 周波数特性

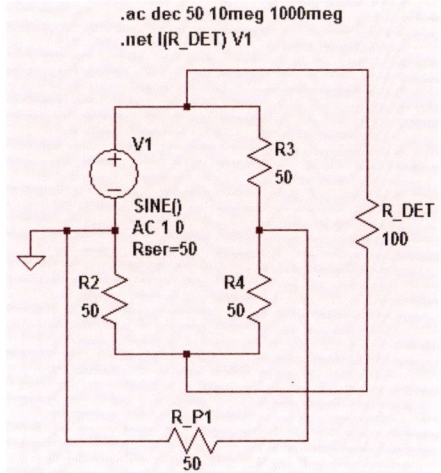
(b) 回路図とコマンド

〈図2.10〉R_DETが100Ωの場合のDUT入力インピーダンス特性

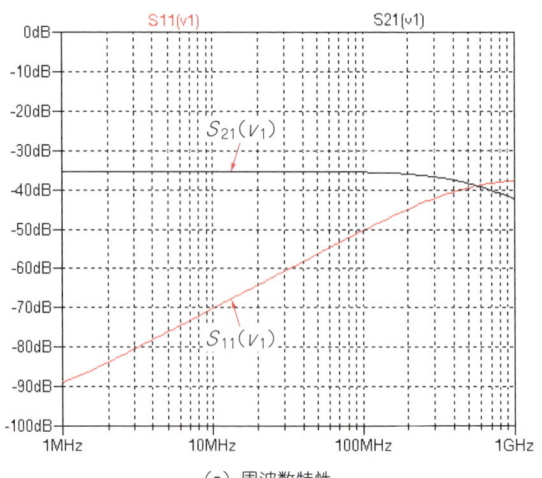

(a) 周波数特性

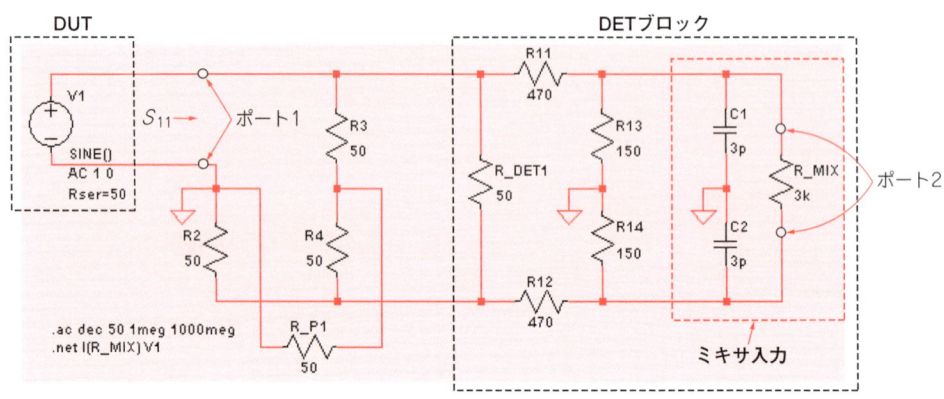

(b) 回路定数とコマンド

〈図2.11〉SA612Aを接続してもRブリッジのDETを50Ωにする回路定数とその周波数特性

数にする機能はPCアプリ側のヒルベルト変換処理で行っています.

アナログ部のミキサを直交検波器にすることで周波数変換と複素数化の一石二鳥を狙うことができます.しかし,90°位相をシフトするため,ローカル周波数の2逓倍回路が必要だったり,専用ICに頼る必要があります.また,アナログ回路の部品ばらつきや温度変化による実数と虚数の振幅差や位相差に注意が必要になります.

一方,PCアプリなどソフトウェアで複素数化すると,部品ばらつきなどの心配が不要で理論値どおりになります.その反面で,動作スピードは遅くなってしまいます.

低価格を狙う本ユニットはPCアプリ側のソフトウェアで複素数化の処理をしています.

■ 2.2.6 OPアンプ(IC_{15}, IC_{22}, IC_{24})

増幅する周波数は24kHzですが,オーディオ用のOPアンプだと利得に余裕がありません.また,その

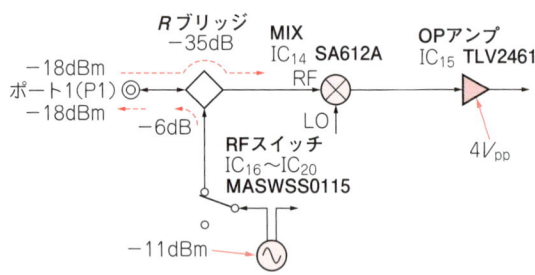

〈図2.12〉アナログ回路のレベル・ダイヤグラム

上のクラスになるとGB積は10MHzまで上がってしまい,異常発振の心配が増えるように思います.

ユニバーサル基板では秋月電子通商で入手できるNJM8202RB1(GB積:10MHz)を利用していました.しかし,消費電流が多いことが気になるほか,部品レイアウトの自由度を上げたくなり,1個入りのOPアンプを探したところ,類似するGB積で低消費電流のTLV2461を見つけました.ただし秋月電子通商では扱ってない部品です.価格は上昇しますが,SN比は

特集　作る！ベクトル・ネットワーク・アナライザ

3 dB改善するのでTLV2461に変更しました．

■ 2.2.7 RFスイッチ（IC$_{16}$〜IC$_{20}$）

RF信号をポート1とポート2に切り替える機能にGaAs SPDTスイッチICを5個利用します．図2.13はその回路を抜粋したものです．

コンデンサはすべて0.22μFです．RF信号ラインはDCカット用，また，ON/OFF制御用ラインはRF信号のバイパス用です．

RF帯域のSPDTスイッチIC（Single Pole, Double Throw）はGaAsタイプが高性能ですが，ON/OFF制御に負電源が必要な物が多く悩むところです．しかし，OFF時のアイソレーションを25 dBくらいまで許容できると負電源を使わずに済むようです．選んだMASWSS0115もその一つです．マイコンのGPIOを二つ利用して片方をHレベル，もう一方をLレベルにすることでSPDTを切り替えています．

OFF時のアイソレーションは，データ・シートから29 dB＠500 MHzで，それを3個OFFするので，合計87 dBになる見積もりです．

マイコンのGPIOを直接SPDTスイッチICの制御端子に配線しているので，マイコンからのノイズが気になりますが，このルートからのノイズが原因の問題はありませんでした．

図2.13において，R_{72}とR_{59}の49.9 Ωは，SPDTスイッチによりDDS-RFからRブリッジの接続が切れているときでもRブリッジの抵抗バランスを維持し，測定ポートの入力インピーダンスを50 Ωに保つための抵抗器です．

RブリッジとSPDTスイッチの間には，気休めに近いですが2 dBのアッテネータを入れてあります．

■ 2.2.8 DC-DCコンバータ

DC-DCコンバータの専用ICはLMR62421を選択しました．秋月電子通商で購入できる数百mAを流しだせるICはこれになると思います．

発振用のコイル（L_2）は，小信号のチョーク用途の部品を選択しています．面実装のDC-DC電源用の部品を探していましたが，高価で大電流向けだったことが理由です．チョーク・コイルを触ってもわずかに暖かさを感じる程度です．

■ 2.2.9 出力可変型レギュレータ
　　　　　NJM11100F1（IC$_3$，IC$_5$，IC$_7$，IC$_9$）

部品点数の多い可変出力のレギュレータICを好んで使用しているように見えますが，採用したきっかけがあります．

DDS ICのアナログ電源1.8 Vの電源ノイズをできるだけ抑制したい考えから，バイポーラ・プロセスで，

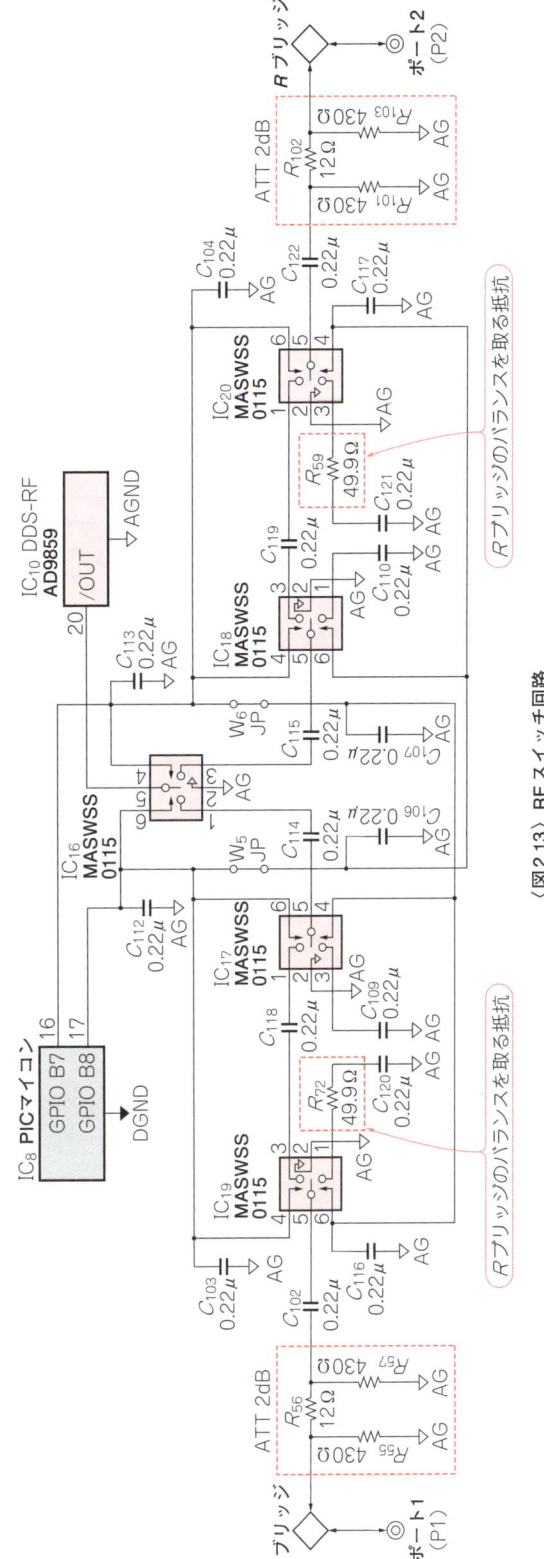

〈図2.13〉RFスイッチ回路

ノイズ・バイパス用のピンがあるICを秋月電子通商が扱っている商品から選ぶと，このICになります．また，逆流保護用の回路も内蔵されているので，外付けダイオードが不要です．

　結果的に，半導体部品の品種を増やさない目的でほかのブロックのレギュレータにもこのICを利用しています．

2.3 基板仕様やレイアウトなど

2.3.1 頒布するプリント基板の仕様

　主な仕様は，両面基板，90×113 mm，$t = 1.2$ mm，FR-4材，両面シルクです．

　基板は，タカチ電機工業のHEN110312S（$W111.2 \times H32.5 \times D120$ mm）のアルミ・ケースに収めることを

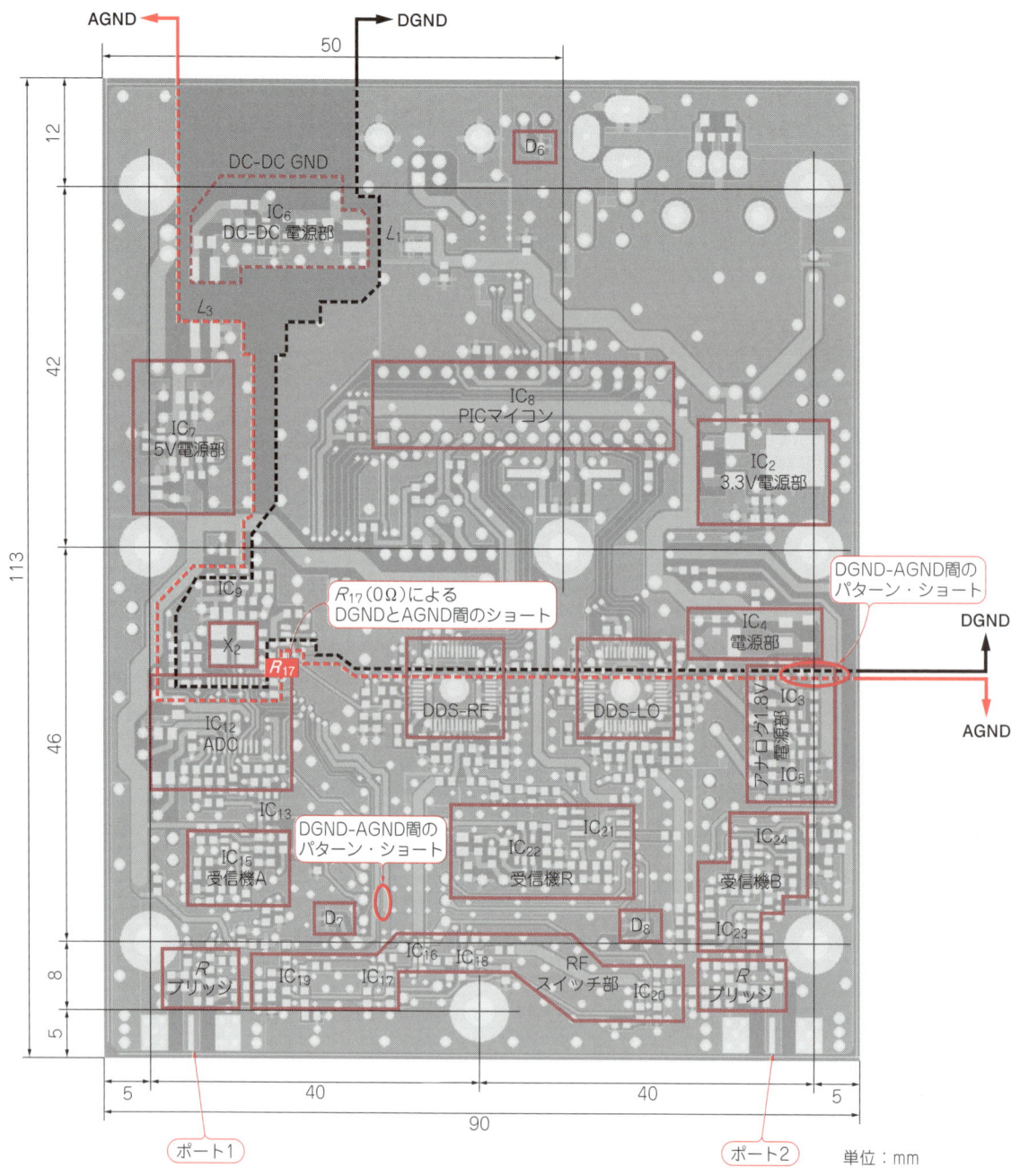

〈図2.14〉グラウンド・パターンのレイアウトと主要機能/主要半導体の位置

特集　作る！ベクトル・ネットワーク・アナライザ

前提にしたサイズです．どっしりした感じで，SMAコネクタをトルク・レンチで固定するときでもゆがむことがなく安心できるケースです．

■ 2.3.2 グラウンド・パターンのレイアウト

グラウンド・パターンはノイズの回り込み低減を狙い，AGND（アナログ・グラウンド），DGND（ディジタル・グラウンド），DC-DCコンバータ用GNDの，三つに分離しています．図2.14の破線がそのエリアを示します．

DC-DCコンバータのGNDとAGNDはコモン・モード・チョーク（L_3）を経由して接続しています．同じようにDGNDとの接続もコモン・モード・チョーク（L_1）を経由して接続しています．測定のダイナミック・レンジへの悪影響とUSBラインへのDC-DC電源ノイズが戻ることを心配したためです．このコイルが無くても測定値には影響がない感じはあるのですが，完成してからコモン・モード・チョークを取り除く勇気が出ないというのが本当のところです．

AGNDとDGNDの接続は3か所あります．一つは36.864 MHz水晶発振器のところで触れた0Ω（R_{17}）によるショート（X_2付近），二つ目は1.8 Vレギュレータのところで銅箔によるショート（IC_3，IC_4付近），三つ目はD_7付近の銅箔によるショートです．

■ 2.3.3 主要機能と主要半導体のレイアウト

図2.14に主要機能の位置と，主要半導体の位置を枠で囲んで表示しています．デバッグする際の参考にしてください．また，ケース加工に必要なねじ穴の寸法も盛り込みました．

■ 2.3.4 部品表

部品表は誌面の都合で割愛しましたが，ダウンロード・サービスに収録する予定です．先頭文字に"Z"が付く参照番号は未実装部品なので部品表から除いてあります．

2.4 マイコン内蔵のフラッシュROM書き込みインターフェース

通常はD_7とD_8のLEDで利用するPICマイコンの4番ピンと5番ピンを切り替えて，PICkit3をPICマイコンに接続してプログラムを書き込みます．

頒布予定の完成基板を使う場合は，6ピンのピン・ヘッダ（ZCN_1）と6Pスライド・スイッチ（ZS_1）を別途用意してください．6Pスライド・スイッチは，秋月電子通商のもの（通販コードP-02627）が適当です．また，R_{117}とR_{116}の0Ωは取り除いてください．

◆ 参考・引用*文献 ◆

(1) AD9859データ・シート Rev.0 pp.19，アナログ・デバイセズ㈱．
http://www.analog.com/media/jp/technical-documentation/data-sheets/AD9859_jp.pdf
(2)* ジャン・アクセルソン：「USBコンプリート 第3版」，pp.432，㈱エスアイビー・アクセス，初版2006年10月20日．

とみい・りいち
祖師谷ハム・エンジニアリング

第2章 *Appendix*

写真で見る ziVNAu ユニットのプリント基板

富井 里一
Tommy Reach

製作したVNAのハードウェアであるziVNAuユニットの基板上の部品を写真でご紹介します．

基板は2層のガラス・エポキシ基板をP版.comに発注して作りました．

とみい・りいち
祖師谷ハム・エンジニアリング

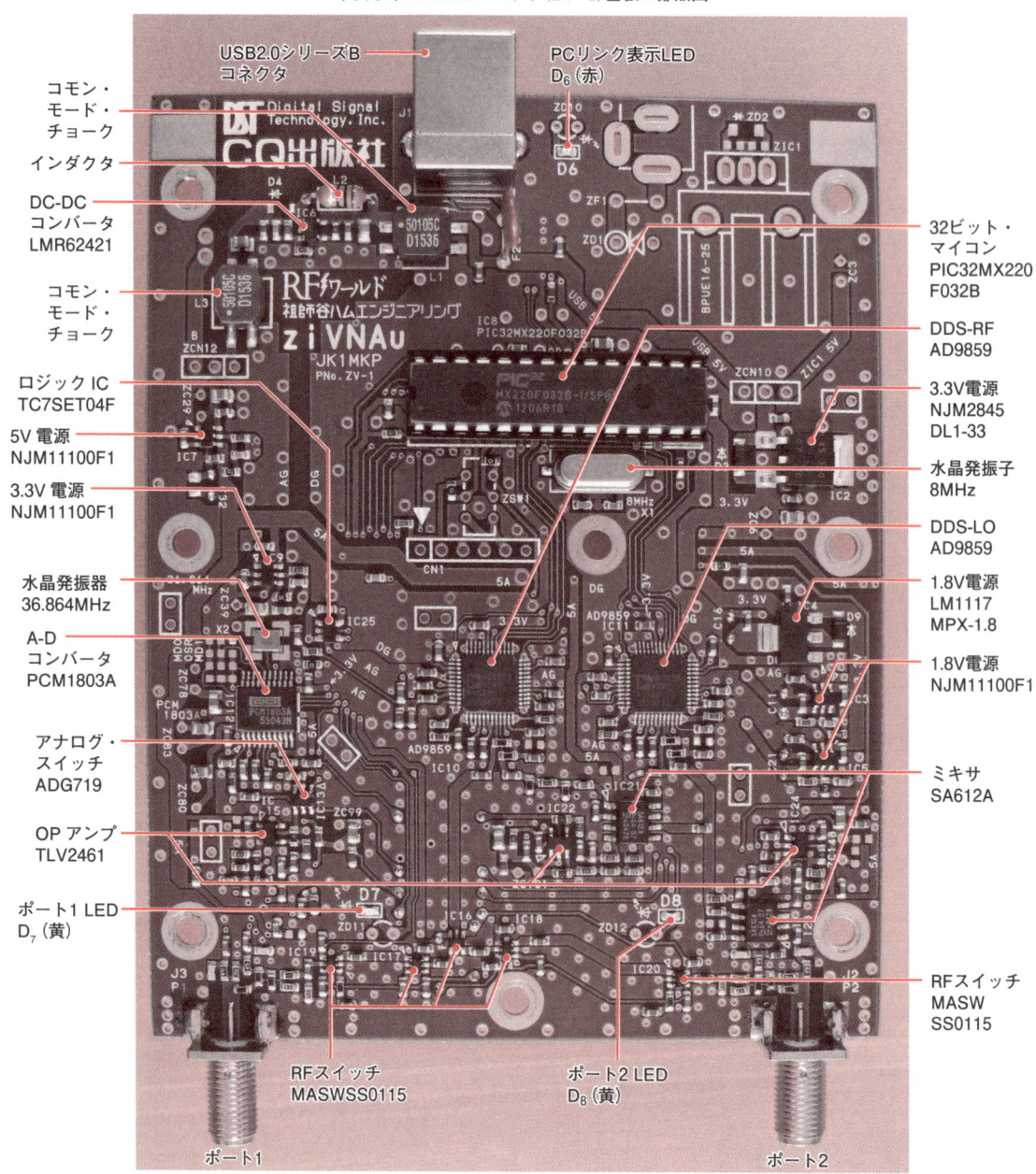

〈写真1〉ziVNAuユニット（ZV-1）基板の部品面

特集 作る！ベクトル・ネットワーク・アナライザ

〈写真2〉ziVNAuユニット（ZV-1）基板の箔面

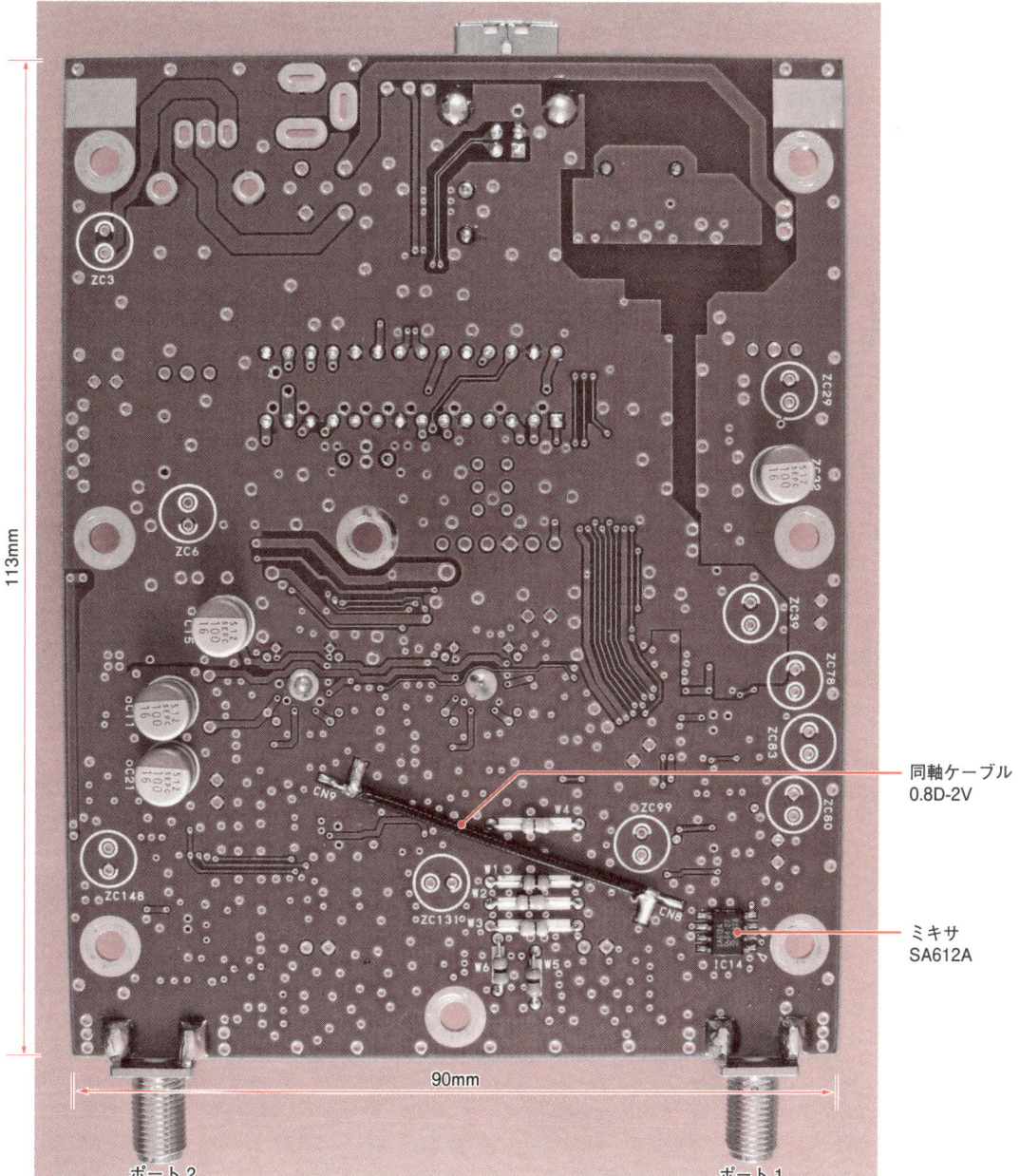

特集

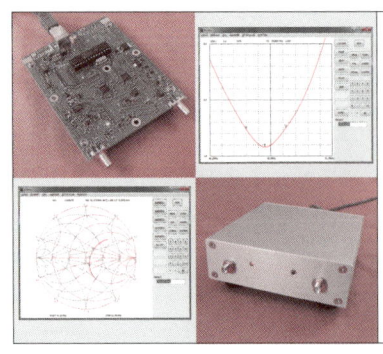

第3章 開発環境とその準備，マイコンが担当する機能の概要，周波数掃引スピードの工夫など

PICマイコンのソフトウェア

富井 里一
Tommy Reach

3.1 マイコンとペリフェラル

■ 3.1.1 マイコン選定

PCアプリとハードウェア制御の仲介役として，PICマイコンの中からPIC32MX220F032B-I/SPを選択しました．28ピンのDIPパッケージです．私自身，マイコンはPICしか触ったことがないことと，A-Dコンバータから来る24ビットのI^2S形式のデータを受け取れること，さらに，USBに対応していることや秋月電子通商（比較的安価で通販可能）で入手できる条件で選択しました．

■ 3.1.2 クロック

USBを利用するには48 MHzが必要です．48 MHzを作るクロック選択は8 MHzにします．それは，PIC内蔵の8 MHz発振器があるので，ゆくゆくは利用したいと考えたからですが，8 MHzのセラロックでも時々PC側のUSBドライバが認識しない症状が発生し，水晶発振子に交換して落ち着きました．それゆえ8 MHzにこだわる必要はないのですが，惰性で8 MHzを使用しています．

PICマイコンのシステム・クロックは，同じく8 MHzを利用して40 MHzをPIC内部で生成します．

■ 3.1.3 USB

USB2.0に対応していますが，転送スピードは12 Mbps（フルスピード）になります．

転送モードはバルク転送です．HIDクラスが利用するインタラプト転送は，定期的なUSBの割り込み処理と，連続したADC（A-Dコンバータ）のサンプリング・データ512個をメモリに保存する処理の両立ができませんでした．工夫すれば可能なのかもしれませんが…．

USBのデバイス・クラスは，Genericクラスを利用します．Genericクラスに対応するPC側のUSBドライバは，マイクロチップ・テクノロジー社のMCHPUSBドライバを利用します．

1回のデータ転送量は64バイトです．転送量が少ないので測定システム全体のスピードはここで決まるように思います．アイソクロナス転送を選択できれば1回の転送量が増えるのですが，後に説明するPIC開発環境の画面で選択できませんでした．選択したPIC32MX220F032Bまたはドライバ・ソフトが対応していないものと思います．

■ 3.1.4 SPI

二つ内蔵されているSPIを両方使います．SPI1は，ADC（A-Dコンバータ）から来るI^2Sデータを受け取るスレーブの設定で利用します．もう一方のSPI2は，二つのDDSにデータを送る手段として，SPIのマスタの設定で利用します．

■ 3.1.5 GPIO

ユニットのアナログ・スイッチやLEDのON/OFF切り替えに利用します．

■ 3.1.6 PICマイコンの内蔵A-Dコンバータ

今回は利用しません．

3.2 PICマイコン開発環境

PICマイコンの開発環境は，新しい統合開発環境MPLAB X IDEとMPLAB XC32（Cコンパイラ）とMPLAB Harmony Integrated Software Frameworkの組み合わせです．USBのフレームワークがHarmonyに含まれています．

着手当初はマイクロチップ・テクノロジー社の旧統合開発環境MPLAB IDEを利用してプログラムを作成していましたが，今回の執筆を機に新しい統合開発環境MPLAB X IDEに移行しました．

MPLAB X IDE と MPLAB Harmony Integrated Software Frameworkは無償で利用できます．また，MPLAB XC32は無償モード（生成コードの最適化なし）で利用します．

特集 作る！ベクトル・ネットワーク・アナライザ

〈表3.1〉使用した開発環境とUSBデバイス・ドライバ

項　目	名　称	バージョン	ダウンロードするファイル名
統合開発環境	MPLAB X IDE	v.3.26	MPLABX-v3.26-windows-installer.exe
Cコンパイラ	MPLAB XC32	v.1.40	xc32-v1.40-full-install-windows-installer.exe
USBフレームワーク	MPLAB Harmony Integrated Software Framework	v.1.07.01	harmony_v1_07_01_windows_installer.exe
PC側の USBドライバ	MCHPUSB	v.6.0.0.0	microchip-application-libraries-v2012-08-22-windows-installer.exe （旧 Microchip Libraries for Applications に付属するドライバ・ソフトを利用）

　PC側のUSBドライバは，旧統合開発環境MPLABに対応し，無償で利用できるMicrochip Application Librariesに付属するドライバMCHPUSBを利用します．

　表3.1は，以上の内容を整理したものです．表の中のバージョンでプログラムを作成しました．

3.3　PICマイコン開発環境の準備

■ 3.3.1 MPLAB X, XC32, Harmonyのインストール

　マイクロチップ・テクノロジー社から，MPLAB X, XC32, Harmonyをそれぞれダウンロードし，PCにインストールします．私は，MPLAB X → XC32 → Harmonyの順番にインストールしました．

　インストールは，ダウンロードした.exeファイルをダブル・クリックし，通常のWindowsアプリと同じ要領でインストールできます．インストールするフォルダや選択する項目は，デフォルトのままです．XC32コンパイラは，インストールの途中で無償版を選択する画面がありますが，デフォルトの状態が無償版です．

■ 3.3.2 XC32をMPLAB Xが認識できているか確認

　MPLAB X, XC32, Harmonyをインストールしたら，MPLAB Xを起動します．1回目の起動には少し時間が掛かるようです．XC32が正しく入っていることを確認するには，メニュー Tools＞Optionsを実行します．そして［Embedded］ボタンをクリックし，Build Toolsタブを選択することで確認できます．XC32がインストールされているときは図3.1の表示になります．

■ 3.3.3 HarmonyをMPLAB Xに組み込む

　すでに組み込み済みのときは，MPLAB Xのメニュー Tools ＞ Embedded の下に"MPLAB Harmony Configurator"がメニューとして図3.2のように表示されます．

　表示されない時は以下の操作を行います．MPLAB XのメニューTools＞Pluginsを実行します．
開いたウィンドウのDownloadedタブを選択し，［AddPlugins］ボタンをクリックします．ファイルを選ぶウィンドウになるので，Harmonyをインストールしたフォルダの下のutilities¥mhcフォルダにあるファイル com-microchip-mplab-modules-mhc.nbm を

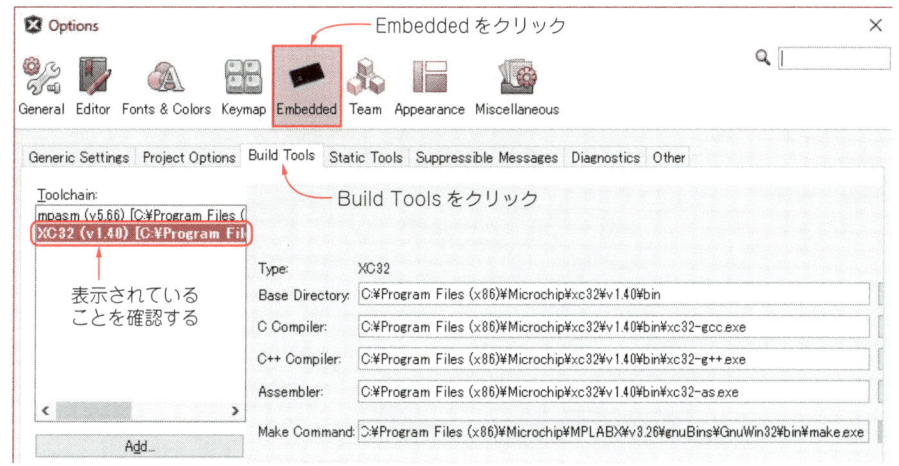

〈図3.1〉XC32を正しく認識できている場合の表示

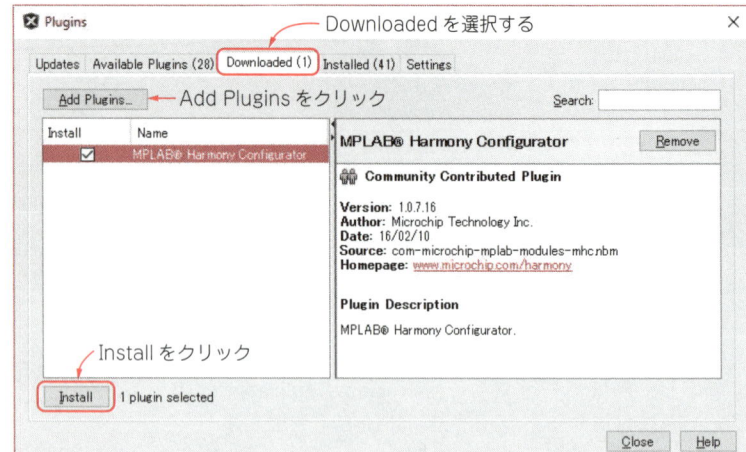

〈図3.3〉Harmony を MPLAB X に組み込むウィンドウ

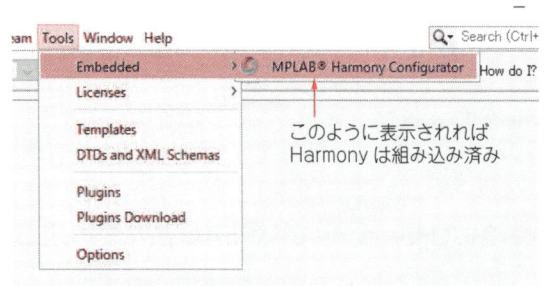

〈図3.2〉Harmony が組み込まれている場合の表示

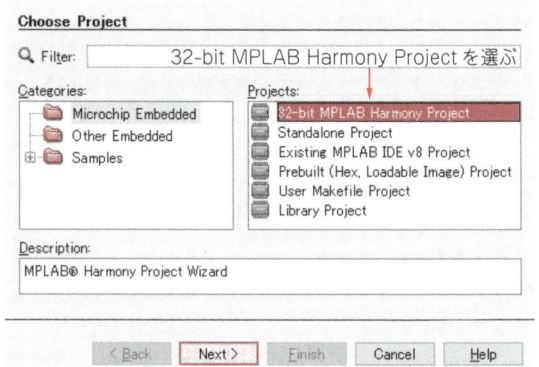

〈図3.4〉新規プロジェクトを作成するウィンドウ（その1）

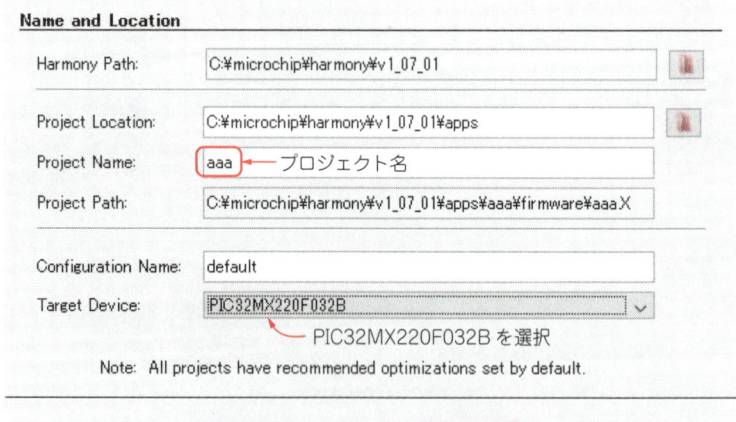

〈図3.5〉新規プロジェクトを作成するウィンドウ（その2）

選択します．そして［Install］ボタンをクリックします．図3.3は［Install］ボタンをクリックする直前の状態です．あとは，［Next］ボタンや"I accept"などアプリケーションのインストールと同じようなウィンドウが表示された後にMPLAB Xが再起動され，Harmonyの組み込みが完了です．

3.4 USBプログラミング用雛形の準備

PICマイコンとPCがUSB経由でデータのやり取りをする雛形を用意し，そこにユーザ機能を追加する方式にします．まずは，雛形の準備です．

特集 作る！ベクトル・ネットワーク・アナライザ

■ 3.4.1 新規プロジェクトの作成

USBのプログラミングをするプロジェクトを準備します．MPLAB XメニューFile＞New Projectを実行します．開いたウィンドウで"32-bit MPLAB Harmony Project"を選択し［Next］ボタン（図3.4）をクリックします．次のウィンドウ（図3.5）の"Harmony Path"は，Harmonyをインストールしたフォルダの下の"v1_07_01"フォルダを設定します．"Project Name"は仮に"aaa"とします．Target Deviceは"PIC32MX220F032B"を選択します．そして［Finish］ボタンをクリックします．

■ 3.4.2 MPLAB Harmony Configuratorによる設定

プロジェクトが開くと"MPLAB Harmony Configurator"のウィンドウが開きます．ここでクロックやポート割り付けやUSBの設定を行います．

もしMPALB Harmony Configuratorのウィンドウが開かない時は，MPLAB XのメニューTools＞Embedded＞MPLAB Harmony Configuratorを実行すれば開きます．

● クロックの設定

Clock Diagramタブを選択し，開いたウィンドウ（図3.6）で，外部の水晶発振子8MHzを利用してUSBクロック48MHzとPIC内部のシステム・クロック40MHzを得る設定をします．以下はデフォルトから修正する項目です．

- Primary Oscillator：8MHz
- POSCMOD：HS
- UPLLIDIV：DIV_2
- UPLLEN：ON

〈図3.6〉クロックの設定

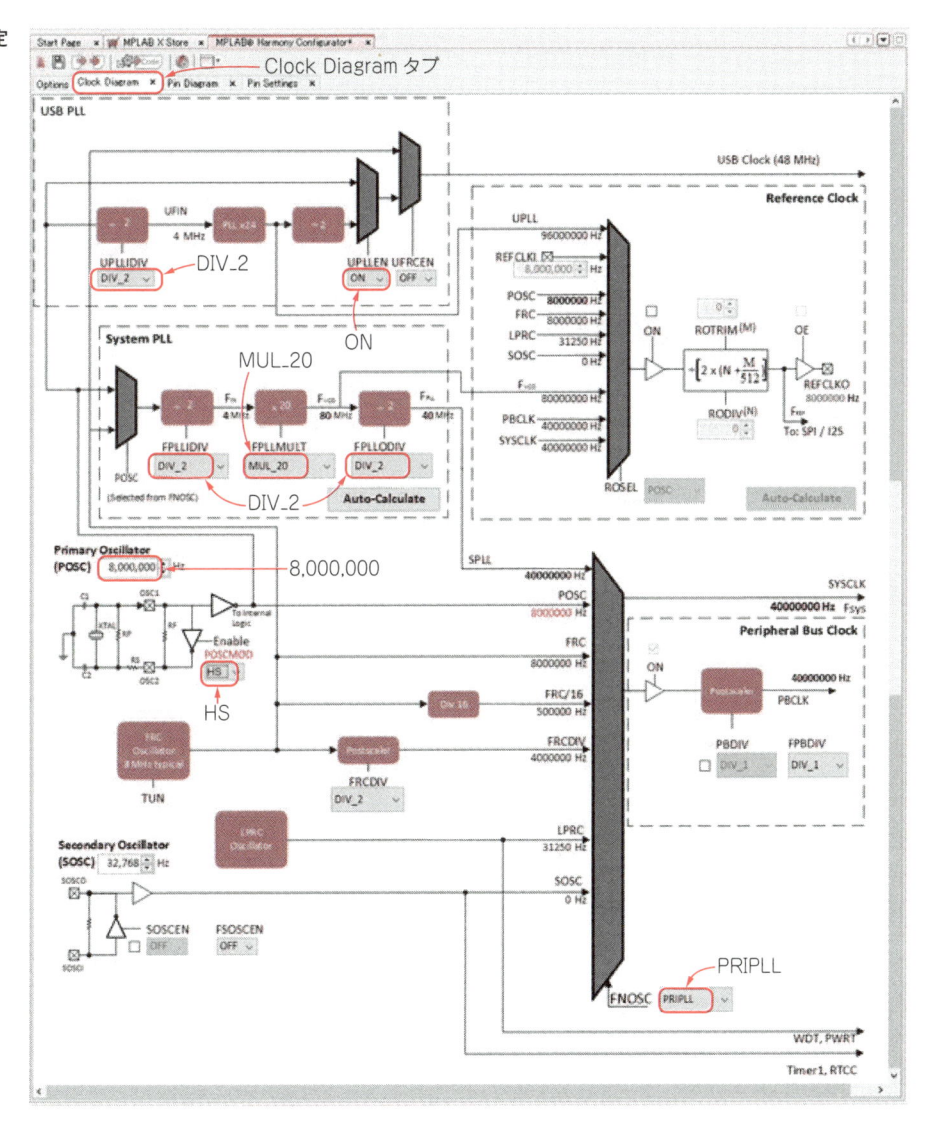

- FPLLIDIV：DIV_2
- FPLLMULT：MUL_20
- FPLLODIV：DIV_2
- FNOSC：PRIPLL

● **USB関連の設定**

Optionsタブを選択し，USB関連の設定をします．

▶ Harmony Framework Configuration

"USB Library"にチェックを入れ，図3.7のように以下を設定します．

- Interrupt Mode：OFF
- Number of Endpoints Used：2

- Enter Vendor ID：0x04D8
- Enter Product ID：0xF193

Product IDは，本ユニットを頒布するために，マイクロチップ・テクノロジー社のサブライセンスを受けたものです．ほかの目的へは利用できません．

▶ Device & Project Configuration（DEVCFG3）

25番ピンと14番ピンは，USBのOTG（On-The-Go）モードで使用するピンですが，今回は利用しません．そこでGPIOを割り付けるためにUSB機能をOFFにする設定（図3.8）をします．

- USB USID Selection（FUSBIDIO）：OFF
- USB VBUS ON Selection（FVBUSONIO）：OFF

● **ピンの入出力設定**

図3.9のピン割り当てに合うように入出力を設定します．設定はPin Settingsタブを選択して表示するウ

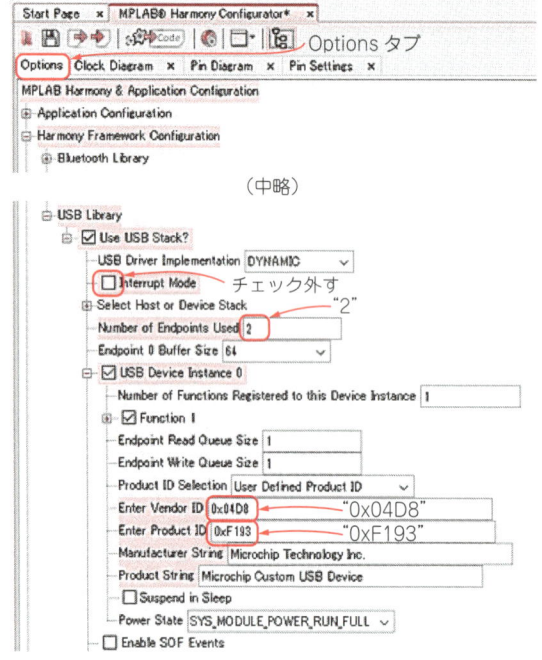

〈図3.7〉USB関連の設定（その1）

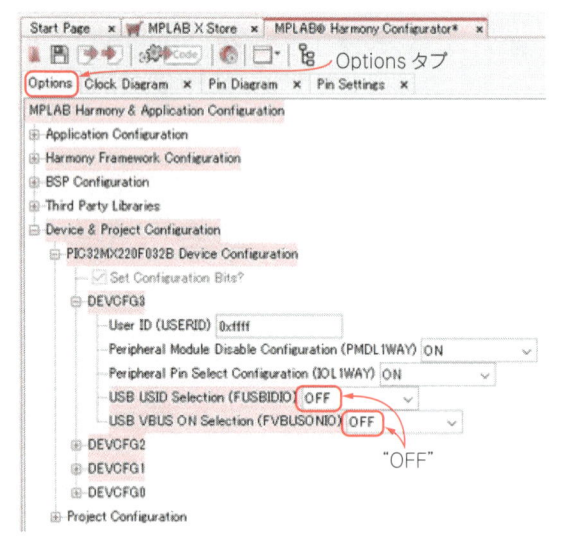

〈図3.8〉USB関連の設定（その2）

ziVNAuの割り当て	ピン	I/O	ピン名		ピン名	I/O	ピン	ziVNAuの割り当て
プルアップ	1	In	MCLR		AVDD	—	28	
ADC(IC$_{12}$)LRCK	2	In	(RA0)SS1		AVSS	—	27	
ADC(IC$_{12}$)DOUT	3	In	(RA1)SDI1		SCK2(RB15)	Out	26	DDS(IC$_{10}$〜IC$_{11}$)SCLK
LED(D$_7$)	4	Out	RB0	PIC32MX220F032B	SCK1(RB14)	In	25	ADC(IC$_{12}$)BCK
LED(D$_8$)	5	Out	RB1		RB13	Out	24	LED(D$_6$)
DDS(IC$_{10}$〜IC$_{11}$)SDIO	6	Out	(RB2)SDO2		VUSB3V3	—	23	
DDS(IC$_{10}$)CS	7	Out	RB3		D−	—	22	USB
	8	—	VSS		D+	—	21	USB
	9	—	OS1		VCAP	—	20	
	10	—	OS2		VSS	—	19	
DDS(IC$_{10}$〜IC$_{11}$)I/O UPDATE	11	Out	RB4		RB9	Out	18	AF SW(IC$_{25}$)
DDS(IC$_{11}$)CS	12	Out	RA4		RB8	Out	17	RF SW(IC$_{16}$〜IC$_{20}$)
	13	—	VDD		RB7	Out	16	RF SW(IC$_{16}$〜IC$_{20}$)
DDS(IC$_{10}$〜IC$_{11}$)RST	14	Out	RB5		VBUS	In	15	

〈図3.9〉ピン割り当て

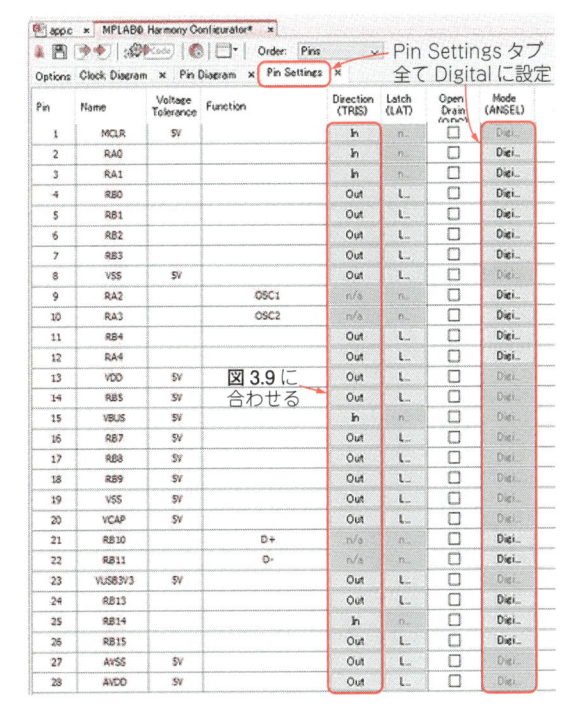

特集　作る！ベクトル・ネットワーク・アナライザ

〈図3.10〉ピンの入出力設定

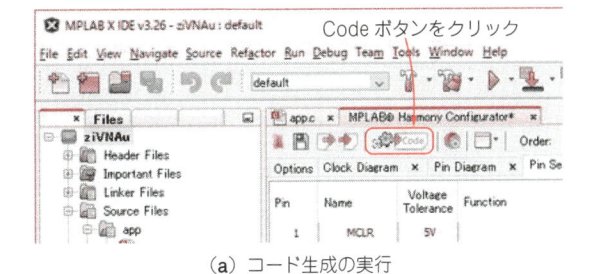

〈図3.11〉コード生成

ィンドウ(**図3.10**)で行います．
- 全ピン：ディジタル・ピン
- 1, 2, 3, 15, 25番ピン：入力ピン(ほかは出力ピン)
SPIやI²Sの設定はプログラムで設定することにします．

● コード生成

［Generate Code］ボタン(**図3.11**)をクリックします．現れるダイアログ・ボックスで［Save］ボタンをクリックし，次のダイアログ・ボックスの中のチェック・ボックスは，デフォルトのまま［Generate］ボタンをクリックします．

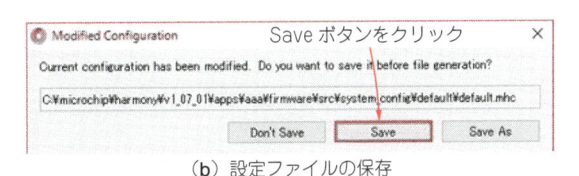

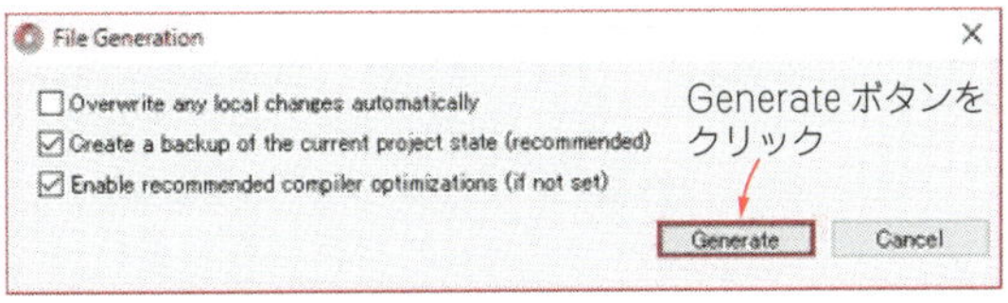

■ 3.4.3 サンプル・コードからコピー

必要なコードは，サンプルから必要な部分だけをコピーします．サンプルは，Harmonyをインストールしたフォルダのapps¥usb¥device¥vendor¥firmware¥srcにあります．

● app.h

以下のtypedefは，修正ファイルにない部分だけをサンプルからコピーします．
- typedef enum{ }（**リスト3.1**）
- typedef struct{ }（**リスト3.2**）

● app.c

▶サンプルにある下記変数を追加します．（**リスト3.3**）
- uint8_t receivedDataBuffer[64]; // 受信バッファ
- uint8_t transmitDataBuffer[64]; // 送信バッファ
- uint16_t endpointSize; // バッファ・サイズ

receivedDataBuffer()とtransmitDataBuffer()は，後に続くDMAの記述を除くことと，配列数を"64"に入れ替えます．
▶APP_USBDeviceEventHandler()関数を丸ごとサンプルからコピーします．（**リスト3.4**）
▶APP_Initialize()関数は，修正ファイルにない部分をサンプルからコピーします．（**リスト3.5**）
▶void APP_Tasks()関数の中身を全部サンプルの内容に交換します．（**リスト3.6**）

■ 3.4.4 コンパイル

確認のためにコンパイルします．LEDのON/OFF関係のエラーは出ますが未定義のためです．LEDのON/OFF関連を削除すればエラーは無くなると思います．

以上でUSBプログラミングの雛形が用意できました．この雛形にziVNAuの機能を追加してゆきます．

3.5　PICピン名の定義

PICピン名をピンの機能にちなんだ名前に定義しま

〈リスト3.1〉サンプルをコピーしてapp.hファイルのtypedef enum{ }へ追加する

```
typedef enum
{
    /* Application's state machine's initial state. */
    APP_STATE_INIT=0,
    APP_STATE_SERVICE_TASKS,

    /* TODO: Define states used by the application state machine. */
    /* Application waits for device configuration */
    APP_STATE_WAIT_FOR_CONFIGURATION,

    /* Application runs the main task */
    APP_STATE_MAIN_TASK,

    /* Application error occurred */
    APP_STATE_ERROR

} APP_STATES;
```

サンプルから app.h にない部分だけをコピーする

〈リスト3.2〉サンプルをコピーしてapp.hファイルのtypedef struct{ }へ追加する

```
typedef struct
{
    /* The application's current state */
    APP_STATES state;

    /* TODO: Define any additional data used by the application. */
    /* Device layer handle returned by device layer open function */
    USB_DEVICE_HANDLE usbDevHandle;
・・・・・中略・・・・・
    /* Tracks the alternate setting */
    uint8_t altSetting;

} APP_DATA;
```

サンプルから app.c にない部分をコピーする

〈リスト3.3〉サンプルをコピーしてapp.cへ変数を追加する

```
APP_DATA appData;

/* Receive data buffer */
// uint8_t receivedDataBuffer[APP_READ_BUFFER_SIZE] APP_MAKE_BUFFER_DMA_READY;
uint8_t receivedDataBuffer[64];

/* Transmit data buffer */
// uint8_t  transmitDataBuffer[APP_READ_BUFFER_SIZE] APP_MAKE_BUFFER_DMA_READY;
uint8_t  transmitDataBuffer[64];

/* The endpoint size is 64 for FS and 512 for HS */
uint16_t endpointSize;
```

サンプルからコピーした部分

〈リスト3.4〉サンプルにある関数をコピーしてapp.cへ追加する

```
/* TODO:  Add any necessary callback functions.*/
void APP_USBDeviceEventHandler(USB_DEVICE_EVENT event,
void * eventData, uintptr_t context)
{
    uint8_t * configurationValue;
    USB_SETUP_PACKET * setupPacket;
    switch(event)
    {
        case USB_DEVICE_EVENT_RESET:
・・・・・中略・・・・・
        /* These events are not used in this demo. */
        case USB_DEVICE_EVENT_RESUMED:
        case USB_DEVICE_EVENT_ERROR:
        default:
            break;
    }
}
```

サンプルから関数をコピーする

特集　作る！ベクトル・ネットワーク・アナライザ

〈リスト3.5〉サンプルをコピーして app.cのvoid APP_Initialize ( )へ追加する

```c
void APP_Initialize ( void )
{
    /* Place the App state machine in its initial state. */
    appData.state = APP_STATE_INIT;

    /* TODO: Initialize your application's state machine and other
     * parameters.
     */
    appData.usbDevHandle = USB_DEVICE_HANDLE_INVALID;
    appData.deviceIsConfigured = false;
    appData.endpointRx = 0x01;
    appData.endpointTx = 0x81;
    appData.epDataReadPending = false;
    appData.epDataWritePending = false;
    appData.altSetting = 0;
}
```
└─ サンプルからapp.cにない部分をコピーする

〈リスト3.6〉app.cのvoid APP_Tasks()をサンプルの内容に交換する

```c
void APP_Tasks ( void )
{
    switch(appData.state)
    {
        case APP_STATE_INIT:
            /* Open the device layer */
・・・・・・中略・・・・・・
        case APP_STATE_ERROR:
            break;

        default:
            break;
    }
}
/***************************************************************
 End of File
 */
```
← 中身を全部サンプルの内容に交換する

〈リスト3.7〉app.h内のPICピン名の定義

　　　　　　　　　　　　　　　ファイルの最上行にPICのピン名定義を追加
```c
// ▼▼▼▼▼▼ ここから ziVNAu 用 ▼▼▼▼▼▼
//=============================================================
// 入/出力 設定
#define t_DDS_CSB TRISAbits.TRISA4 // DDS-LO    （出力）{39番ピン} CS
#define t_DDS_CSA TRISBbits.TRISB3 // DDS-RF    （出力）{39番ピン} CS
・・・・・・中略・・・・・・
// 出力 I/O
#define l_DDS_CSB LATAbits.LATA4   // DDS-LO CS
#define l_DDS_CSA LATBbits.LATB3   // DDS-RF CS
・・・・・・中略・・・・・・
// ▲▲▲▲▲▲ ここまで ziVNAu 用 ▲▲▲▲▲▲

/***************************************************************
 End of File
 */
```

〈リスト3.8〉ziVNAu用の関数を記述する場所

```
・・・・・・前略・・・・・・
// *************************************************************
// Section: Application Local Functions
// *************************************************************

/* TODO:  Add any necessary local functions. */

       ziVNAu 用 の関数を記述する場所

// *************************************************************
// Section: Application Initialization and State Machine Functions
// *************************************************************

  Function:
    void APP_Initialize ( void )
・・・・・・後略・・・・・・
```

RFワールド No.35　　　　　　　　　　　　　　　　　　　　　　　　　　　　41

す．定義する場所はapp.hファイルです．私はわかりやすいように最下行に追加しました(リスト3.7)．

3.6 I²SとSPIの定義

I²SとSPIの初期設定は，Harmony Configuratorで設定できると思いますが，今回はプログラムから直接設定します．

I²SとSPIの初期設定を追加する場所は，app.cファイルの`APP_Initialize()`関数の最後です．

3.7 PCから来るコマンドの判別機能

PCから受信したUSB受信バッファ配列[0]のデータをコマンドとして，`switch()`文でコマンドに応じた関数をコールすることにします．サンプルも同じスタイルです．

記述する場所は，app.cファイルの一番最後の`APP_Tasks()`関数の中です．本章の後の方で，プログラムのリストも含めて`APP_Tasks()`関数に触れます．

3.8 PICマイコンが担当する機能の概要

PICは，PCとziVNAuユニットの各ハードウェアの中継役を担います．
- ADC(IC_{12})のサンプリング・データをPCへ転送
- DDS(IC_{10}, IC_{11})の出力周波数と出力レベル設定
- ポート1，ポート2の切り替え
  各Sパラメータ(S_{11}, S_{21}, S_{12}, S_{22})を測定するための信号ラインの切り替えと，それを知らせるインジケータの制御を行います．
- LED(D_6)の点滅/点灯
  USBのステータスを示すインジケータです．

〈表3.2〉PCから送られて来るコマンドに対応するziVNAuユニットの動作

コマンド	ziVNAuユニットの機能
0x01	PICプログラムのバージョンをPCに返す
0x20	二つのDDSを初期化
0x21	PCにADCデータを転送しDDS周波数を設定
0x23	DDS周波数設定とPCへADCデータを転送(テスト用)
0x24	PCへADCデータを転送(テスト用)
0x26	DDS-RF 出力レベル設定
0x27	DDS-LO 出力レベル設定
0x2F	DDS周波数設定(テスト用)
0x35	ポート切り替え
0x50	ADCデータをPICの一時保管配列に代入(テスト用)
0x51	PICの一時保管配列データ(ADCデータ)をPCに転送

これらの機能は，`APP_Tasks()`関数の`switch()`文で，PCから来るコマンドに従って動作します．表3.2はPCから送られるコマンドに対する動作機能の一覧表です．測定では使わないテスト用機能も盛り込んであります．

これらのziVNAu用の関数は，app.cファイルの`APP_USBDeviceEventHanler()`と`APP_Initialize()`の間に記述することにします(リスト3.8)．

次に，ziVNAu用の関数のうち，測定で使用する機能をそれぞれ説明します．

3.9 ADCサンプリング・データをPCに転送

■ 3.9.1 ADCデータを一時保管配列にコピーする関数：I2S()

2チャネル(Lch, Rch)あるADC(IC_{12})のサンプリング・データは，I²S経由で途切れることなくPICに送られますが，PICのレジスタON(`SPI1CONbits.ON=1`)の間だけPIC内に取り込みます．一度に取り込むデータ数は，LchとRchそれぞれ連続にサンプリングした512個です．連続にする理由は，PC側でこのデータをFIRフィルタやヒルベルト変換の信号処理をするためです．

ADCから来るサンプリング・データは，1個当たり24ビット幅ですが，この関数で16ビット幅(下位8ビットを削除)に縮めてから一時保管配列`fLch16[0..511]`と`fRch16[0..511]`に保管します．16ビット幅に縮める理由は，一度にPCに送れるデータ量が64バイトと少ないことと，ADCに入力されるアナログ信号のS/Nが約70dBのために16ビットで十分と考えたからです．

ADCのサンプリング・データをPCに転送するとき，1回の転送データの内訳は，Lch 32バイト，Rch 32バイトとします．一つのデータが16ビット幅ですからLchとRchそれぞれ16個が1回の転送量になります．

■ 3.9.2 512個のデータから16個をPCに転送する関数：A2U()

この関数は，LchとRchそれぞれ512個のデータから，それぞれ16個をUSB送信バッファ`transmitDataBuffer[0..63]`に代入します．512個の内のどの16個にするかは，512個を32ブロックに分けたブロック・インデックスで指定します．

あとは，`APP_Task()`関数の最後の方でUSB送信バッファ[0..63]をPCに送信してくれます．表3.3はLchとRchそれぞれ16個のデータがUSB送信バ

特集　作る！ベクトル・ネットワーク・アナライザ

3.10　DDSの出力周波数の設定

■ 3.10.1 DDSに周波数データを送る メイン関数：DDS()

DDSが出力する周波数に応じたDDSのレジスタ値はPC側で計算します．PICは，DDSのアドレス指定をして，PCから受け取ったデータをそのままDDSに転送します．PCから届くデータの並び順を**表3.4**に示します．

この関数でやることは，データを送る先のDDS（DDS-RF/DDS-LO）の選択とDDSのレジスタ・アドレス指定です．

PICがSPIに出力するための機能は，この後の`DdsSpi08()`が担当します．

■ 3.10.2 `DdsSpi32()`関数 と `DdsSpi08()`関数

DDSに送るSPIのデータは8ビットにしています．`DdsSpi08()`関数によって，その8ビットのデータをSPIから送信します．とはいっても，引き数で受け取るデータをSPIバッファ(SPI2BUF)へ代入することと，SPIがデータを送信した後に，SPIのビジー(SPI2STATbits.SPIBUSY)が解除するまで待つ，二つの機能を持つだけです．

32ビットのデータは，`DdsSpi32()`関数で8ビットごとに分離した後に`DdsSpi08()`関数をコールしてDDSにデータを送ります．

3.11　DDSの出力レベル設定

■ 3.11.1 `DdsRFLvl()`, `DdsLOLvl()`

これらの関数は，DDS-RF(IC_{10})やDDS-LO(IC_{11})の出力レベルを設定する関数です．

出力レベルに対するDDSのレジスタ値は，PCで計算済みです．ここでやることは，レジスタ・アドレス

〈表3.3〉PCへADCサンプリング・データを送る時のデータの並び順

Idx	tDB	fLfR		Idx	tDB	fLfR
0	L Usb	0		32	R Usb	0
1	L Lsb			33	R Lsb	
2	L Usb	1		34	R Usb	1
3	L Lsb			35	R Lsb	
4	L Usb	2		36	R Usb	2
5	L Lsb			37	R Lsb	
6	L Usb	3		38	R Usb	3
7	L Lsb			39	R Lsb	
8	L Usb	4		40	R Usb	4
9	L Lsb			41	R Lsb	
10	L Usb	5		42	R Usb	5
11	L Lsb			43	R Lsb	
12	L Usb	6		44	R Usb	6
13	L Lsb			45	R Lsb	
14	L Usb	7		46	R Usb	7
15	L Lsb			47	R Lsb	
16	L Usb	8		48	R Usb	8
17	L Lsb			49	R Lsb	
18	L Usb	9		50	R Usb	9
19	L Lsb			51	R Lsb	
20	L Usb	10		52	R Usb	10
21	L Lsb			53	R Lsb	
22	L Usb	11		54	R Usb	11
23	L Lsb			55	R Lsb	
24	L Usb	12		56	R Usb	12
25	L Lsb			57	R Lsb	
26	L Usb	13		58	R Usb	13
27	L Lsb			59	R Lsb	
28	L Usb	14		60	R Usb	14
29	L Lsb			61	R Lsb	
30	L Usb	15		62	R Usb	15
31	L Lsb			63	R Lsb	

注▶Idx：USB送信バッファ(transmitDataBuffer[])のインデックス，tDB：USB送信バッファのデータの並び方(8ビット)，fLfR：一時保管配列 fLch16[0..511] および fRch16[0..511] のインデックス

〈表3.4〉PCから届くDDSレジスタ・データの並び順

インデックス	USB受信バッファ receivedDataBuffer [0..63] (8ビット)
0	コマンド：0x21
1	ブロック・インデックス(0～63)
2	DDS-RF クロック逓倍数(0～20)
3	DDS-RF 周波数データ〈31:24〉
4	DDS-RF 周波数データ〈23:16〉
5	DDS-RF 周波数データ〈15:8〉
6	DDS-RF 周波数データ〈7:0〉
7	DDS-LO クロック逓倍数(0～20)
8	DDS-LO 周波数データ〈31:24〉
9	DDS-LO 周波数データ〈23:16〉
10	DDS-LO 周波数データ〈15:8〉
11	DDS-LO 周波数データ〈7:0〉
12	—
13	—
14	—
・・・・・中略・・・・・	
61	—
62	—
63	—

の追加と，PCから来た設定値をDDSのレジスタに並び変えることです．そして，周波数設定でも利用する`DdsSpi08()`関数をコールしてデータをDDSに送信します．

3.12 測定ポート切り替え

■ 3.12.1 `SWPort()`

この関数は，引き数(11, 21, 12, 22)に従い，以下の切り替えを実行する関数です．
- DDS-RFの出力をポート1またはポート2に切り替えるためのRFスイッチ(IC_{16}，IC_{17}，IC_{18}，IC_{19}，IC_{20})の制御
- ADCのLch入力をポート1またはポート2に切り替えるためのAFスイッチ(IC_{13})の制御
- RFが出力するポート(ポート1またはポート2)を示すインジケータLED(D_7，D_8)の制御

GPIOの制御だけなので，改まった内容のものではありません．

3.13 `APP_Tasks()`関数

`APP_Task()`関数は，PCとユーザ関数がデータのやり取りする窓口的な機能を持つ関数です．ここでは，PCから来るコマンドに応じた関数をコールする`switch()`文を中心に，ziVNAu用に追加した部分をプログラムの流れに沿って紹介します．

■ 3.13.1 USBの状態に応じたD_6(LED)の設定とDDS初期化

まず最初に，USBの状態にしたがってユニットを初期化する`BlinkUSBStatus()`関数をコールします．
● PCが本ユニットを認識できない時
- 1611 kHzを測定する状態に設定．(DDSの設定)
- D_6点滅(PCが本ユニットを認識していない表示)

● PCが本ユニットを認識している時
- 15.0 MHzを測定する状態に設定．(DDSの設定)
- ダイオードD_6点灯(PCが本ユニットを認識している表示)

そのほかのハードウェア設定は，PICがリセットした直後に実行する`APP_Initialize()`関数の中で，S_{11}を測定するように設定します．

■ 3.13.2 `switch()`文

USB受信バッファ[0]にPCから来るコマンドが代入されています．`switch()`文でコマンドに応じた機能を実行するようにしています．

● コマンド 0x01
PICプログラムのバージョンをPCに返します．
● コマンド 0x20
DDSの初期化を実行します．テスト用です．
● コマンド 0x21
以下の順番に処理を実行します．
①2チャネル(Lch，Rch)のADCサンプリング・データを一時保管配列`fLch16[0..511]`と`fRch16[0..511]`に保管．(`I2S()`関数)
②PCから来る周波数データを二つのDDSに転送．(`DDS()`関数)
③一時保管配列`fLch16[0..511]`と`fRch16[0..511]`から，それぞれ16個のデータをUSB送信バッファ`transmitDataBuffer[0..63]`にコピー．(`A2U()`関数)
● コマンド 0x26
DDS-RFの出力レベルを設定します．(`DdsRFLvl()`関数)
● コマンド 0x27
DDS-LOの出力レベルを設定します．(`DdsLOLvl()`関数)
● コマンド 0x35
ポート1またはポート2に切り替えます．(`SWPort()`関数)
● コマンド 0x51
一時保管配列`fLch16[0..511]`と`fRch16[0..511]`から，それぞれ16個のデータをUSB送信バッファ`transmitDataBuffer[0..63]`にコピーします．どの16個のデータをコピーするかは，512個を32ブロック(1ブロック16個)に分けたブロック・インデックスがPCから指定されます．PCアプリ側で選択するFIRフィルタのタップ数に応じたサンプル数になるまで，コマンド0x51が繰り返しPCから届き実行されます．(`A2U()`関数)

■ 3.13.3 PCにデータ転送

USB送信バッファ`transmitDataBuffer[0..63]`の内容をPCに転送します．`A2U()`関数が事前に実行されている時(コマンド0x21と0x51)には，16個のADCサンプリング・データがPCにデータ転送されます．

これは`A2U()`関数を実行したときに`transmitDataBuffer[0..63]`にサンプリング・データが保存されるためです．それ以外は，PCから来たコマンドをPCに返します．

特集　作る！ベクトル・ネットワーク・アナライザ

3.14　周波数の掃引スピードを落とさない工夫

　Sパラメータを測定する上で，周波数の掃引（スイープ）スピードをできるだけ落とさない工夫をしています．それは，コマンド0x21の中で実行する順番です．

　普通に考えれば，DDSに周波数を設定し，次に，その周波数で受信した信号をADCでサンプリングして，PICがそのデータを受け取る順番になると思います．

　ここでは，先にADCのサンプリング・データをPICが受け取り，その後にDDSの周波数を設定します．言い方を変えると，DDSに周波数を設定して処理をPCアプリに戻します．次にこの関数がコールされたとき，真っ先に一つ前のDDSに設定された周波数を受信してADCのサンプリング・データをPICが受け取るという具合になります．

　この順番で処理をすると，DDSの周波数が安定し，コンデンサの充放電が落ち着くまでの待ち時間が不要になります．

　このやり方は，PCアプリ側の処理が複雑になりますが，掃引スピードを落としたくないので，このやり方を採用しています．

◆参考文献◆

(1) 後閑哲也：「高速・多機能を実現するPIC32MX活用ガイドブック」，pp.200～215，㈱技術評論社，初版2010年5月5日．
(2) PIC32MX1XX/2XXデータシート，資料番号DS60001168J，pp.167～170，Microchip Technology Inc.
(3) "Section 23: Serial Peripheral Interface（SPI）", PIC32 Family Reference Manual，資料番号 DS61106G, p.35, Microchip Technology Inc.
(4) "MPLAB XC32 C/C＋＋ Compiler User's Guide"，資料番号DS50001686H，Microchip Technology Inc.
(5) AD9859日本語データ・シートRev.0, pp.6～23, Analog Devices, Inc.
(6) PCM1803Aデータ・シート，Revised August 2006, pp.11～15, SLES142AJUNE 2005, Texas Instruments Inc.

とみい・りいち
祖師谷ハム・エンジニアリング

特集

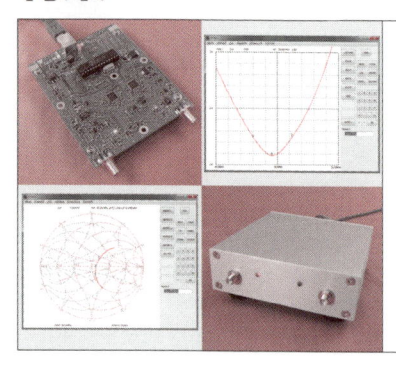

第4章 測定の流れ，USB通信，FIRフィルタ，ヒルベルト変換，キャリブレーション，DDSの計算など

PC側のアプリケーション・ソフトウェア

富井 里一
Tommy Reach

4.1 全体の構成

　PCアプリケーション（以下，PCアプリ）の開発環境はDelphi XE2 Professionalを利用します．言語はPASCALです．.pasファイルがプログラムのソース・ファイル（ASCIIファイル）です．

　本PCアプリは，いくつかの.pasファイルから構成されています．図4.1に，そのファイルとファイル間の関係を示します．

■ 4.1.1 main.pas

　main.pasは，ボタンやマウスやキーのイベントに従った処理（関数）をコールする機能が主になります．Windowsの汎用的なメニューにすればプログラムの記述は少ない行数で済んだのですが，キーサイト社のネットワーク・アナライザ8753Dに似た操作性にこだわったために，ボタン操作の処理ルーチンはかなりの量になってしまいました．

■ 4.1.2 TZiPic32mxVna_v001.pas

　TZiPic32mxVna_v001.pasは，測定条件の設定，DDSレジスタのデータ計算，PICマイコンとのデータのやり取り，測定データの処理と校正データによる補正処理を担当します．

■ 4.1.3 TZiHilb_v001.pas と TZiMpusbapiDll_v001.pas

　FIRフィルタとヒルベルト変換（ADCのサンプリング・データの信号処理）をTZiHilb_v001.pasが担当します．PICマイコンとのデータのやり取りはTZiMpusbapiDll_v001.pasの関数を利用します．

```
main.pas
ユーザ・インターフェース
・ボタン，マウス，キーなどのイベント処理
・メニュー処理
・ファイル処理

TZiPoc32mxVna_v001.pas
測定処理
・DDSレジスタのデータ計算
・PICマイコン制御
・測定データの処理
・校正データによる補正処理
・Sパラメータを配列に保管

TZiSmith_v010.pas
グラフ処理（スミス・チャート，極座標）
・配列：グラフにプロットするデータ

TZiGLMag_v001.pas
グラフ処理（LOG-MAG，DELAY，SWR）
・配列：グラフにプロットするデータ

TZiMpusbapiDll_v001.pas
マイクロチップ・テクノロジー社のDLLをコールする関数

TZiHilb_v001.pas
信号処理
・配列：FIRフィルタとヒルベルトのタップ係数
・FIRフィルタ処理
・ヒルベルト変換処理

その他
・DlgBx_*.pas：ダイアログ・ボックス関連の処理
・TZiFmProgressBar_v001.pas：プログレス・バーの処理
・TZiMSmt_v009.pas：Sパラメータ計算の関数群
・TZiIinFile_v005.pas：.iniファイルの読み書き処理
・TZiS4p_v019.pas：s2pファイルの読み書き処理
・TZiInputVal_v010.pas：テキストを数値変換する処理
・TZioutputVal_v010.pas：数値をテキスト変換する処理
```

〈図4.1〉ファイル構成とファイル間の関係

特集　作る！ベクトル・ネットワーク・アナライザ

■ 4.1.4 TZiSmith_v010.pas と TZiGLMag_v001.pas

TZiSmith_v010.pasはスミス・チャートと極座標のグラフを処理をします．グラフにプロットするデータの配列を持っています．また，マーカ機能やスケール変更などグラフに関係する処理はここで行います．グラフが異なるだけで同じ機能を持つTZiGLMag_v001.pasがあります．これは横軸周波数のグラフで，LOG-MAG，DELAY，SWRのときに利用します．

■ 4.1.5 その他

ダイアログ・ボックスやプログレス・バーの表示関連のファイル，Sパラメータ計算の関数群，設定ファイル（.ini）の読み書き，Touchstone形式ファイルの読み書き，テキスト数値変換機能などをそれぞれ機能別にファイル（.pas）があります．

4.2 測定フローの概要

全体の構成を細かく説明するには限界があります．そのため測定する流れを紹介することで，少しでも全体像が見えてくればという考えで進めます．

■ 4.2.1 測定の概略フロー

図4.2は「S_{11}の測定かつ1-Port CAL」の条件における処理の概略フローです．［RUN］ボタンを押すとイベントのプロシジャTZiMain.Btn_StartClick()に進み，測定が始まります．

● **TZiMain.Btn_StartClick()**

繰り返し測定，または，1回のみ測定を確認して，MEAS_OneTime()関数に進みます．

● **TZiMain.MEAS_OneTime()**

まず，測定モード（$S_{11}/S_{12}/S_{21}/S_{22}$）とキャリブレーションの種類（RESP/RES&ISO/ENH-RESP/1-PORT/FULL 2-PORT）を確認します．次にコールする関数を判定するためです．そして，［HOLD］ボタンが押されるまでループ処理を行います．

ループ処理の中は，測定をする関数をコールします．ここではTZiMain.MEAS_1PORT_S11()関数をコールすることとします．そして，グラフの再描画を行います．

［HOLD］ボタンが押されたとき，または，1回だけ測定する場合は，再描画をした後にこの関数を抜けて測定は終了します．

● **TZiMain.MEAS_1PORT_S11()関数**

ここでは，アクティブなグラフ（SMITH/POLAR/LOG-MAG/DELAY/SWR）を確認します．そして周波数のポイント数だけループ処理を行います．

ループ処理の中は，以下を行います．
- 測定を行うTZiVNA.MES_SUB()関数のコール
- キャリブレーション・データによるSパラメー

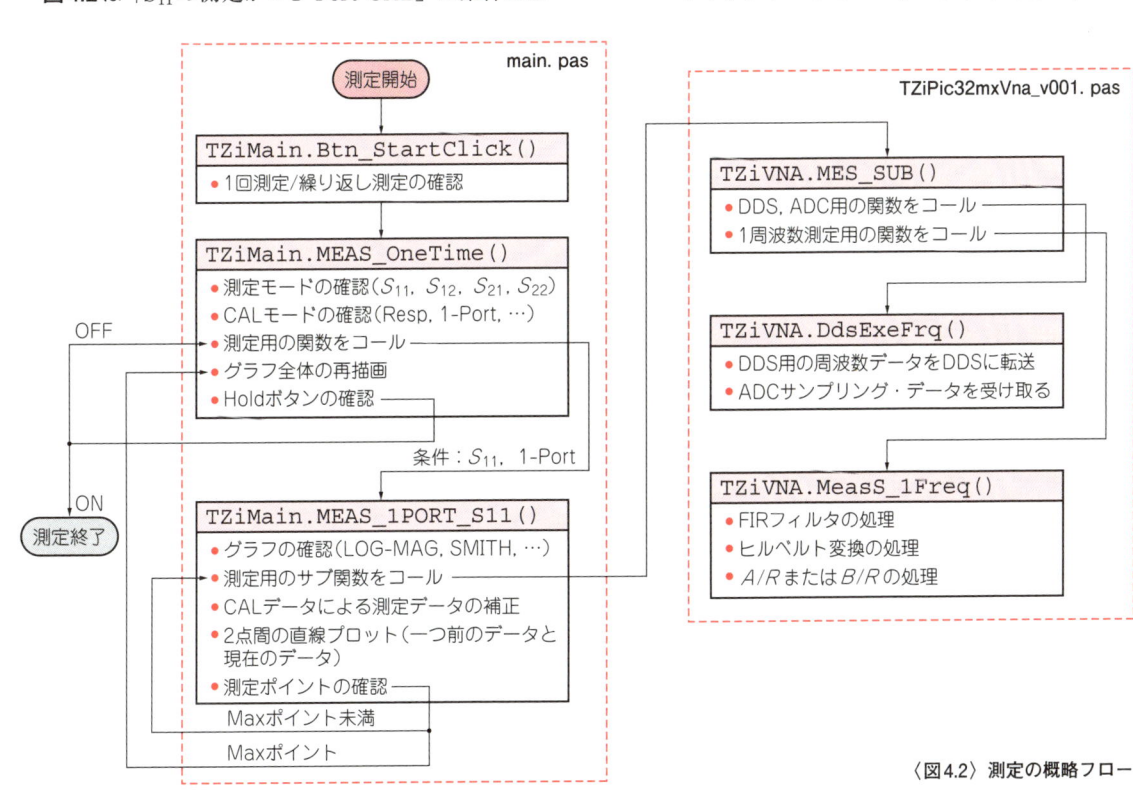

〈図4.2〉測定の概略フロー

タの補正
- 2点間の直線プロット（一つ前のデータと現在のデータの間を直線でプロット）

● TZiVNA.MES_SUB()関数

DDSに周波数データの転送と，ADC（A-Dコンバータ）のサンプリング・データの受信処理を行うTZiVNA.DDsExeFrq()関数のコールと，信号処理と，$A \div R$またはは$B \div R$を計算してSパラメータを求めるTZiVNA.MeasS_1Freq()関数をコールします．

■ 4.2.2 測定したデータの信号処理フロー

図4.3は，測定したデータの信号処理フローです．図4.2で登場したTZiPic32mxVna_v001.pasの流れを少し細かく説明するものです．

まずUSBから受信したADC（A-Dコンバータ）のデータをLchのデータとRchのデータに分離します．そして，それぞれ16ビット整数を浮動小数点に変換します．Lchのデータは受信機Aまたは受信機Bの受信データです．Rchのデータは受信機Rの受信データです．

2番目の処理は，LchとRchのデータをそれぞれFIRフィルタに通します．目的は24 kHzの受信信号のみを通過，それ以外の周波数成分を除去することです．

3番目は，LchとRchそれぞれをヒルベルト変換処理して複素数にします．

4番目は，いよいよSパラメータにするための$A \div R$または$B \div R$を実行します．

そして，測定したSパラメータを校正データによって補正します．

ここまでがTZiPic32mxVna_v001.pasとTZiHilb_v001.pasが担当し，次のグラフにプロットする工程はTZiSmith_v010.pasまたはTZiGLMag_v001.pasが担当します．

4.3 USB通信

■ 4.3.1 PC側のUSBドライバ・ソフト

USBのデバイス・クラスは，GenericクラスをPICマイコン側で選択したので，PCアプリ側のドライバ・ソフトは，Genericクラスに対応するマイクロチップ・テクノロジー社のMCHPUSBにします．Windowsが提供するWinUSBを選択する手もあるようですが，別の機会に挑戦してみることにします．

■ 4.3.2 DelphiからMCHPUSBを利用する設定

MCHPUSBは mpusbapi.dll と mchpusb.sys から構成されています．幸い，DLLのほかにC/C++用の.hファイルも提供されているので，このファイルを参考にしてDelphiからDLLをコールする関数が作れます．

リスト4.1はその.hファイルの一部をリストにし

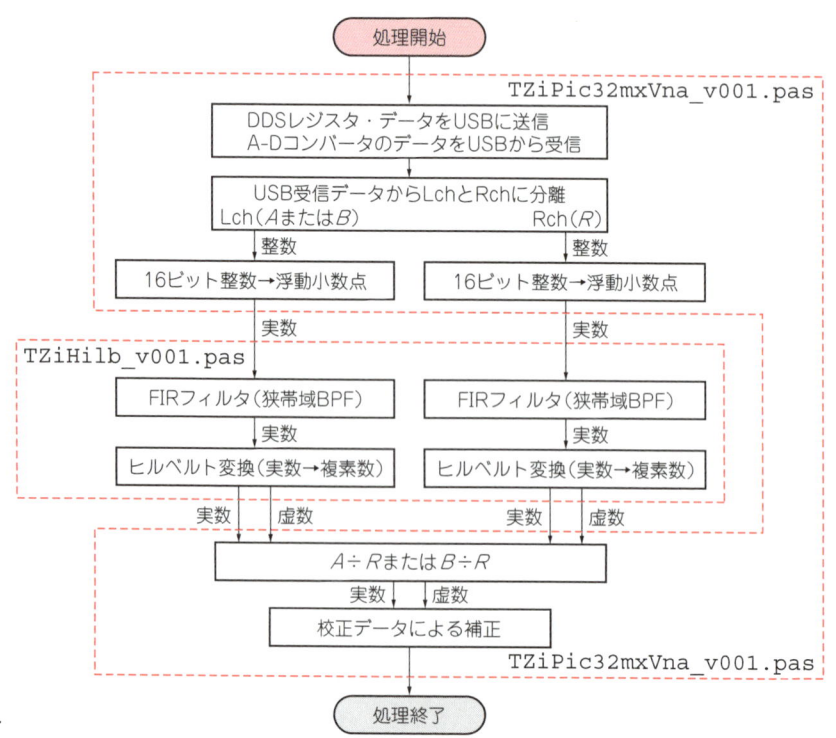

〈図4.3〉測定の信号処理フロー

特集　作る！ベクトル・ネットワーク・アナライザ

〈リスト4.1〉
ヘッダ・ファイル(.h)

```
/**********************************************************
 *                    MPUSBAPI Library
 **********************************************************
..................中略..................

// MPUSBGetDLLVersion : get mpusbapi.dll revision level
//              MM - Major release
//              mm - Minor release
//              dd - dot release or minor fix
//              ii - test release revisions
DWORD (*MPUSBGetDLLVersion)(void);

// MPUSBGetDeviceCount : Returns the number of devices with
//   matching VID & PID
DWORD (*MPUSBGetDeviceCount)(PCHAR pVID_PID);

// MPUSBOpen : Returns the handle to the endpoint pipe with
//   matching VID & PID
HANDLE (*MPUSBOpen)(DWORD instance,        // Input
            PCHAR pVID_PID,                // Input
            PCHAR pEP,                     // Input
            DWORD dwDir,                   // Input
            DWORD dwReserved);             // Input <Future Use>

// MPUSBRead :
DWORD (*MPUSBRead)(HANDLE handle,          // Input
            PVOID pData,                   // Output
            DWORD dwLen,                   // Input
            PDWORD pLength,                // Output
            DWORD dwMilliseconds);         // Input

// MPUSBWrite :
DWORD (*MPUSBWrite)(HANDLE handle,         // Input
            PVOID pData,                   // Input
            DWORD dwLen,                   // Input
            PDWORD pLength,                // Output
            DWORD dwMilliseconds);         // Input

// MPUSBReadInt :
DWORD (*MPUSBReadInt)(HANDLE handle,       // Input
            PVOID pData,                   // Output
            DWORD dwLen,                   // Input
            PDWORD pLength,                // Output
            DWORD dwMilliseconds);         // Input

..................中略..................

#endif
```

たものです．これを元にDelphiからDLLをコールする関数を作ったものが**リスト4.2**です．これを一つのクラスとして`TZiMpusbapiDll_v001.pas`にまとめてあります．

.hファイルをDelphi記述に修正する際には文献(1)と文献(2)を参考にしました．また，mpusbapi.dllの使い方は文献(3)を参考にしました．

■ **4.3.3 MCHPUSB ドライバ・ソフトの入手**

ドライバ・ソフトと.hファイルは，マイクロチップ・テクノロジー社のMicrochip Libraries for Applicationsをインストールしたフォルダの中にあります．以下のURLからダウンロード可能です．

http://www.microchip.com/mplab/microchip-libraries-for-applications/archives

私が利用したダウンロード・ファイルは，micro chip-application-libraries-v2012-08-22-windows-installer.exeです．

MCHPUSBドライバ・ソフト一式(mpusbapi.dllなど)は，インストールしたフォルダの下の "USB¥Device - MCHPUSB - Generic Driver Demo ¥Driver and inf" にあります．

.hファイルは，インストールしたフォルダの下の，"USB¥Device - MCHPUSB - Generic Driver Demo¥PC Soft ware¥Borland_C¥Example 01 - Load-time Linking" にあります．

一応，MCHPUSBドライバ一式と.hファイルは，本誌のダウンロード・サービスに収録予定です．

〈リスト4.2〉
DelphiからDLLをコールする関数

```
unit TZiMpusbapiDll_v001;
interface
uses
  Classes, Dialogs, SysUtils, Windows;

function MPUSBGetDLLVersion: DWORD; cdecl;

function MPUSBGetDeviceCount(pVID_PID: PAnsiChar): DWORD; cdecl;

// HANDLE MPUSBOpen(DWORD instance,     // デバイス番号      0から始まる
//          PCHAR pVID_PID,             // IDの指定          'vid_04d8&pid_000c'
//          PCHAR pEP,                  // エンドポイント    '\MCHP_EP1'
//          DWORD dwDir,                // 入出力指定        出力=0，入力=1
//          DWORD dwReserved);          // 予約              0を代入
function MPUSBOpen(instance: DWORD; pVID_PID: PAnsiChar; pEP: PAnsiChar;
dwDir: DWORD; dwReserved: DWORD): THandle; cdecl;

// DWORD MPUSBRead(HANDLE handle,       // ハンドル番号
//          PVOID pData,                // バッファ 型不定ポインタ
//          DWORD dwLen,                // 受信期待データ数
//          PDWORD pLength,             // 実際に受信したデータ数のポインタ
//          DWORD dwMilliseconds);      // タイムアウト(ms)
function MPUSBRead(handle: THandle; pData: Pointer; dwLen: DWORD; pLength:
PDWORD; dwMilliseconds: DWORD): DWORD; cdecl;

// DWORD MPUSBWrite(HANDLE handle,      // ハンドル番号
//          PVOID pData,                // バッファ 型不定ポインタ
//          DWORD dwLen,                // データ数
//          PDWORD pLength,             // 実際の送信データ数のポインタ
//          DWORD dwMilliseconds);      // タイムアウト(ms)
function MPUSBWrite(handle: THandle; pData: Pointer; dwLen: DWORD; pLenght:
PDWORD; dwMilliseconds: DWORD): DWORD; cdecl;

...............................中略...............................

implementation

function MPUSBGetDLLVersion;        cdecl; external  'mpusbapi.dll';
function MPUSBGetDeviceCount;       cdecl; external  'mpusbapi.dll';
function MPUSBOpen;                 cdecl; external  'mpusbapi.dll';
function MPUSBRead;                 cdecl; external  'mpusbapi.dll';
function MPUSBWrite;                cdecl; external  'mpusbapi.dll';
function MPUSBReadInt;              cdecl; external  'mpusbapi.dll';
function MPUSBClose;                cdecl; external  'mpusbapi.dll';

...............................中略...............................

end.
```

4.4 FIRフィルタ

4.4.1 プログラムの流れ

図4.4は，FIRフィルタの信号処理の流れを示すブロック図です．これを例にFIRフィルタの信号処理の流れを説明します．図中の"D"と記した四角形はディレイです．そのディレイ量はADC(A-Dコンバータ)のサンプリング間隔と等しくしますが，ADC側でデータ間隔が決まるので，PCアプリ側ではディレイの量を気にすることなくデータを次々に処理すれば問題ありません．

三角形はタップ係数です．タップの数だけ係数が存在します．"R0"や"R1"の四角形はレジスタで，入力から入ったADCのデータが順番に代入されます．まずはレジスタR0にADCの1番目のデータを代入して，$R_0 k_0 + R_1 k_1 + R_2 k_2$を計算した結果を出力します．ここで$R_0$はレジスタR0の内容です．なお，レジスタ$R_1$と$R_2$は初期値ゼロの状態で計算します．

次に，R0のデータをR1に移動し，ADCの2番目のデータをR0に代入します．そして$R_0 k_0 + R_1 k_1 + R_2 k_2$を計算した結果を出力します．この操作を繰り返すわけです．R2まで移動したADCのデータは次のデータ移動のときに削除します．

参考までに補足すると，FIRフィルタの解説記事でタップ数の代わりに「次数」で表現していることもあると思います．次数は図4.4の四角形"D"の数に一致

特集 作る！ベクトル・ネットワーク・アナライザ

します．タップ数は三角形の数に一致します．

■ 4.4.2 FIRフィルタのソース・コード（抜粋）

リスト4.3はPCアプリで利用している46タップのFIRフィルタのプログラムを抜き出したものです．

まず，46個あるレジスタの値にゼロを代入して初期化します．次に`for k:= 0 to`のループ文で，ADCのサンプリング・データ数だけループする処理を行います．次の`for i:= fFir1TapMaxN downto 1 do`のループ文は**図4.4**で説明したレジスタのデータをすべて一つ移動する機能とADCの次のデータをレジスタに代入するループです．そして最後の`for`文はレジスタとタップ係数を乗算したものをすべて加算するためのループです．

以上の計算処理をすることでFIRフィルタの機能ができます．

PCアプリのソース・コードは，LchとRch両方のFIRフィルタの処理をしていますが，見やすさを優先して**リスト4.3**ではRchの処理記述を削除しています．

■ 4.4.3 タップ係数の入手

次に，望むフィルタ特性のタップ係数をどうやって手に入れるかの話です．PCアプリではMATLABで求めたタップ係数を使用していますが，ほかにも計算ツールはあります．例えば，石川高専　山田洋士　研究室ホーム・ページ "Digital Filter Design Services" です．文献(4)にその使い方の説明があります．
http://dsp.jpn.org/dfdesign/fir/hil-input.shtml

本PCアプリは46タップのほかに254タップのFIRフィルタも選択できます．その2種類のタップ係数の周波数特性を**図4.5**に示します．どちらも24 kHzだけを通すBPFになっています．

4.5 ヒルベルト変換

ADCのサンプリング・データは，PCアプリのヒルベルト変換処理によって実数と虚数にします．特性の良否は別にして，3タップ・ヒルベルト変換の信号の流れを**図4.6**に示します．ヒルベルト変換は中間のタップから実数の信号を取り出します．それゆえ，ヒル

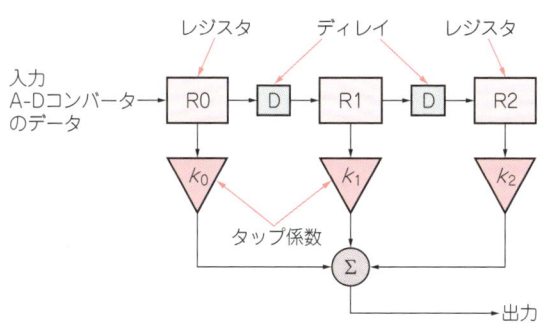

〈図4.4〉3タップFIRフィルタのブロック図

〈リスト4.3〉FIRフィルタの処理ルーチン

```
procedure TZiHilb.CalcFir1;
var
  i, k     : Integer;     // for文
  exL, exR: Extended;     // タップ係数*ADC値の合計

begin
  // レジスタのクリア
  for i := 0 to fFir1TapMaxN do
  begin
    fFir1RegL[i]:= 0;
  end;

  for k := 0 to GetAdcMaxN do // ADCデータの数だけループ
  begin
    // ディレーレジスタ内容を一つずらす
    for i := fFir1TapMaxN downto 1 do
    begin
      fFir1RegL[i]:= fFir1RegL[i-1];
    end;
    fFir1RegL[0]:= fAdcL[k];

    // 積和演算
    exL:= 0;
    exR:= 0;
    for i := 0 to fFir1TapMaxN do
    begin
      exL:= exL + fFir1Tap[i] * fFir1RegL[i];
    end;
    fAdcNewL[k]:= exL;
  end;
end;
```

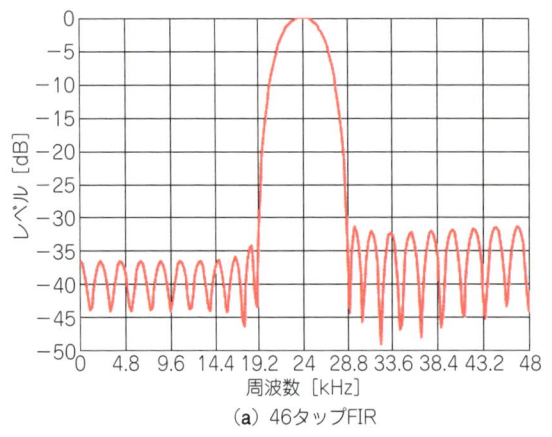

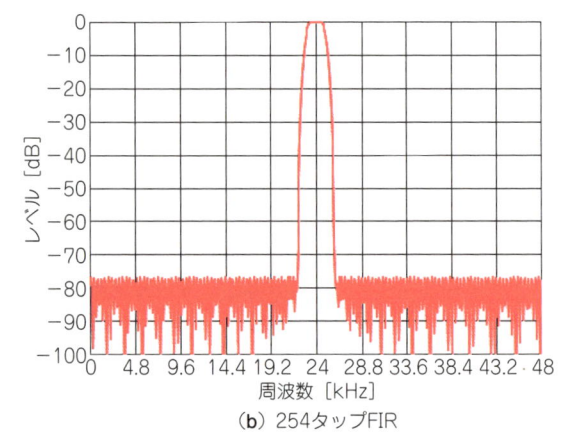

〈図4.5〉FIRフィルタ（BPF）の周波数特性
(a) 46タップFIR
(b) 254タップFIR

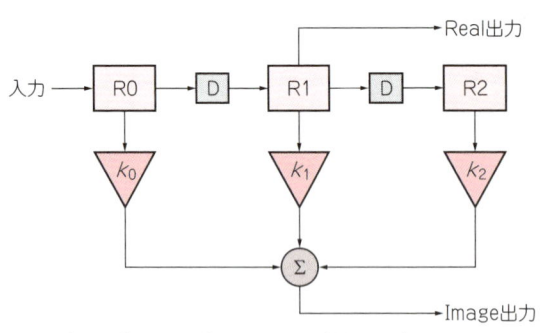

〈図4.6〉3タップ・ヒルベルト変換器のブロック図

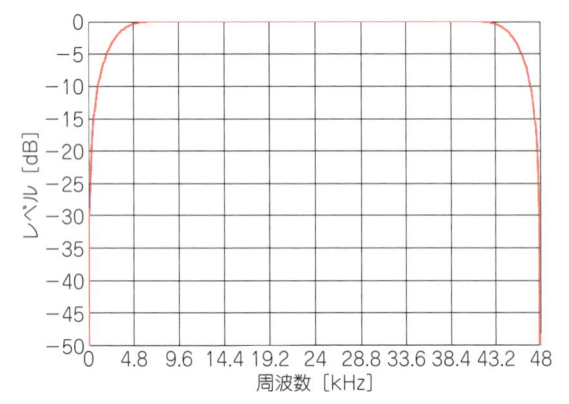

〈図4.7〉PCアプリが使う31タップ・ヒルベルト変換の周波数特性

ベルト変換は奇数のタップになります．虚数の信号は，FIRフィルタと同じように各レジスタとタップ係数の乗算した値を合計したものになります．

ヒルベルト変換の説明は文献(5)が参考になると思います．また，タップ係数は，この書籍で登場する`FIR_Remez.exe`を利用して求めることができます．

図4.7は，本PCアプリが利用する31タップのヒルベルト変換の周波数特性です．FIRフィルタ（BPF）を通過した後にヒルベルト変換を通すので，もっと狭い帯域の周波数特性でもいいと思うのですが，別途スペアナもどきの機能をPCアプリに追加したいと考え，広い帯域でヒルベルト変換ができるようにしました．

4.6 キャリブレーションによる補正

第1章の「VNAは校正が命」のところで，OSL校正を利用した補正の元となる式（図1.10の式）について少しだけ触れました．ここでは，その式をもう少し深堀したいと思います．具体的には，シグナル・フロー・グラフのルールにしたがって図1.10のS_{11M}の式を求めます．そして，その式からシステマティック誤差（E_{DF}, E_{RF}, E_{SF}）を求める式を導き出し，測定値（S_{11M}）とシステマティック誤差を利用してS_{11}の真の値（S_{11A}）を求める（補正する）計算を行います．同様に，エンハンスト・レスポンス校正の式も求めてみます．

キャリブレーションによる補正の計算式は，インターネットから手に入ると考えていましたが，見つからず，自分で式を計算することになりました．VNAのプログラミングで同じ悩みに遭遇するかもしれないので，私の導き方をここで紹介します．

■ 4.6.1 シグナル・フロー・グラフのルール

図4.8はシグナル・フロー・グラフのルール[6]の中から，ここで利用する四つを示したものです．

白い丸は「ノード」と呼び，そのノードに入ってくる信号（入力波）や出てゆく信号（出力波）を表します．また，線分に表す矢印を「ブランチ」と呼び，信号の向きを表しています．

このシグナル・フロー・グラフのルールを組み合わせて以降の式を解いてゆきます．

特集 作る！ベクトル・ネットワーク・アナライザ

■ 4.6.2 OSL校正によるS_{11}の補正

● 1ポートの誤差モデルからS_{11M}の式を導出

図4.9は1ポートのシステマティック誤差モデル[7]で，第1章の図1.10と同じものです．ここから図4.8に示すシグナル・フロー・グラフのルールに沿って式を解いてゆき，図1.10にあるS_{11M}の式を導出してゆきます．

まず，図4.9のシグナル・フロー・グラフにあるE_{SF}とS_{11A}のブランチから解いてゆきます．図4.10(a)はE_{SF}とS_{11A}のブランチを切り出したものです．この部分はフィードバック・ループのルールを適用して次の式になります．

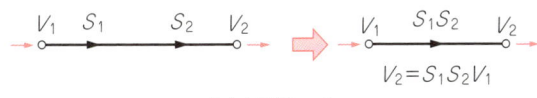

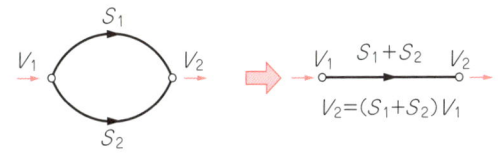

$$\frac{S_{11A}}{1-S_{11A}E_{SF}} \quad \cdots\cdots\cdots (4.1)$$

次に，さきほどのE_{SF}とS_{11A}のフィードバック・ループのブランチとE_{RF}のブランチを式にします．この部分は直列ルールを適用して次の式になります．

$$\frac{S_{11A}}{1-S_{11A}E_{SF}}E_{RF} \quad \cdots\cdots\cdots (4.2)$$

最後に，今まで求めたブランチの式(4.2)とE_{DF}のブランチを並列ルールに適応して式(4.3)になります．

$$S_{11M} = \frac{S_{11A}E_{RF}}{1-S_{11A}E_{SF}} + E_{DF} \quad \cdots\cdots (4.3)$$

これで測定値S_{11M}が求まりました．また，第1章の図1.10の式とも一致することがわかります．

● E_{DF}はLoad校正から計算

次に，式(4.3)からシステマティック誤差(E_{DF}, E_{RF}, E_{SF})を求めます．

ポート1にLoad標準器を接続してS_{11}を測定するとします．それを式(4.3)から見ると，S_{11M}は測定した結果で，Load標準器はS_{11A}に相当します．

Load標準器のS_{11}測定結果はスミス・チャート図の中央にきます．中央からずれたぶんがシステマティック誤差による要因です．Load標準器のS_{11A}は反射係数のグラフ(スミス・チャート図)で，0 + j0(実数部0，虚数部0)になります．つまり，$S_{11A} = 0$です．

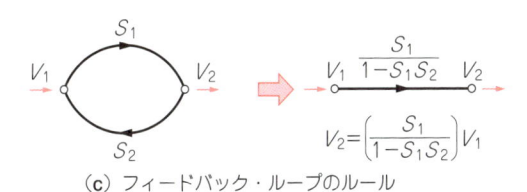

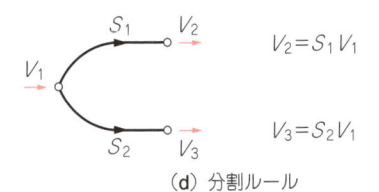

〈図4.8〉シグナル・フロー・グラフのルール

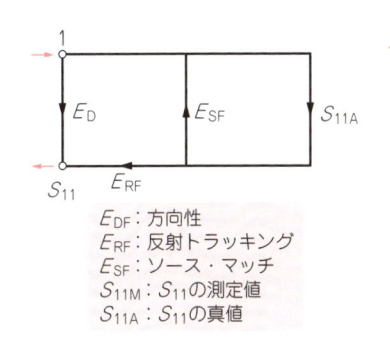

〈図4.9〉1ポート・システマティック誤差モデル

E_{DF}：方向性
E_{RF}：反射トラッキング
E_{SF}：ソース・マッチ
S_{11M}：S_{11}の測定値
S_{11A}：S_{11}の真値

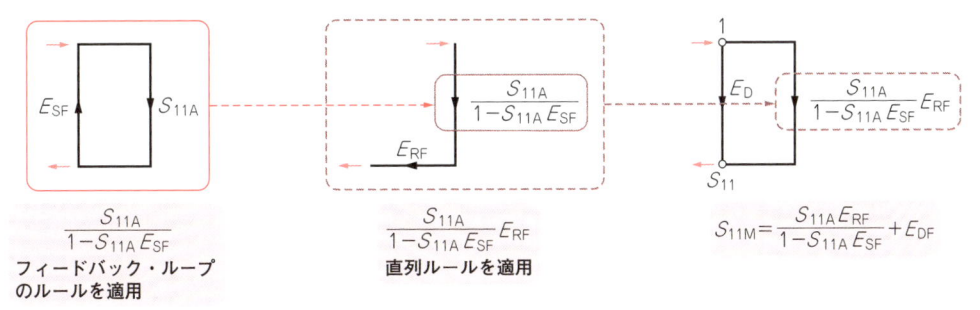

〈図4.10〉シグナル・フロー・グラフからS_{11M}を求める

(a) E_{SF}とS_{11A}のブランチ — フィードバック・ループのルールを適用

(b) フィードバック・ループを整理したブランチとE_{RF}ブランチ — 直列ルールを適用

(c) ノード1からノードS_{11M}までのブランチ

式(4.3)に $S_{11A}=0$ を代入すると，分子がゼロになり S_{11M} と E_{DF} は等しい式になります．

$$S_{11ML} = \frac{0 E_{RF}}{1 - 0 E_{SF}} + E_{DF}$$

$$\therefore S_{11ML} = E_{DF} \quad \cdots\cdots\cdots\cdots\cdots\cdots (4.4)$$

つまり，Load標準器を接続して S_{11} を測定すると，その測定値は E_{DF} (方向性の誤差要因)を得たことになります．

● E_{RF} と E_{SF} はOpen校正とShort校正から計算

Open標準器の S_{11A} (真の値)は $1+j0$ です．スミス・チャートの右側にくるからです．一方，Short標準器の S_{11A} (真の値)は $-1+j0$ です．このことを式(4.3)にそれぞれ代入すると以下の式になります．

$$S_{11MO} = \frac{(1+j0)E_{RF}}{1-(1+j0)E_{SF}} + E_{DF}$$

$$\therefore S_{11MO} = \frac{E_{RF}}{1 - E_{SF}} + E_{DF} \quad \cdots\cdots\cdots (4.5)$$

$$S_{11MS} = \frac{(-1+j0)E_{RF}}{1-(-1+j0)E_{SF}} + E_{DF}$$

$$\therefore S_{11MS} = \frac{-E_{RF}}{1 + E_{SF}} + E_{DF} \quad \cdots\cdots\cdots (4.6)$$

E_{RF} と E_{SF} を求めるには式(4.5)と式(4.6)の連立方程式を解けばよいことがわかります．また，E_{DF} は式(4.4)から，S_{11ML} と等しいので，E_{DF} を S_{11ML} に置き換えます．すると次の連立方程式になります．

$$\left. \begin{array}{l} S_{11MO} = \dfrac{E_{RF}}{1 - E_{SF}} + S_{11ML} \\ S_{11MS} = \dfrac{-E_{RF}}{1 + E_{SF}} + S_{11ML} \end{array} \right\} \cdots\cdots (4.7)$$

連立方程式を解いた結果は，それぞれ以下のとおりになります．

$$E_{SF} = \frac{2 S_{11ML} - S_{11MO} - S_{11MS}}{S_{11MS} - S_{11MO}} \quad \cdots\cdots (4.8)$$

$$E_{RF} = \frac{2 S_{11ML}(-S_{11MS} + S_{11ML} - S_{11MO}) + (2 S_{11MO} S_{11MS})}{S_{11MS} - S_{11MO}}$$

$$\cdots\cdots\cdots\cdots\cdots\cdots\cdots\cdots\cdots\cdots\cdots (4.9)$$

S_{11} の測定値に含まれる三つのシステマティック誤差(E_{DF}, E_{RF}, E_{SF})は，式(4.4)と式(4.8)および式(4.9)を利用して，各標準器(Open/Short/Load)で測定した S_{11ML}, S_{11MO}, S_{11MS} を代入して求められることがわかりました．

● S_{11M}, E_{DF}, E_{RF}, E_{SF} を利用して S_{11A} (真の値)を計算

最後に，三つのシステマティック誤差(E_{DF}, E_{RF}, E_{SF})とDUTを測定した S_{11M} からDUTの S_{11A} (真値)を求める計算です．

S_{11A} は式(4.3)を利用して変形することで求まります．

$$S_{11A} = \frac{S_{11M} - E_{DF}}{E_{SF}(S_{11M} - E_{DF}) + E_{RF}} \quad \cdots\cdots (4.10)$$

以上をまとめると，DUTを測定した S_{11M} とOSL校正によって得た E_{DF}, E_{RF}, E_{SF} を式(4.10)に代入することで，三つのシステマティック誤差を取り除いたDUTの S_{11} を求めることができます．

■ 4.6.3 エンハンスト・レスポンス校正で S_{11} と S_{21} を補正

S_{21} の校正にはレスポンス校正を利用するケースが多いと思います．レスポンス校正はスペアナとトラジェネを同軸ケーブルで接続して0 dBにノーマライズ(正規化)する方法と同じです．一方，エンハンスト・レスポンス校正は，信号源側の E_{DF}, E_{RF}, E_{SF} の補正まで行った S_{21A} を得ることができるので，S_{21} の測定精度がよくなります．また，S_{21} と S_{11} の測定の両方に利用できる校正です．

● S_{11M} と S_{21M} を求める式

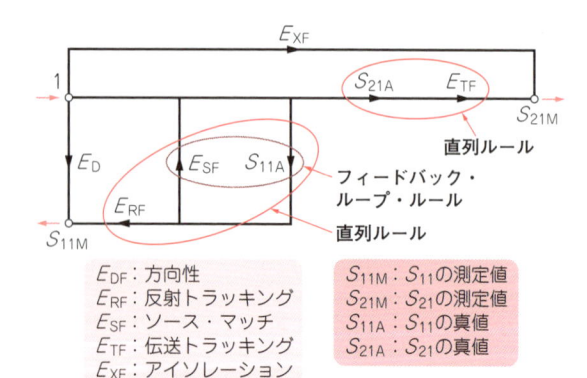

図4.11は，2ポート・システマティック誤差モデル(エンハンスト・レスポンス)のシグナル・フロー・グラフ[7]です．図中の楕円は，次に出て来る S_{11M} と S_{21M} を求める説明に利用するものです．

さっそく図4.11にある楕円枠内のブランチをシグナル・フロー・グラフのルールに適用します．S_{21A} と E_{TF} は直列ルール，E_{SF} と S_{11A} はフィードバック・ループのルール，さらにそのフィードバック・ループと E_{RF} は直列ルールを適用します．すると図4.12(a)のようになります．

次に図4.12(a)の楕円枠内を並列ルールを適用すると図4.12(b)になります．さらに E_{XF} と $S_{21A} E_{TF}$ を並列ルールに適用すると図4.12(c)になります．最後に分割ルールを適応することで，S_{11M} と S_{21M} は以下の式にまとまります．

$$S_{11M} = E_{DF} + \frac{S_{11A} E_{RF}}{1 - S_{11A} E_{SF}} \quad \cdots\cdots\cdots (4.11)$$

$$S_{21M} = E_{XF} + S_{21A} E_{TF} \quad \cdots\cdots\cdots\cdots (4.12)$$

● E_{DF}, E_{RF}, E_{SF}, S_{11A} の計算

エンハンスト・レスポンスから求めた S_{11M} の式

〈図4.11〉2ポート・システマティック誤差モデル(エンハンスト・レスポンス)

特集 作る！ベクトル・ネットワーク・アナライザ

(4.11)はOSL校正で求めた式(4.3)と同じです．つまり，OSL校正と同じ計算をすればE_{DF}，E_{RF}，E_{SF}，S_{11A}はそれぞれ求まります．

● E_{XF}の計算

式(4.12)においてS_{21A}をゼロにすると，$S_{21M} = E_{XF}$になります．ポート1とポート2を直接接続するスルー校正のときは$S_{21A} = 1$です．その逆ですからポート2に信号が入ってこない時，つまりポート2をLoad標準器で終端すると$S_{21A} = 0$です．

ポート2をLoad標準器で終端したときのS_{21M}がE_{XF}です．

● E_{TF}の計算

前述のようにポート1とポート2を直接接続するスルー校正のときは$S_{21A} = 1$です．そして，先にE_{XF}を求めておけば，式(4.12)からE_{TF}は以下の式で求まります．

$$E_{TF} = S_{21M} - E_{XF} \quad \cdots\cdots\cdots\cdots\cdots\cdots\cdots (4.13)$$

● S_{21A}の計算

ポート2をLoad標準器で終端してE_{XF}を求め，ポ

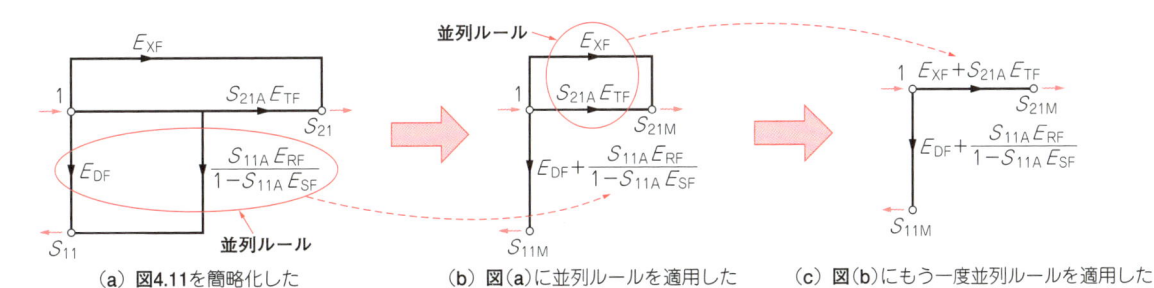

(a) 図4.11を簡略化した　　(b) 図(a)に並列ルールを適用した　　(c) 図(b)にもう一度並列ルールを適用した

〈図4.12〉図4.11のシグナル・フロー・グラフを簡略化する

〈表4.1〉校正のシグナル・フロー・グラフと計算式（つづく）

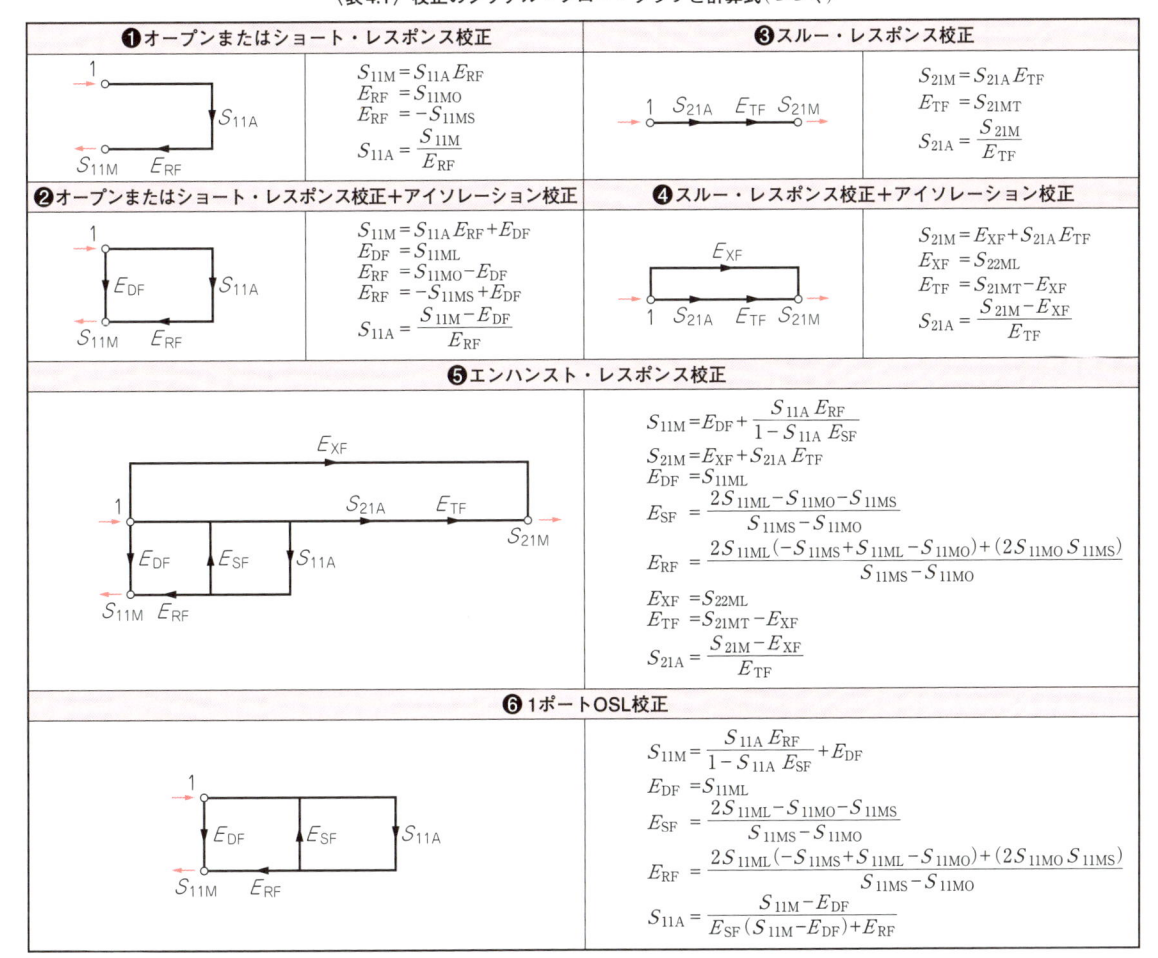

❶ オープンまたはショート・レスポンス校正		❸ スルー・レスポンス校正	
	$S_{11M} = S_{11A} E_{RF}$ $E_{RF} = S_{11MO}$ $E_{RF} = -S_{11MS}$ $S_{11A} = \dfrac{S_{11M}}{E_{RF}}$		$S_{21M} = S_{21A} E_{TF}$ $E_{TF} = S_{21MT}$ $S_{21A} = \dfrac{S_{21M}}{E_{TF}}$
❷ オープンまたはショート・レスポンス校正＋アイソレーション校正		❹ スルー・レスポンス校正＋アイソレーション校正	
	$S_{11M} = S_{11A} E_{RF} + E_{DF}$ $E_{DF} = S_{11ML}$ $E_{RF} = S_{11MO} - E_{DF}$ $E_{RF} = -S_{11MS} + E_{DF}$ $S_{11A} = \dfrac{S_{11M} - E_{DF}}{E_{RF}}$		$S_{21M} = E_{XF} + S_{21A} E_{TF}$ $E_{XF} = S_{22ML}$ $E_{TF} = S_{21MT} - E_{XF}$ $S_{21A} = \dfrac{S_{21M} - E_{XF}}{E_{TF}}$
❺ エンハンスト・レスポンス校正			
	$S_{11M} = E_{DF} + \dfrac{S_{11A} E_{RF}}{1 - S_{11A} E_{SF}}$ $S_{21M} = E_{XF} + S_{21A} E_{TF}$ $E_{DF} = S_{11ML}$ $E_{SF} = \dfrac{2S_{11ML} - S_{11MO} - S_{11MS}}{S_{11MS} - S_{11MO}}$ $E_{RF} = \dfrac{2S_{11ML}(-S_{11MS} + S_{11ML} - S_{11MO}) + (2S_{11MO} S_{11MS})}{S_{11MS} - S_{11MO}}$ $E_{XF} = S_{22ML}$ $E_{TF} = S_{21MT} - E_{XF}$ $S_{21A} = \dfrac{S_{21M} - E_{XF}}{E_{TF}}$		
❻ 1ポートOSL校正			
	$S_{11M} = \dfrac{S_{11A} E_{RF}}{1 - S_{11A} E_{SF}} + E_{DF}$ $E_{DF} = S_{11ML}$ $E_{SF} = \dfrac{2S_{11ML} - S_{11MO} - S_{11MS}}{S_{11MS} - S_{11MO}}$ $E_{RF} = \dfrac{2S_{11ML}(-S_{11MS} + S_{11ML} - S_{11MO}) + (2S_{11MO} S_{11MS})}{S_{11MS} - S_{11MO}}$ $S_{11A} = \dfrac{S_{11M} - E_{DF}}{E_{SF}(S_{11M} - E_{DF}) + E_{RF}}$		

ート1とポート2を直接接続してE_{TF}を求めれば，式(4.12)からS_{21A}が計算できます．

$$S_{21A} = \frac{S_{21M} - E_{XF}}{E_{TF}} \quad \cdots\cdots\cdots\cdots\cdots\cdots (4.14)$$

■ 4.6.4 校正に利用する計算式のまとめ

表4.1は，ここで計算したOSL校正やエンハンスト・レスポンス校正のシグナル・フロー・グラフと計算式です．

また，VNAの校正でよく利用する，オープンやショートのレスポンス校正やフル2ポート校正も含めたシグナル・フロー・グラフも合わせて表に盛り込んであります．プログラムするときの参考になると思います．

4.7 DDSの周波数計算

■ 4.7.1 エイリアシングとスプリアス周波数の関係

まず最初に，DDSのf_s(サンプリング周波数)とエイリアシングによって発生するスプリアス周波数の関係を把握したいと思います．図4.13はその関係を周波数スペクトラムのグラフに表したものです．どこにスプリアスが発生するかは数式よりもグラフの方が直感的にわかりやすいと思います．条件は以下のとおりです．

- 逓倍数：11倍
- f_s = 405.504 MHz(36.864 MHz×11)

〈表4.1〉[(8)] 校正のシグナル・フロー・グラフと計算式(つづき)

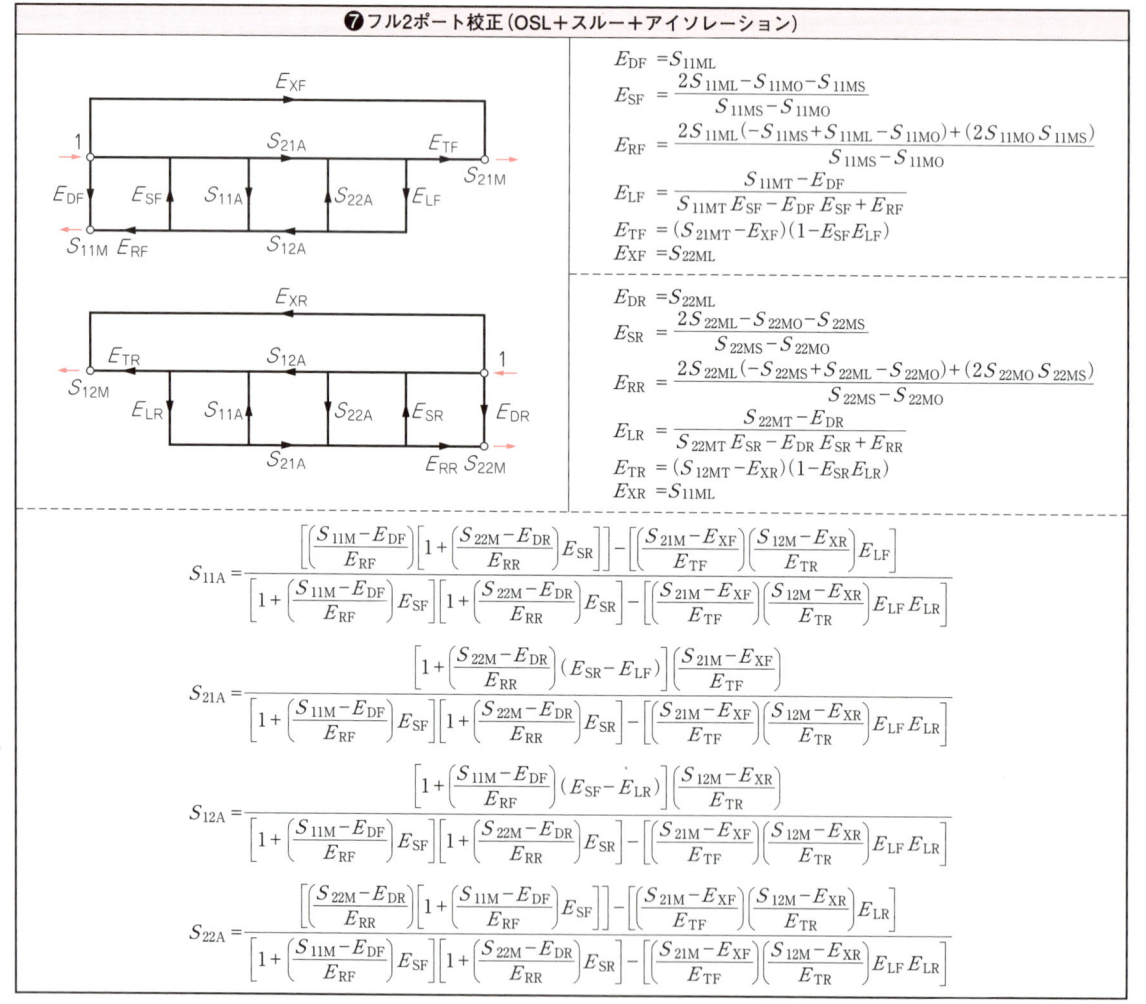

❼ フル2ポート校正(OSL＋スルー＋アイソレーション)

$E_{DF} = S_{11ML}$

$E_{SF} = \dfrac{2S_{11ML} - S_{11MO} - S_{11MS}}{S_{11MS} - S_{11MO}}$

$E_{RF} = \dfrac{2S_{11ML}(-S_{11MS} + S_{11ML} - S_{11MO}) + (2S_{11MO} S_{11MS})}{S_{11MS} - S_{11MO}}$

$E_{LF} = \dfrac{S_{11MT} - E_{DF}}{S_{11MT} E_{SF} - E_{DF} E_{SF} + E_{RF}}$

$E_{TF} = (S_{21MT} - E_{XF})(1 - E_{SF} E_{LF})$

$E_{XF} = S_{22ML}$

$E_{DR} = S_{22ML}$

$E_{SR} = \dfrac{2S_{22ML} - S_{22MO} - S_{22MS}}{S_{22MS} - S_{22MO}}$

$E_{RR} = \dfrac{2S_{22ML}(-S_{22MS} + S_{22ML} - S_{22MO}) + (2S_{22MO} S_{22MS})}{S_{22MS} - S_{22MO}}$

$E_{LR} = \dfrac{S_{22MT} - E_{DR}}{S_{22MT} E_{SR} - E_{DR} E_{SR} + E_{RR}}$

$E_{TR} = (S_{12MT} - E_{XR})(1 - E_{SR} E_{LR})$

$E_{XR} = S_{11ML}$

$$S_{11A} = \frac{\left[\left(\frac{S_{11M}-E_{DF}}{E_{RF}}\right)\left[1+\left(\frac{S_{22M}-E_{DR}}{E_{RR}}\right)E_{SR}\right] - \left[\left(\frac{S_{21M}-E_{XF}}{E_{TF}}\right)\left(\frac{S_{12M}-E_{XR}}{E_{TR}}\right)E_{LF}\right]\right]}{\left[1+\left(\frac{S_{11M}-E_{DF}}{E_{RF}}\right)E_{SF}\right]\left[1+\left(\frac{S_{22M}-E_{DR}}{E_{RR}}\right)E_{SR}\right] - \left[\left(\frac{S_{21M}-E_{XF}}{E_{TF}}\right)\left(\frac{S_{12M}-E_{XR}}{E_{TR}}\right)E_{LF}E_{LR}\right]}$$

$$S_{21A} = \frac{\left[1+\left(\frac{S_{22M}-E_{DR}}{E_{RR}}\right)(E_{SR}-E_{LF})\right]\left(\frac{S_{21M}-E_{XF}}{E_{TF}}\right)}{\left[1+\left(\frac{S_{11M}-E_{DF}}{E_{RF}}\right)E_{SF}\right]\left[1+\left(\frac{S_{22M}-E_{DR}}{E_{RR}}\right)E_{SR}\right] - \left[\left(\frac{S_{21M}-E_{XF}}{E_{TF}}\right)\left(\frac{S_{12M}-E_{XR}}{E_{TR}}\right)E_{LF}E_{LR}\right]}$$

$$S_{12A} = \frac{\left[1+\left(\frac{S_{11M}-E_{DF}}{E_{RF}}\right)(E_{SF}-E_{LR})\right]\left(\frac{S_{12M}-E_{XR}}{E_{TR}}\right)}{\left[1+\left(\frac{S_{11M}-E_{DF}}{E_{RF}}\right)E_{SF}\right]\left[1+\left(\frac{S_{22M}-E_{DR}}{E_{RR}}\right)E_{SR}\right] - \left[\left(\frac{S_{21M}-E_{XF}}{E_{TF}}\right)\left(\frac{S_{12M}-E_{XR}}{E_{TR}}\right)E_{LF}E_{LR}\right]}$$

$$S_{22A} = \frac{\left[\left(\frac{S_{22M}-E_{DR}}{E_{RR}}\right)\left[1+\left(\frac{S_{11M}-E_{DF}}{E_{RF}}\right)E_{SF}\right] - \left[\left(\frac{S_{21M}-E_{XF}}{E_{TF}}\right)\left(\frac{S_{12M}-E_{XR}}{E_{TR}}\right)E_{LR}\right]\right]}{\left[1+\left(\frac{S_{11M}-E_{DF}}{E_{RF}}\right)E_{SF}\right]\left[1+\left(\frac{S_{22M}-E_{DR}}{E_{RR}}\right)E_{SR}\right] - \left[\left(\frac{S_{21M}-E_{XF}}{E_{TF}}\right)\left(\frac{S_{12M}-E_{XR}}{E_{TR}}\right)E_{LF}E_{LR}\right]}$$

S_{11ML}：P1にLoad標準器を接続した時のS_{11M}
S_{11MO}：P1にOpen標準器を接続した時のS_{11M}
S_{11MS}：P1にShort標準器を接続した時のS_{11M}
S_{11MT}：P1とP2間にThru標準器を接続した時のS_{11M}
S_{21MT}：P1とP2間にThru標準器を接続した時のS_{21M}

S_{22ML}：P2にLoad標準器を接続した時のS_{22M}
S_{22MO}：P2にOpen標準器を接続した時のS_{22M}
S_{22MS}：P2にShort標準器を接続した時のS_{22M}
S_{22MT}：P1とP2間にThru標準器を接続した時のS_{22M}

特集　作る！ベクトル・ネットワーク・アナライザ

● DDS出力：170 MHz

出力170 MHzのときは，f_sの整数倍から±170 MHzにスプリアスが発生します．

赤実線はf_sの整数倍の周波数です．赤破線はf_sの0.5倍，1.5倍，2.5倍の周波数です．スプリアスは赤破線と赤実線の間に必ず発生します．本アプリケーションのソース・コードのコメントを見ると度々"AL No."という単語が登場しますが，これは赤実線と赤破線の間をエイリアシング番号として割り振ったものです．

破線の曲線は第2章の図2.5で登場したDDSが出力する理論値($\sin(x)/x$)の周波数特性です．

図4.14は同じ条件でDDS(IC_{10})の出力をスペアナで観測した結果です．理論値$\sin(x)/x$とレベルは多少異なりますが，同じ周波数にスプリアスが発生していることが確認できます．

■ 4.7.2　エイリアシングによるスプリアス受信

DDSの出力周波数を決める工程は，先に述べたエイリアシングによるスプリアス受信の回避が必要なために少々面倒です．例えば，DDS-RFとDDS-LOのクロック逓倍数を同じ値に設定すると，目的の受信周波数以外にも受信する周波数ができてしまいます．

具体的な例として，DDS-RF出力は100 MHzに，DDS-LO出力は99.976 MHz（IF 24 kHzに落ちる周波数構成）に設定したとします．**表4.2(a)**はDDS-RFもDDS-LOもクロック逓倍数を同じ20倍（同じ逓倍数）に設定したとき，DDS出力で発生するエイリアシングによるスプリアスも含めてIFに落ちてくる周波数を表にしたものです．受信周波数100 MHzはIF 24 kHzに落ちてきますが，そのほかのスプリアス周波数も24 kHzのIFに落ちていることがわかります．

また，そのようすを周波数スペクトラムにしたものが**図4.15(a)**です．実線矢印がDDS-RFのスペクトラムで，赤破線矢印がDDS-LOのスペクトラムです．実線矢印と赤破線矢印の周波数差はすべて24 kHzになっています．このままでは100 MHzのS_{11}を測定するつもりが，637.28 MHzの反射信号レベルの方が大きい時は637.28 MHzの測定値を読むことになってしまいます．

■ 4.7.3　エイリアシングによる
　　　　　　スプリアス受信の回避

エイリアシングによるスプリアスで目的外の周波数

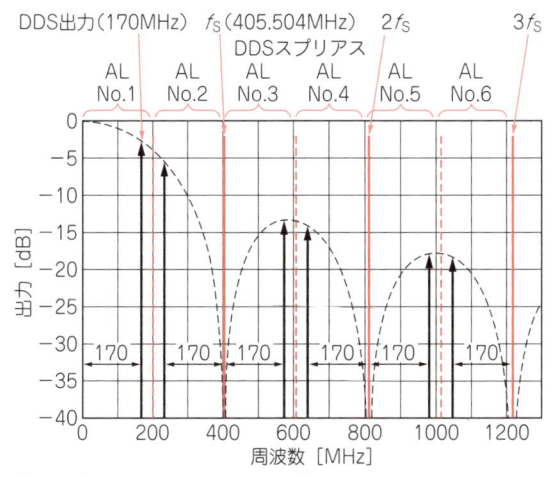

〈図4.13〉エイリアシングによるスプリアス周波数のルール（理論値）

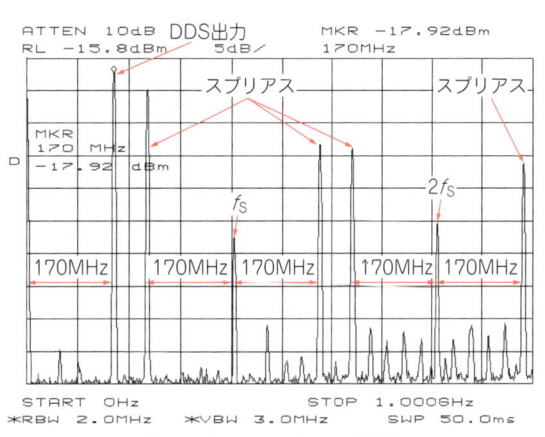

〈図4.14〉DDSの実測出力特性

〈表4.2〉DDSエイリアシングによるスプリアスとIFに変換される周波数

AL No.	DDS-RF (受信周波数) [MHz] 逓倍数：20	DDS-LO (局発周波数) [MHz] 逓倍数：20	IF [MHz]
1	100.000	99.976	0.024
2	637.280	637.304	0.024
3	837.280	837.256	0.024
4	1374.560	1374.584	0.024
5	1574.560	1574.536	0.024
6	2111.840	2111.864	0.024
7	2311.840	2311.816	0.024

(a) 同じ逓倍数

AL No.	DDS-RF (受信周波数) [MHz] 逓倍数：20	DDS-LO (局発周波数) [MHz] 逓倍数：19	IF [MHz]
1	100.000	99.976	0.024
2	637.280	600.440	36.840
3	837.280	800.392	36.888
4	1374.560	1300.856	73.704
5	1574.560	1500.808	73.752
6	2111.840	2001.272	110.568
7	2311.840	2201.224	110.616

(b) 異なる逓倍数

がIFに落ちてきてしまう問題を回避するために，本PCアプリはDDS-RFとDDS-LOのクロック逓倍数を異なる値にしています．表4.2(b)はDDS-LOの逓倍数を19倍に変更したものです．100 MHzだけ24 kHzに落ちていることがわかります．また，図4.15(b)はそのスペクトラムです．実線矢印と赤破線矢印は100 MHzのところだけ重なっていますが，ほかの周波数では離れています．

この例はRFとLOは同じエイリアシング番号どうしの差が24 kHzのIFに落ちてくる内容でしたが，実際は，RFとLOが異なるエイリアシング番号の組み合わせでも24 kHzに落ちてくる場合があります．例えば受信周波数を387.072 MHzにしたとき，二つの受信周波数が24 kHzに落ちてくるようすをマトリックスの表にしたのが表4.3です．

横の行はDDS-RFのエイリアシング番号，縦の列はDDS-LOのエイリアシング番号です．どちらもエイリアシング番号7まで計算した表です．"0.024"の表示があるセルは，24 kHzのIFに落ちてくるエイリアシング番号の組み合わせです．DDS-RFのAL No.2とDDS-LOのAL No.2の組み合わせが24 kHzに落ちてきます．これは狙いどおりに387.048 MHzの受信周波数が24 kHzに落ちていることを意味します．もう一つのDDS-RFのAL No.3とDDS-LOのAL No.4の組み合わせも24 kHzに落ちてくることが表からわかります．

本PCアプリは，DDS-RFとDDS-LOどちらもエイリアシング番号14までの組み合わせで，100 kHz以内に落ちてくる組み合わせが一つになるまでループ文で調べて，DDS-RFとDDS-LOの周波数を決めています．

■ 4.7.4 sin(x)/xな周波数特性の回避

もう一つ面倒なことは，サンプリング周波数付近でDDSの出力レベルが極端に下がってしまうことです．図4.15(b)の例にすると，DDS-RFは740 MHz付近の，DDS-LOは700 MHz付近のDDS出力レベル低下は絶望的です．しかし逓倍数を下げるとレベルは少し復活してきます．本PCアプリの600 MHz以上の周波数にはこの考え方も取り入れて，できるだけDDSの出力レベルが下がらないようにしています．

図4.16は，本PCアプリで機能するエイリアシングによるスプリアス受信の回避と，sin(x)/xな周波数特性の回避を含めた，ziVNAuユニットのポート1の出力レベル(dBm)を測定したグラフです．100 MHzまでフラットですが，これ以上の高い周波数でレベル

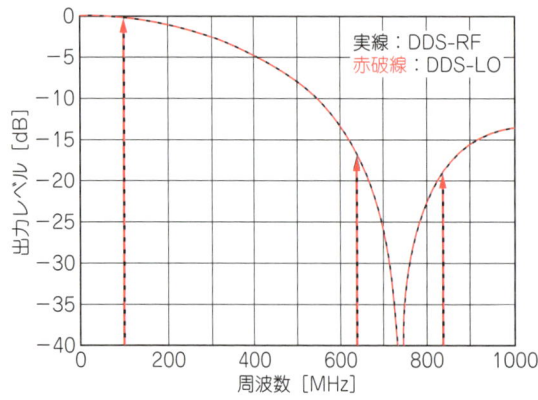

(a) RF逓倍数：20，LO逓倍数：20（同じ逓倍数）

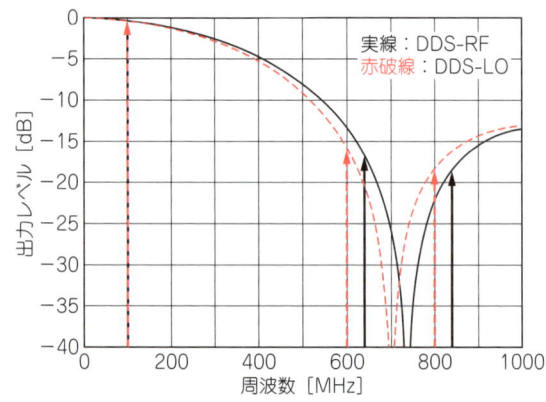

(b) RF逓倍数：20，LO逓倍数：19（異なる逓倍数）

〈図4.15〉DDSエイリアシングによるスプリアス周波数

〈表4.3〉IFに落ちてくるAL No.の組み合わせ例

		DDS-LO(逓倍：19)						
		LO AL No.1	LO AL No.2	LO AL No.3	LO AL No.4	LO AL No.5	LO AL No.6	LO AL No.7
DDS-RF (逓倍：20)	RF AL No.1	36.840	−36.840	−663.576	−737.256	−1363.992	−1437.672	−2064.408
	RF AL No.2	73.704	0.024	−626.712	−700.392	−1327.128	−1400.808	−2027.544
	RF AL No.3	774.120	700.440	73.704	0.024	−626.712	−700.392	−1327.128
	RF AL No.4	810.984	737.304	110.568	36.888	−589.848	−663.528	−1290.264
	RF AL No.5	1511.400	1437.720	810.984	737.304	110.568	36.888	−589.848
	RF AL No.6	1548.264	1474.584	847.848	774.168	147.432	73.752	−552.984
	RF AL No.7	2248.680	2175.000	1548.264	1474.584	847.848	774.168	147.432

条件▶測定周波数：387.072 MHz，DDS-RF：20逓倍，DDS-LO：19逓倍

特集 作る！ベクトル・ネットワーク・アナライザ

は低下します．100 MHzに比べ，500 MHzで−9 dB，640 MHzで−18 dBまで落ち込みます．640 MHzを過ぎると−15 dB程度というところです．

■ 4.7.5 DDSの周波数レジスタ計算の概略フロー

DDSの出力周波数とクロック逓倍数のレジスタ・データは，PCアプリ側ですべて計算してPCアプリ側の配列に保存します．測定が始まるとPCアプリにある計算済みのDDSレジスタ・データをPICマイコン経由でDDSのレジスタにロードします．PICマイコンはデータの受け渡しだけを負担します．

スプリアス受信を回避するロジックが複雑なためにPCアプリ側で処理しました．

■ 4.7.6 エイリアシングのスプリアスを回避するフロー

図4.17は，DDSの逓倍数を決定する工程のフローです．このフローでエイリアシングによるスプリアス受信を回避しています．フローチャート図はyesが右に分岐します．noは下に進みます．すべてnoで進んでしまうと，スプリアス受信を回避するDDS-RFとDDS-LOの逓倍数が見つからなかったことを意味します．

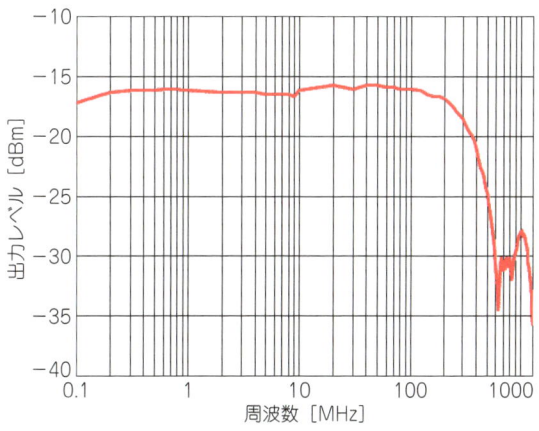

〈図4.16〉ポート1出力レベルの周波数特性

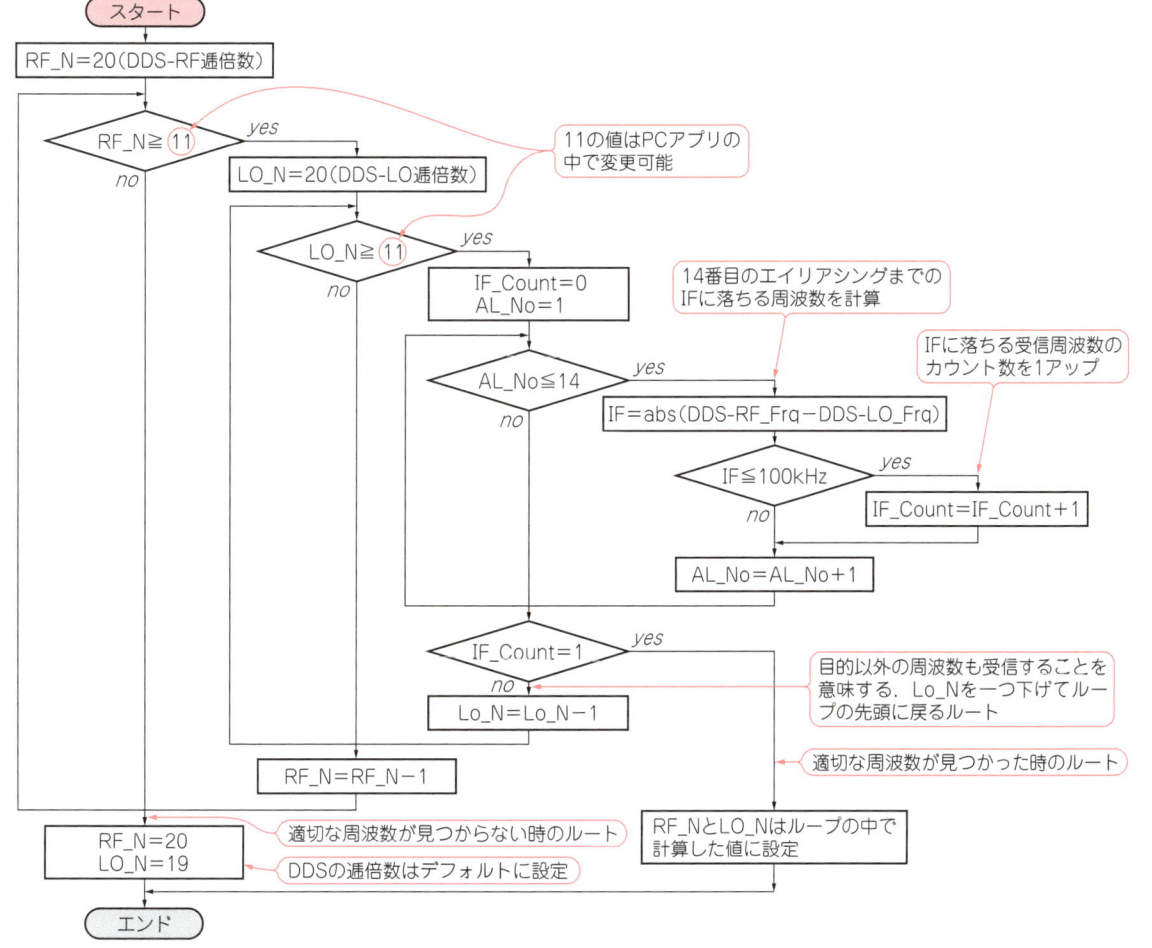

〈図4.17〉エイリアシングによるスプリアス受信を回避するフロー

〈表4.4〉[9] AD9859（DDS）の周波数と逓倍数を設定するレジスタ

レジスタ名	シリアル・アドレス	ビット範囲	(MSB)ビット7	ビット6	ビット5	ビット4	ビット3	ビット2	ビット1	(LSB)ビット0
制御機能レジスタ1（CFR1）	0x00	(省略)	(省略)							
制御機能レジスタ2（CFR2）	0x01	〈7:0〉	基準クロック逓倍器 0x00〜0x03：逓倍器をバイパスする 0x04〜0x14：4倍から20倍の逓倍比			逓倍数を設定する	VCO範囲	チャージ・ポンプ電流 〈1:0〉	
^	^	〈15:8〉	未使用				高速同期イネーブル	ハードウェア手動同期イネーブル	水晶出力ピン・アクティブ	未使用
^	^	〈23:16〉	未使用						
振幅スケール・ファクタ（ASF）	0x02	〈7:0〉	振幅スケール・ファクタ・レジスタ 〈7:0〉						
^	^	〈15:8〉	自動ランプ・レート速度制御 〈1:0〉		振幅スケール・ファクタ・レジスタ 〈13:8〉					
振幅ランプ・レート（ARR）	0x03	〈7:0〉	振幅ランプ・レート・レジスタ 〈7:0〉						
周波数チューニング・ワード（FTW0）	0x04	〈7:0〉	周波数チューニング・ワード　FTW No.0　〈7:0〉						
^	^	〈15:8〉	周波数チューニング・ワード　FTW No.0　〈15:8〉						
^	^	〈23:16〉	周波数チューニング・ワード　FTW No.0　〈23:16〉						
^	^	〈31:24〉	周波数チューニング・ワード　FTW No.0　〈31:24〉						
位相オフセット・ワード（POW0）	0x05	〈7:0〉	位相オフセット・ワード　POW No.0　〈7:0〉						
^	^	〈15:8〉	未使用 〈1:0〉		位相オフセット・ワード　POW No.0　〈13:8〉				

（DDSの出力周波数を決めるレジスタFTW）

　このフローは3重ループで構成されています．一番外側のループはDDS-RFの逓倍数を上限20から1ずつ下げるループです．真ん中のループはDDS-LOの逓倍数を上限20から1ずつ下げるループです．一番内側のループはエイリアシング番号14までに100 kHz以内に落ちてくる受信周波数の数を調べるループです．つまり，一番外側のループと真ん中のループでDDS-RFとDDS-LOの逓倍数を仮決めして，その組み合わせで目的以外の周波数を受信しないかを一番内側のループで確認し，スプリアス受信がない時（100 kHz以内に落ちてくる受信周波数の数が1個）はこの3重ループを脱出します．その時点でDDS-RFとDDS-LOの逓倍数が決定するしくみです．

■ 4.7.7 DDSレジスタの設定

　DDSの出力周波数f_0とレジスタに設定する値N_{FTW}の関係は以下の式[9]で求まります．

$$f_0 = \frac{N_{FTW} f_s}{2^{32}} \quad\quad\quad\quad (4.15)$$

ただし，N_{FTW}：FTWレジスタの設定値
$(0 \leq N_{FTW} \leq 2^{31})$，$f_s$：サンプリング周波数

　求めたN_{FTW}とそのときの逓倍数を表4.4の赤枠内にあるビットの並びにそろえてPCアプリ側の配列に保存します．

　測定が始まると，PCアプリに保存したデータをPICマイコン経由でDDSのレジスタにロードします．

◆ 参考・引用＊文献 ◆

(1) 井上　勉；「Borland Delphi 5 オフィシャルコースウェア 応用編」，pp.129〜167，㈱アスキー，初版2000年5月1日．

(2) マルコ カントゥ；「Delphi 6プログラミング・バイブル」，pp.505〜513，㈱インプレス，初版2002年4月21日．

(3) 後閑哲也；「改訂新版 PICで楽しむUSB機器自作のすすめ」，pp.394〜405，㈱技術評論社，初版2011年9月15日．

(4) 吉澤　清；「数式なしでわかるディジタル・フィルタ入門」，トランジスタ技術2010年1月号，pp.157〜161，CQ出版社．

(5) 三上直樹；「はじめて学ぶディジタル・フィルタと高速フーリエ変換」，第6版 2010年8月，pp.171〜174，CQ出版社，初版2005年5月1日．

(6)＊市川古都美，市川裕一；「高周波回路設計のためのSパラメータ詳解」，pp.77〜79，CQ出版㈱，初版2008年1月1日．

(7)＊E5070B/E5071B ENAシリーズRFネットワーク・アナライザ ユーザーズ・ガイド；E5070-97420，第10版（2007年2月），pp.109〜120，キーサイト・テクノロジー（合同）．
http://www.keysight.com/main/facet.jspx?&cc=JP&lc=jpn&k=E5070-97420&sm=g

(8)＊HP 8719C，8720C，8722A/C Network Analyzer Operating Manual；Part Number 08720-90135，第2版（1995年10月），p.277（Appendix B B-9），キーサイト・テクノロジー（合同）．
http://www.keysight.com/main/facet.jspx?&cc=JP&lc=jpn&k=08720-90135&sm=g

(9)＊AD9859データ・シート（日本語）；Rev.0，p.11，p.13，アナログ・デバイセズ㈱
http://www.analog.com/media/jp/technical-documentation/data-sheets/AD9859_jp.pdf

特集　作る！ベクトル・ネットワーク・アナライザ

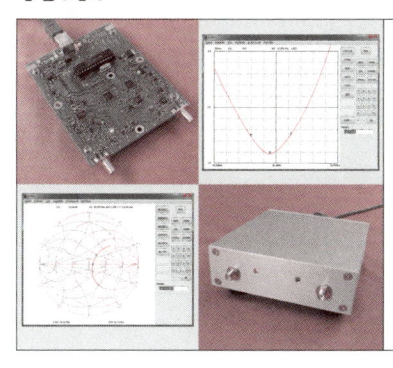

第5章　USBドライバのインストール，PCアプリのセットアップ，ziVNAuユニットの動作試験など

インストールと動作確認

富井 里一
Tommy Reach

ziVNAuユニット（ハードウェア）が準備できたと仮定して，USBドライバとPCアプリをインストールします．そして，PCアプリを利用した簡易試験を行い，ziVNAuユニットが正常であることを確認します．さらに，ハードウェアのデバッグに役立つ情報も紹介します．

5.1　動作確認したWindows OS

本PCアプリの開発環境はWindows 7 Ultimate（64ビット）ですが，32ビットのコンパイル・スイッチをONにしているので，32ビットOSでも動きます．動作を確認したOSは以下のとおりです．
- Windows 7 Home 32ビット
- Windows 7 Pro 32ビット／64ビット
- Windows 8.1 64ビット（注）
- Windows 10 Home 32ビット
- Windows 10 Pro 32ビット，64ビット（注）

（注）Windows 8.0以降の64ビット版にドライバをインストールするには，ドライバのディジタル署名にかかわる追加操作が必要です．詳しいインストール手順は，下記ウェブサイトをご参照ください．
▶ http://www.rf-world.jp/go/3501/

5.2　USBドライバのインストール準備

5.2.1 ソフトウェアのダウンロード

RFワールドのダウンロード・サービスから，USBドライバとziVNAu.exe（PCアプリ）が一つにまとまっている圧縮ファイルをダウンロードして，適当なフォルダに解凍します．
▶ http://www.rf-world.jp/go/3501/

5.2.2 ドライバ・ソフトウェアの利用条件

解凍しましたら，真っ先にPDFファイルMCHPFSUSB Library Help.pdfの2ページめをご覧ください．"2 Software License Agreement"の内容です．この内容にご了解いただくことが前提でドライバ・ソフトウェアを利用できます．

5.2.3 ファイル・リスト

ziVNAuユニットを動かすには解凍して現れたフォルダの中から，以下が必要です．
- Driver and inf フォルダ
  - mchpusb.cat
  - mchpusb.inf
  - mchpusb.sys
  - mchpusb64.sys（64ビットOSのときに必要）
- ziVNAu フォルダ
  - ziVNAu.exe（PCアプリの実行可能ファイル）
  - mpusbapi.dll

解凍した "Driver and inf" フォルダは，次のステップ（ドライバのインストール）で選択します．忘れないでください．

5.3　USBドライバのインストール

5.3.1 Windows 10（32ビット）編

以下はWindows 10 Pro（32ビット）にUSBドライバをインストールする手順です．
❶ziVNAuユニットとPCをUSBケーブルで接続します．私のPCでは，画面にメッセージなどはとくに表示されませんでした．
❷スタート・メニューのアイコンの上でマウス右ボタンをクリックしてポップアップ・メニューを開きます．メニューの中からデバイスマネージャー（図5.1）を選択します．
❸開いたデバイスマネージャー・ウィンドウの中の "Microchip Custom USB Device"（図5.2）をダブル・クリックします．
❹開いた「Microchip Custom USB Deviceのプロパティ」ウィンドウから［ドライバーの更新］ボタン（図

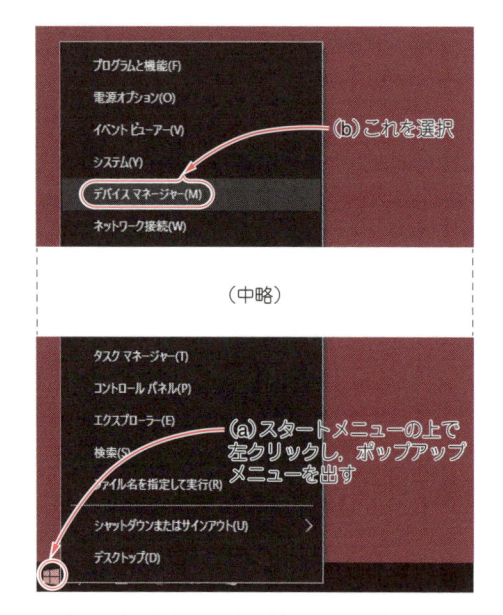

〈図5.1〉デバイスマネージャーを選択する画面

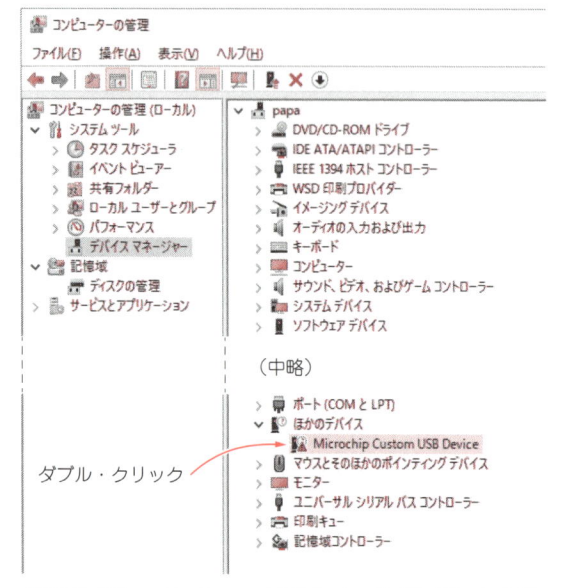

〈図5.2〉「Microchip Custom USB Deviceのプロパティ」を開く操作

〈図5.3〉「ドライバーの更新」をクリックする

〈図5.4〉「コンピュータを参照して…」をクリックする

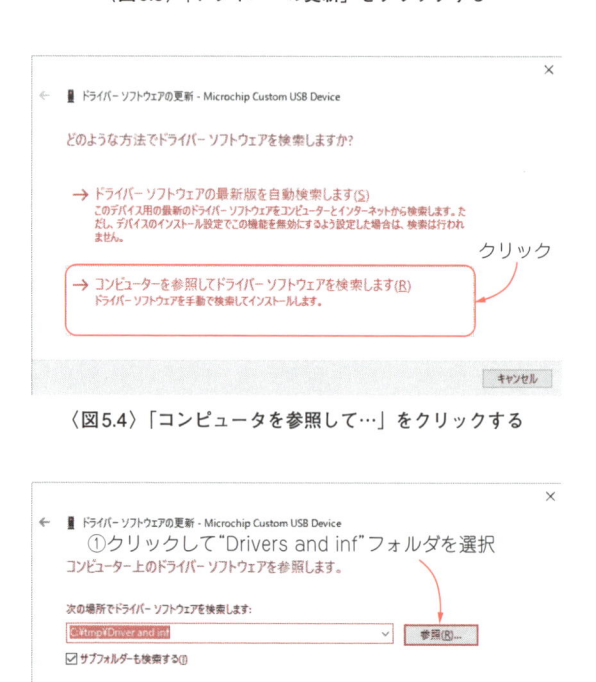

〈図5.5〉"Driver and inf" フォルダを選択する

5.3)をクリックします．
❺「ドライバー ソフトウェアの更新」ウィンドウでは，[コンピュータを参照して…検索します]ボタン(図5.4)をクリックします．
❻開いたウィンドウで，参照ボタンをクリックして，先ほど解凍した"Driver and inf"フォルダ(図5.5)を選択します．そして，[次へ]ボタンをクリックします．
❼Windowsセキュリティのウィンドウ(図5.6)が現れます．「このドライバーソフトウェアをインストール

します」をクリックします．
❽「ドライバー ソフトウェアが正常に更新されました」の画面(図5.7)が表示されたら，ドライバのインストールは完了です． また，ziVNAuユニットのLED(D_6, 写真5.1)が点滅から点灯に変わります．

62　　　RFワールド No.35

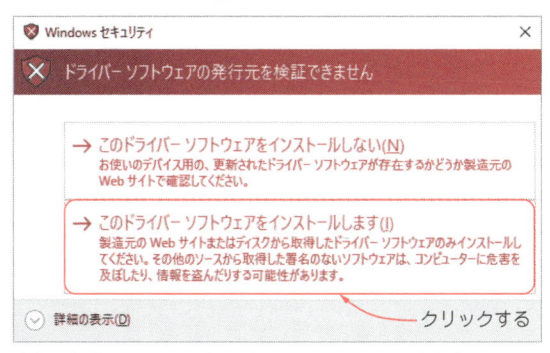

特集　作る！ベクトル・ネットワーク・アナライザ

〈図5.6〉「このドライバー…をインストールします」をクリックする

〈図5.7〉インストール終了のメッセージ

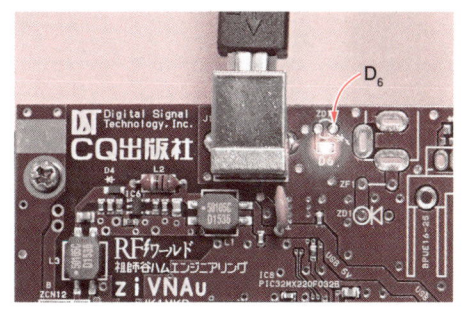

〈写真5.1〉基板上のD₆(LED)の位置

■ 5.3.2 Windows7(32ビット),8(32ビット)編

Windows 7(32ビット)，Windows 7(64ビット)，Windows 8(32ビット)のインストールは，上記Windows 10(32ビット)のインストール手順が参考になります．ほぼ同じメッセージと流れです．
❶デバイス マネージャーのウィンドウを表示．
❷ "Microchip Custom USB Device" をダブル・クリック．
❸ "Driver and inf" フォルダの選択．
❹Windowsセキュリティのウィンドウは，[…インストールします]ボタンを押す．
❺ziVNAuユニットのLED(D_6)が点灯．

5.4　PCアプリのセットアップと起動

■ 5.4.1 セットアップ

RFワールドのダウンロード・サイトからダウンロードした圧縮ファイルの中のziVNAu.exeとmpusbapi.dllを適当な同じフォルダに移動するだけでセットアップは終了です．ziVNAu.exeはPCアプリの実行可能ファイルです．

■ 5.4.2 PCアプリの起動

❶ziVNAuユニットとPCをUSBケーブルで接続し，ユニットのLED(D_6)は点滅から点灯に変わることを確認します．
❷ziVNAu.exeをダブル・クリックするとPCアプリは起動します．図5.8はPCアプリを起動した直後の画面です．

もし，mpusbapi.dllが見つからない旨のエラーが出た場合は，ziVNAu.exeと同じフォルダにmpusbapi.dllが保存されていないことが原因です．

5.5　ziVNAuユニットの動作試験

PCアプリを利用して，ziVNAuユニット(ハードウェア)を試験します．試験は5項目で，各アナログ・スイッチの動作確認と，アナログ回路の利得確認をします．

すべての試験に問題がなければ，ユニット(ハードウェア)は正常です．

- a1→b1試験
- a2→b2試験
- REF試験
- a2→b1試験
- a1→b2試験

■ 5.5.1 a1→b1試験

P1(ポート1) から出力して，P1(ポート1)に反射して戻って来た信号を増幅して，ADCのアナログ入力に入ったレベルの周波数特性を確認します．
● 手順
❶P1コネクタは何も接続しない状態(写真5.2)にします．
❷PCアプリ画面の右側にあるボタン(図5.9)の中から[SYSTEM]ボタンをクリックし，次に[SERVICE]ボタンをクリックします．
❸開いたSERVICEウィンドウ(図5.10)でPERF CHECKタブを選択します．そして，ADC LVL a1→b1ラジオ・ボタンをクリックし，最後に右上の×ボタンでSERVICEウィンドウを閉じます．
❹PCアプリ画面の右上にある[RUN]ボタンをクリ

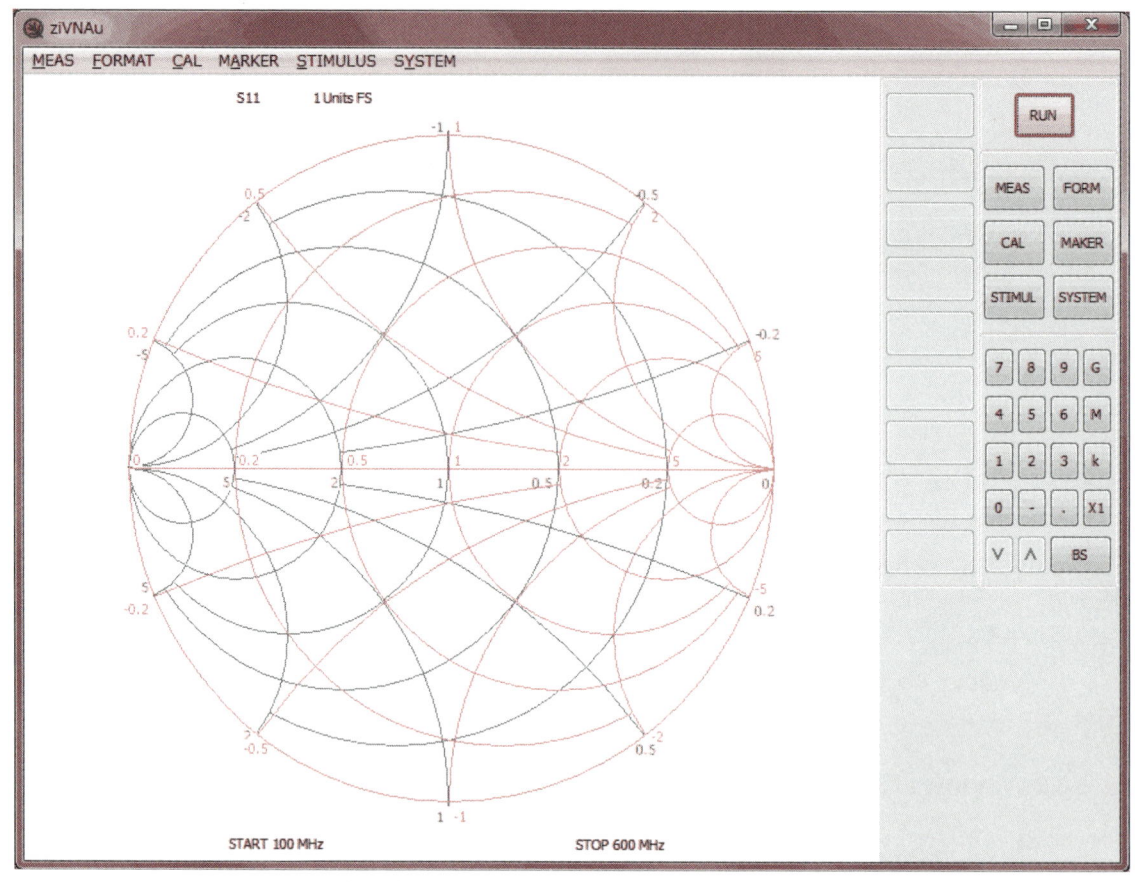

〈図5.8〉PCアプリ(ziVNAu.exe)を起動した直後の画面

〈図5.9〉SERVICEウィンドウを開く操作

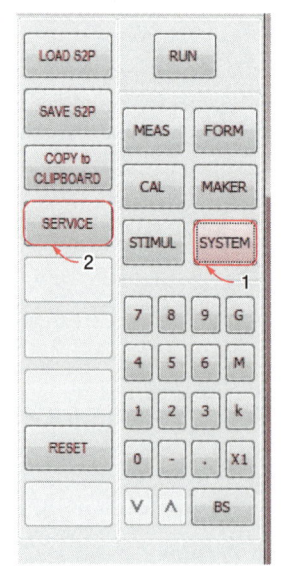

〈写真5.2〉基板上のP1とP2には何も接続しない

です．
- 100 kHz ～ 100 MHz：0 ～ −6 dB程度でほぼフラットな特性
- 100 MHz ～ 600 MHz：右肩下がりの特性
- 600 MHz ～ 1 GHz：−25 ～ −45 dBに分布する特性

■ 5.5.2 a2→b2試験

P2(ポート2)から出力して，P2に反射して戻って来た信号を増幅して，ADCのアナログ入力に入ったレベルの周波数特性を確認します．

● 手順

❶P2コネクタは何も接続しない状態にします．

ックします．

● 結果

図5.11に示す周波数特性が表示されます．0 dBはADCのフルスケールです．以下の特性になれば正常

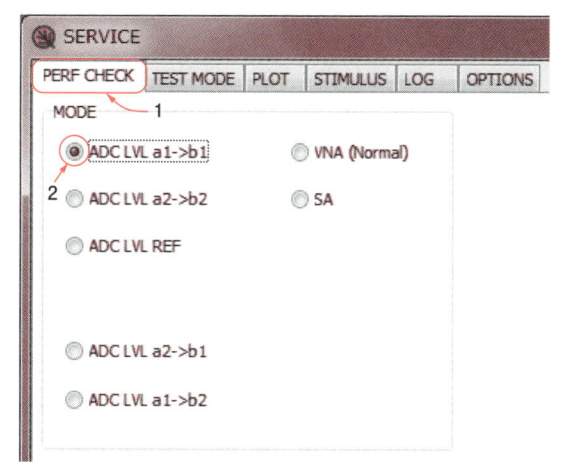

特集　作る！ベクトル・ネットワーク・アナライザ

〈図5.10〉P1出力でP2入力（a1→b1）の周波数特性を試験する設定

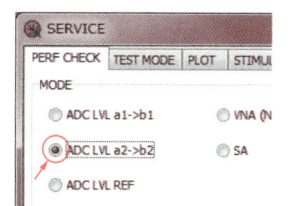

〈図5.12〉P2出力でP2入力（a2→b2）の周波数特性を試験する設定

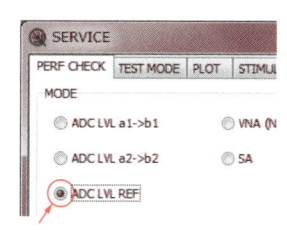

〈図5.13〉内部基準信号の受信周波数特性を試験する設定

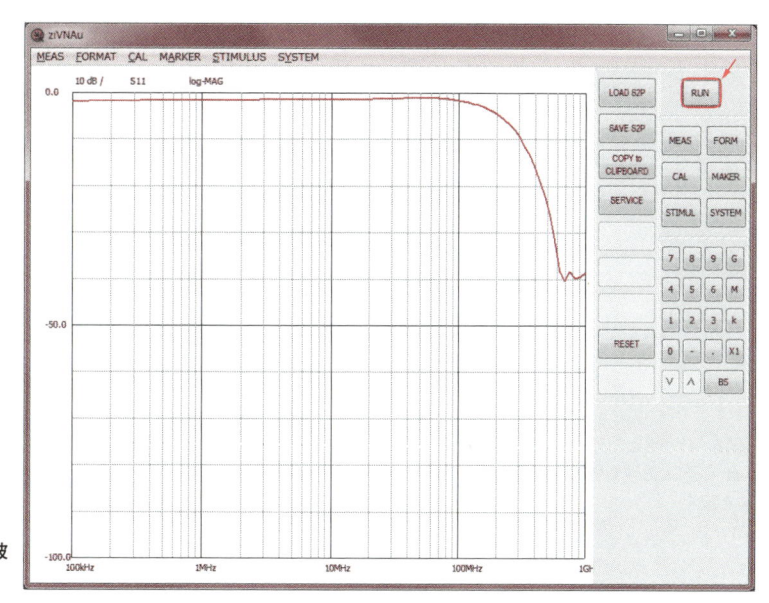

〈図5.11〉P1出力でP2入力（a1→b1）の周波数特性

❷a1→b1試験と同じ操作を行い，SERVICEウィンドウを開き，PERF CHECKタブを選択します．
❸ADC LVL a2→b2ラジオ・ボタン（図5.12）をクリックします．そして，SERVICEウィンドウを閉じます．
❹PCアプリ画面の右上にある［RUN］ボタンをクリックします．

● 結果

図5.11と同様の特性になれば正常です．

■ 5.5.3 REF試験

内部基準信号を増幅して，ADCのアナログ入力に入ったレベルの周波数特性を確認します．外のコネクタに信号が出力されない回路ブロックの試験です．

試験対象となる信号経路は，IC_{10}(DDS)→IC_{21}(ミキサ)→IC_{22}(OPアンプ)→IC_{13}(アナログ・スイッチ)→IC_{12}(ADC) です．

● 手順

❶P1とP2の各コネクタの接続は，この試験に影響ありません．
❷a1→b1試験と同じ操作を行い，SERVICEウィンドウを開き，PERF CHECKタブを選択します．
❸ADC LVL REFラジオ・ボタン（図5.13）をクリックします．そして，SERVICEウィンドウを閉じます．
❹PCアプリ画面の右上にある［RUN］ボタンをクリ

ックします.
● 結果

図5.11と同様の特性になれば正常です.

■ 5.5.4 a2→b1試験

P2から出力して，P1で受信し，ADCに入ったレベルの周波数特性を確認します．

● 手順

❶P1とP2は何も接続しません．
❷a1→b1試験と同じ操作を行い，SERVICEウィンドウを開き，PERF CHECKタブを選択します．
❸ADC LVL a2→b1ラジオ・ボタン（図5.14）をクリックします．そしてSERVICEウィンドウを閉じます．
❹PCアプリ画面の右上にある［RUN］ボタンをクリックします．

● 結果

図5.15に示す周波数特性が表示され，以下の特性になれば正常です．
- 100 kHz～100 MHz：−65 dB以下でほぼフラットな特性
- 100 MHz～600 MHz：右肩上がりの特性
- 600 MHz～1 GHz：−50 dB以下に分布する特性

この試験は，P2の出力をP1が受信した周波数特性ですが，P1とP2は接続されていないので，測定した周波数特性はP1とP2のアイソレーションを確認したことになります．

● 追加試験

ここまで試験をすれば，各アナログ・スイッチの動作，アナログ回路の利得とアイソレーションを確認したことになり，対象の機能が正常である確認（a1→b2試験を除く）が完了したことになりますが，念のためにということであれば,次の追加試験も試してみます．

PCアプリの設定はa2→b1試験のままで，P1とP2を同軸ケーブルで接続します．そして，［RUN］ボタンをクリックします．結果は図5.11と同様の周波数特性になります．これは，P2からP1に信号が伝わる状態を確認するものです．

■ 5.5.5 a1→b2試験

P1から出力して，P2で受信し，ADCに入ったレベルの周波数特性を確認します．

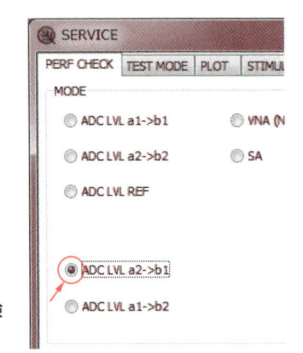

〈図5.14〉P2出力でP1入力（a2→b1）の周波数特性を試験する設定

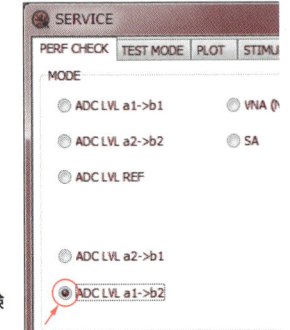

〈図5.16〉P1出力でP2入力（a1→b2）の周波数特性を試験する設定

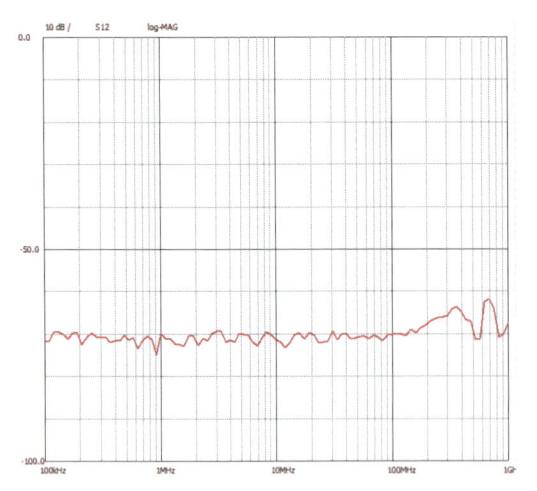

〈図5.15〉P2出力でP1入力（a2→b1）の周波数特性

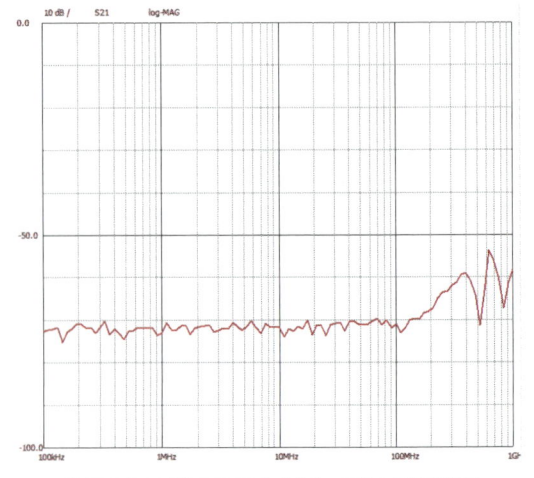

〈図5.17〉P1出力でP2入力（a1→b2）の周波数特性

特集　作る！ベクトル・ネットワーク・アナライザ

● 手順
❶ P1とP2は何も接続しません．
❷ a1→b1試験と同じ操作を行い，SERVICEウィンドウを開き，PERF CHECKタブを選択します．
❸ ADC LVL a1→b2ラジオ・ボタン（図5.16）をクリックします．そして，SERVICEウィンドウを閉じます．
❹ PCアプリ画面の右上にある［RUN］ボタンをクリックします．

● 結果
図5.17に示す周波数特性が表示され，以下の特性になれば正常です．
- 100 kHz〜100 MHz：−65 dB以下でほぼフラットな特性
- 100 MHz〜600 MHz：右肩上がりの特性
- 600 MHz〜1 GHz：−45 dB以下に分布する特性

600 MHz以上は，a2→b1試験よりも5 dB程度悪化する傾向があります．

● 追加試験
PCアプリの設定はa1→b2試験のままで，P1とP2を同軸ケーブルで接続します．結果は図5.11と同様の周波数特性になります．

■ 5.5.6 元に戻す操作

❶ a1→b1試験と同じ操作を行い，SERVICEウィンドウを開き，PERF CHECKタブを選択します．
❷ VNA（Normal）ラジオ・ボタン（図5.18）をクリックします．そして，SERVICEウィンドウを閉じます．
以上の操作で，測定を行う元の状態に戻ります．また，PCアプリを再起動しても元に戻ります．

5.6　ziVNAuユニットのデバッグ

ここでは，ユニット（ハードウェア）のデバッグ作業に有用な情報を紹介します．動作が思わしくない時の原因分析に利用してください．

■ 5.6.1 PCが無くても確認できる項目

ziVNAuユニットをPCのUSBに接続しないで，安定化電源からユニットに5.0Vを供給して確認できる項目です．供給電圧は4.4 Vから5.25 Vの間が適当です．

● 5Vを供給したときの消費電流
消費電流は約300mAです．

● 5Vを供給するとLED（D_6）が点滅するか
点滅動作はPICマイコンのプログラムで行っています．点滅しない時は，PICマイコンが動作していないということです．このような時は，PICマイコンの電源ピンの電圧や8 MHzのクロック動作から確認することになると思います．
ユニットの中の5Vラインがショートすると，ポリスイッチ（F_2）がそれなりに発熱します．ポリスイッチに触るときは徐々に触る方が良いと思います．

● 5Vを供給するとP1から1611 kHzを出力するか
PCとの接続が確立できないと，P1（ポート1）から1611 kHzを出力するようにしています．P1の出力レベルは約−17 dBmです．AMラジオをDDS-RF（IC_{10}）に近づけると，無変調の信号を受信できます．また，DDS-LO（IC_{11}）は1587 kHzを出力しています．
ADCの入力ピン（1番ピン）には，1611 kHzが24 kHzに変換された正弦波が入力されているはずです．P1がオープン（未接続）のとき，ADCに入力される24 kHzのレベル（IC_{12}の1番ピン）は約2.7V_{PP}です．一方，基準となる信号も24 kHzに変換され，ADCの2番ピンに入力されます．レベルは約2.5V_{PP}です．ミキサ回路やOPアンプ回路のレベルを確認するときは，このADCの入力レベルと，第2章に登場した図2.12のレベル・ダイヤグラムが参考になると思います．
P1に50Ωを接続してしまうと，反射レベルが小さく，24 kHzのレベルもノイズに埋もれてしまうので，レベル確認のときは，P1に何も接続しない状態にします．

■ 5.6.2 PCに接続すると確認できる項目

ユニットとPCをUSBケーブルで接続すると，PCは数秒でziVNAuユニットを認識します．

● PCがユニットを認識したときの消費電流
約310mAです．

● PCがユニットを認識するとD_6が点灯し，P1から15 MHzを出力
PCがユニットを認識すると，D_6が点灯するほかに，P1から15.0 MHzが出力されます．P1の出力レベルは約−17 dBmです．また，DDS-LOから14.976 MHzを出力します．
PCアプリを起動しなくても，オシロスコープでミキサ回路やOPアンプ回路のレベルを確認できます．

■ 5.6.3 PCアプリを利用して確認できる項目

● USB通信エラー
PCアプリ（ziVNAu.exe）を立ち上げたとき，図

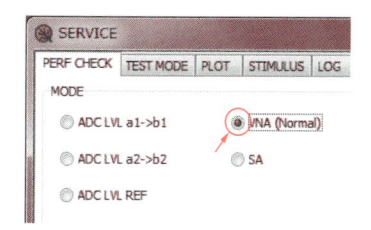

〈図5.18〉VNAモード（通常のモード）に戻す設定

〈図5.20〉PCアプリのバージョンを確認する方法

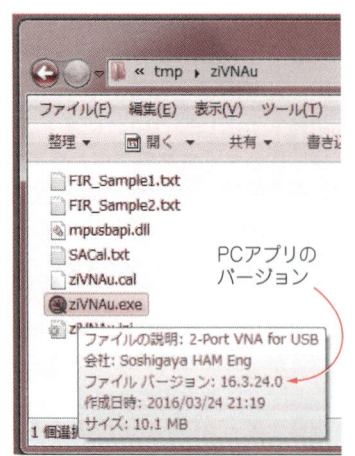

(a) マウス・カーソルを近づけたときに表示されるファイル情報

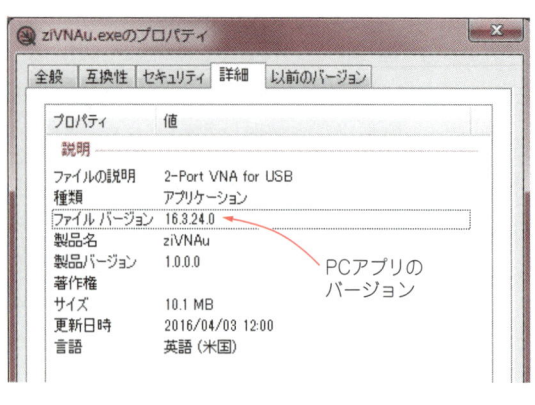

(b) ファイルのプロパティ

〈図5.19〉ziVNAuユニットとPC間で通信できない場合のエラー・メッセージ

5.19のメッセージが表示されるときは，PCとユニットが通信できていません．ハードウェアを疑うとすると，PICマイコンとUSBを接続する2本のラインになります．

● 測定中の消費電流
　約430 mAです．

5.7　PCアプリの関連事項

■ 5.7.1 フォルダとファイル名

　ziVNAu.exeとmpusbapi.dllのファイルは，同じフォルダに置かないとPCアプリが動作しないのでご注意ください．フォルダ名は全角でも大丈夫です．
　ziVNAu.exeのファイル名は変更しても問題ありません．

■ 5.7.2 PCアプリのバージョン確認

　PCアプリ（ソフトウェア）が更新されたことを見分けるための，バージョンを確認する方法を紹介します．
　エクスプローラを立ち上げて，ziVNAu.exeにマウスを近づけると，図5.20(a)のようにファイル情報が表示される場合は，その中にバージョンも含まれています．
　もう一つの方法は，ziVNAu.exeを選択し，マウス右ボタンをクリックしてポップアップ・メニューを出します．そのメニューからプロパティを選択することで図5.20(b)のようにバージョンを確認できます．

■ 5.7.3 PCアプリの初期化

　SERVICEのウィンドウで設定する項目は，PCアプリをいったん閉じて再起動しても初期化されない項目があります．これらを初期化するには，ziVNAu.exeと同じフォルダにあるziVNAu.iniファイルを削除します．次回ziVNAu.exeを立ち上げたときに初期化されます．

■ 5.7.4 PCアプリ動作中にユニットの
　　　　　　USB抜き差し

　PCアプリが動作中にziVNAuユニットをUSBプラグを抜いて再びUSBソケットに挿すと，PCアプリとユニットで矛盾が生じてしまい，正しく動作しません．見た目はそれなりに測定しているのですが，測定値は正しくない時があります．そのような場合は，いったんPCアプリを終了し，もう一度PCアプリを起動することで正常に動作します．
　よくあるケースは，PCアプリを起動した直後にユニットをPCに接続していないことに気づき，慌ててPCに接続した場合です．このときも，PCアプリを再起動してください．

とみい・りいち
祖師谷ハム・エンジニアリング

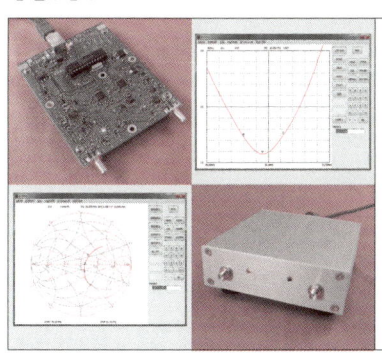

特集　作る！ベクトル・ネットワーク・アナライザ

第6章　基本的な操作，マイクロストリップ・ラインの
S_{11}測定，校正手順，壊さないための注意事項

基本的な使い方

富井　里一
Tommy Reach

　この章では基本的な使い方を説明します．まず最初に各ボタンについて説明します．次にシンプルなDUTを例に，一通りの操作手順を具体的に紹介します．最後に，操作がやや複雑な校正の操作手順と校正の補足説明をします．

　USBドライバとPCアプリのインストール，ハードウェアの動作確認は，第5章で完了していることとして話を進めます．

6.1　各ボタンの説明

■ 6.1.1 メイン・ウィンドウ

　ziVNAuユニットとPCをUSBで接続し，ziVNAu.exeをダブル・クリックしてPCアプリを立ち上げます．起動直後のウィンドウ（**図6.1**）がメイン・ウィンドウです．右側に配置されているボタンを利用して，設定を変更したり，測定の開始や終了を操

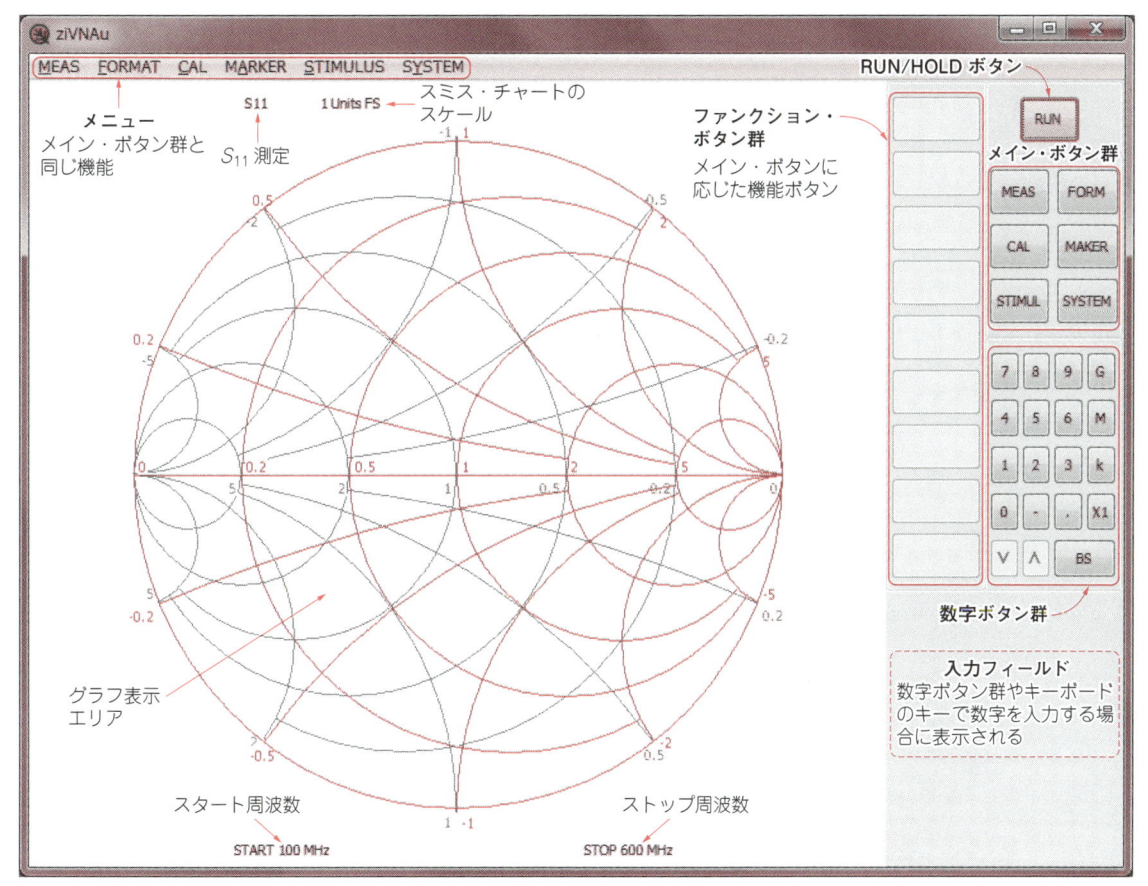

〈図6.1〉PCアプリ（ziVNAu.exe）のメイン・ウィンドウ

RF／ワールド No.35

作します．

　メイン・ウィンドウは［RUN/HOLD］ボタン，メイン・ボタン群，ファンクション・ボタン群，数字ボタン群，入力フィールド，そして，グラフ表示エリアから構成されます．

　メイン・ボタン群の中のボタンをクリックすると，そのボタンに関連する機能がファンクション・ボタン群に表示されます．

　数字ボタン群は，周波数やポイント数など数値入力するときに利用します．また，キーボードからの入力も可能です．

■ 6.1.2 ［RUN/HOLD］ボタン

　測定の開始と停止のボタンです．測定の停止は，ほかのボタンをクリックしても止まります．また，グラフ表示エリアでマウス左ボタンをクリックしても測定は停止します．

■ 6.1.3 メイン・ボタン群

　メイン・ボタン群はカテゴリに分かれた6個のボタンで構成されています．

- ［MEAS］ボタン：S_{11}, S_{21}, S_{12}, S_{22}の選択
- ［FORM］ボタン：グラフの種類の選択
- ［CAL］ボタン：校正の種類の選択と実行
- ［MAKER］ボタン：マーカ機能の実行
- ［STIMUL］ボタン：測定条件（周波数，ポイント数など）
- ［SYSTEM］ボタン：上記カテゴリに収まらない機能

〈図6.2〉CALボタンをクリックしたときのファンクション・ボタン群の表示

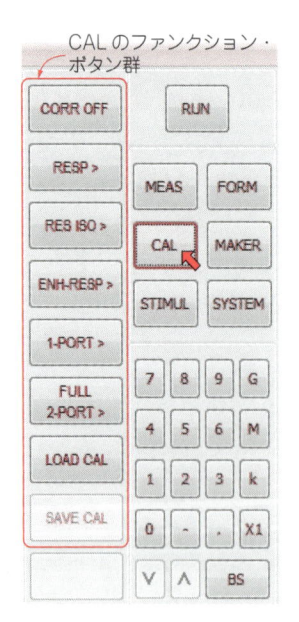

■ 6.1.4 ［MEAS］ボタン

　測定するSパラメータを選択します．S_{11}, S_{21}, S_{12}, S_{22}が選択可能です．

　S_{11}とS_{21}を選択したときは，D_7(LED)が点灯します．S_{22}とS_{12}を選択したときはD_8(LED)が点灯します．点灯した方のポートから信号が出力されます．

■ 6.1.5 ［FORM］ボタン

　表示するグラフを選択します．LOG‐MAG特性，位相特性，群遅延特性，スミス・チャート，極座標，SWR特性が選択可能です．

■ 6.1.6 ［CAL］ボタン

　校正の種類選択と校正を実行します．ここでは，ポート1やポート2に標準器の取り付けと取り外しの作業が必要になります．**図6.2**は，［CAL］ボタンをクリックしたときのファンクション・ボタン群の画面です．

● 各ボタンの概略

　以下に説明する校正に関する操作を整理したのが**表6.1**です．

▶ CORR OFF

　測定値を校正データで補正するか，しないかの切り替えボタンです．また，校正が完了するとボタンの表示が自動的にCORR ONへ変わります．

　CORR OFFのとき，このボタンをクリックすると，最後に校正したデータが復活します．PCアプリを再起動した直後に，最後の校正データを利用して測定したい時に便利です．

▶ RESP

　S_{11}またはS_{22}を校正するときは，OpenまたはShort標準器を利用して行います．

　S_{21}またはS_{12}の校正は，Thru標準器（スルー接続）を利用して行います．振幅以外に位相も校正されます．スルー接続した基準面で位相はゼロ度です．

▶ RES ISO

　S_{11}またはS_{22}を校正するときは，OpenまたはShort標準器と，Load標準器（ISOL'N）を利用して行います．

　S_{21}またはS_{12}の校正は，スルー接続とLoad標準器で行います．

　Load標準器を接続するポートは，LEDが点灯していない方のポートです．

▶ ENH‐RESP

　S_{11}とS_{21}または，S_{22}とS_{12}の校正をOpen，Short，Loadの各標準器とThru標準器（スルー接続）を使って行います．S_{11}とS_{21}の両方を測定するときに便利です．または，S_{22}とS_{12}の組み合わせになります．

　追加的にLoad標準器を利用してアイソレーション

特集　作る！ベクトル・ネットワーク・アナライザ

〈表6.1〉各校正における使用標準器，対象のSパラメータ，補正対象の誤差

ボタン	名　称	使用する標準器	対象のSパラメータ	補正対象の誤差
RESP	レスポンス校正	Open Short	S_{11} または S_{22}	● 反射トラッキング(E_R)
		Thru	S_{21} または S_{12}	● 伝送トラッキング(E_T)
RES ISO	レスポンス＆ アイソレーション校正	Open Load Short Load	S_{11} または S_{22}	● 反射トラッキング(E_R) ● 方向性(E_D)
		Thru Load	S_{21} または S_{12}	● 伝送トラッキング(E_T) ● アイソレーション(E_X)
ENH-RESP	エンハンスト・レスポンス校正	Open Short Load Thru	$S_{11} + S_{21}$	● 反射トラッキング(E_R) ● 方向性(E_D) ● ソース・マッチ(E_S)
			$S_{22} + S_{12}$	● 伝送トラッキング(E_T) ● アイソレーション(E_X)
1-PORT	1ポート校正	Open Short Load Thru	S_{11} または S_{22}	● 反射トラッキング(E_R) ● 方向性(E_D) ● ソース・マッチ(E_S)
FULL 2-PORT	フル2ポート校正	Open Short Load Thru	$S_{11} + S_{21} + S_{22} + S_{12}$	● 反射トラッキング(E_{RF}) ● 方向性(E_{DF}) ● ソース・マッチ(E_{SF}) ● 伝送トラッキング(E_{TF}) ● アイソレーション(E_{XF})※ ● 反射トラッキング(E_{RR}) ● 方向性(E_{DR}) ● ソース・マッチ(E_{SR}) ● 伝送トラッキング(E_{TR}) ● アイソレーション(E_{XR})※

※アイソレーション校正を実施した場合

を校正することも可能です．

▶1-PORT

S_{11} または S_{22} の校正をOpen，Short，Loadの各標準器を利用して行います．

▶フル2ポート校正

四つのSパラメータどれにも有効な校正です．反面，最も標準器の取り付け/取り外しが多い校正です．Open，Short，Loadの各標準器とThru標準器（スルー接続）で行います．

追加的にLoad標準器を利用してアイソレーションの校正も可能です．

▶SAVE CAL

最後に校正した内容をファイルに保存する機能です．校正を終了すると，このボタンが押せるようになります．

▶LOAD CAL

［SAVE CAL］ボタンでファイルに保存した校正内容を読み込む機能です．

■ 6.1.7 MARKER(MAKER)

測定波形において，目的の周波数の測定データを数値で把握したい時や，目的の周波数がグラフのどの位置にあるかを調べるときに便利な機能です．

マーカは全部で5個あります．メイン・ボタン群から［MAKER］ボタンをクリックすると，ファンクション・ボタン群に1から5までのマーカ・ボタンが表示されます．各マーカのボタンをクリックするとマーカが水色（誌面では黒色）で表示されます．水色はアクティブなマーカを意味します．

図6.3を見てください．マーカを移動するには，該当マーカの位置にマウス・カーソルを持ってゆき，マウス左ボタンを押しながらマウスを移動するとマーカが追従します．または，マーカがアクティブな時は，数字ボタン群の下に入力フィールドが現れます．キーボードで数値を入力するか，数字ボタン群の数字ボタンをクリックして周波数を入力することでマーカを移動します．

群遅延特性のグラフは，マーカがスケールから外れてマウスで選択できないケースがあります．このときはキーボードや数字ボタン群のボタンで周波数を直接指定してマーカを移動します．

■ 6.1.8 STIMUL

測定周波数，測定ポイント数，信号処理のFIRフィルタの選択，測定周波数間隔（LIN，LOG，DEC）の選択など，測定条件をここで設定します．図6.4は

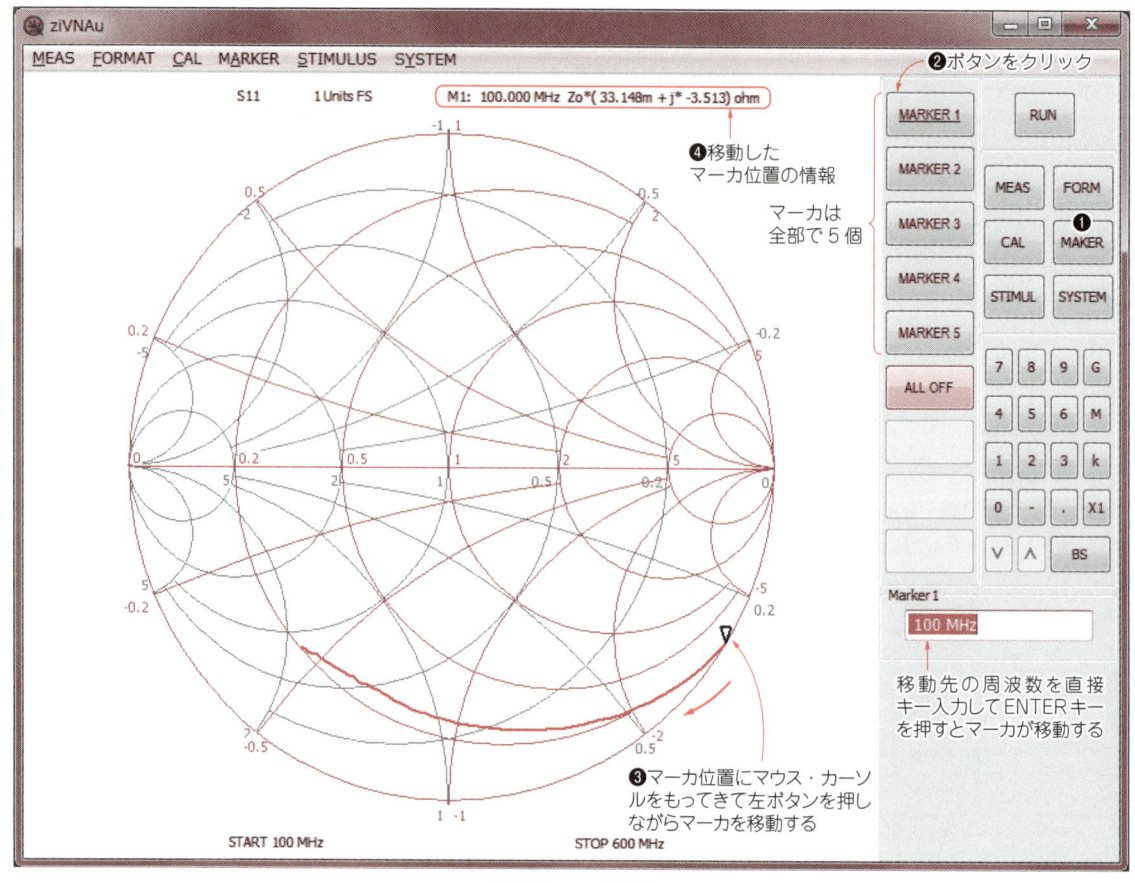

〈図6.3〉マーカ機能

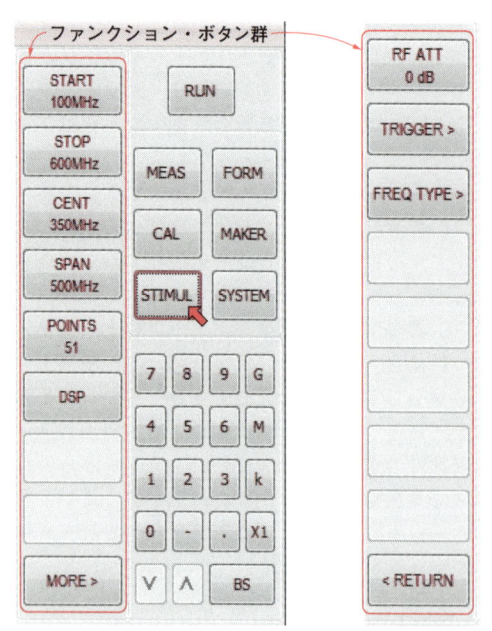

（a）STIMULボタンを押したとき　（b）さらにMOREボタンを押したとき

〈図6.4〉STIMULボタンをクリックしたときのファンクション・ボタン群

［STIMUL］ボタンをクリックしたときのファンクション・ボタン群です．拡張性を考え，STIMULは二つ目のファンクション・ボタン群があります．［MORE］ボタンをクリックすることで二つ目のファンクション・ボタン群に切り替わります．

● START, STOP, CENT, SPAN

測定周波数の範囲を指定するものです．CENTとSPANは，中心周波数と幅で指定します．それぞれのボタンをクリックすると，入力フィールドが現れます．そこに，数字ボタン群のボタンまたは，キーボードを利用して周波数を入力して設定します．

PCアプリとしては，1 kHz以上を入力可能にしています．100 kHz以下はA-Dコンバータのサンプリング周波数f_sやIF周波数があるのでスプリアスだらけですし，0.22 μFの周波数特性でレベルが下がってしまいますが，1 kHz～100 kHzの間でもDDSは動作します．また，1 GHz以上でも入力可能です．DDSから見れば，1 GHzの成分がどのくらいあるかは別にして，f_sの半分までの範囲で，エイリアシングを利用して1 GHzに当たる周波数を出力するだけのことになります．

特集 作る！ベクトル・ネットワーク・アナライザ

設定を変更すると校正は解除されます．（校正OFF）

● POINTS

測定する周波数の数を指定します．入力フィールドが現れるので，そこに入力します．最大は801個です．

設定を変更すると校正OFFになります．

● DSP

受信した信号から不要な成分を除去するFIRフィルタの選択と，FIRフィルタを通すデータ数を選択します．測定波形のノイズ量と測定スピードのバランスで決めます．ファンクション・ボタン群の［DSP］ボタンをクリックして現れる設定ウィンドウ（図6.5）で設定します．

FIRフィルタのタップ数とヒルベルト変換のタップ数の合計より多いデータ数になるように，FIRフィルタとデータ数の組み合わせをいくつか用意しています．Light/Normal/Heavy/Maximum/Customのラジオ・ボタンがそれです．初期値はNormalになっています．スピード優先の設定です．

Customのラジオ・ボタンを選ぶとFIRフィルタとデータ数を個別に設定できます．ここでのデータ数（Meas Samples）は16個ステップの選択になります．ziVNAuユニットからPCに送られてくるデータが16個まとめて来るためです．

この設定を変更しても校正はOFFにはなりません．校正のときはHeavyにして多少時間が掛かっても校正の精度を上げ，DUTを測定するときは測定時間を優先してNormalにするやり方も可能です．

● RF ATT

ポート1やポート2から出力される信号レベルを下げるアッテネータの値を指定するものです．ポート1とポート2を別々の値に設定はできません．初期値は0 dBです．アッテネータが0 dBのときの出力レベルは，300 kHz～100 MHzのときに約－17 dBmです．

設定変更すると校正OFFになります．

● TRIGGER

［RUN］ボタンをクリックしたときに1回だけ測定するモードと，［HOLD］ボタンをクリックするまで繰り返し測定するモードを選択する機能です．

● FREQ TYPE

測定周波数の間隔を設定する機能です．LOG MAGなど横軸周波数のグラフでは，LOGとDECを選択すると周波数軸がログ・スケールになります．

DECはdecadeを略したもので，例えば測定範囲が1 MHzから100 MHzまでのとき，1 MHz，2 MHz，3 MHz，…，9 MHz，10 MHz，20 MHz，30 MHz，…，90 MHz，100 MHz，…というステップで測定したい時に利用します．

設定変更すると校正OFFになります．

■ 6.1.9 SYSTEM

メイン・ボタン群にうまく割り当てられなかった機能が集まっています．図6.6は［SYSTEM］ボタンをクリックしたときのファンクション・ボタン群の画面です．

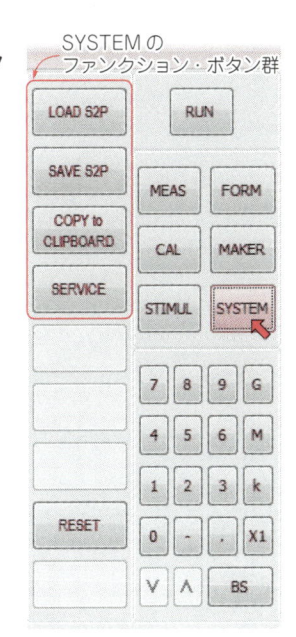

● Load S2P

2ポートのTouchstoneフォーマットのファイルを読み込んで各グラフに表示する機能です．後から追加した裏ワザ的な機能で，ログ・スケールで表示できないなど機能に制限があります．

過去に測定したデータやメーカのホーム・ページからダウンロードしたS2Pファイルをグラフに表示したい時に便利です．

S2Pファイルを読み込むと，校正OFFになります．

● SAVE S2P

測定したデータをTouchstoneフォーマットのファ

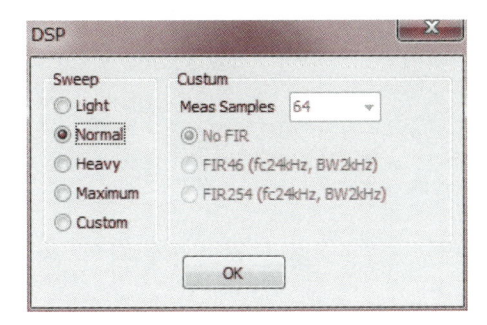

〈図6.5〉DSPボタンをクリックしたときに現れるウィンドウ

〈図6.6〉SYSTEMボタンをクリックしたときのファンクション・ボタン群

イルに保存する機能です．1ポートの校正でも，S_{11}しか測定していなくても2ポートのTouchstoneフォーマットに保存します．S_{11}だけ測定したときは，ほかのSパラメータ・データはダミーの値です．

● COPY to CLIPBOARD

測定グラフをWindows OSのクリップ・ボードに保存する機能です．メタファイルとして保存するのでビット・マップと比べデータ量が非常に小さいですし，拡大しても品質の劣化が起こりにくいです．WordやExcelに貼り付けるときに利用します．

プリンタ機能は実装していません．

● SERVICE

本ユニットの性能チェックやPCアプリのデバッグに利用していた機能の集まりです．ファンクション・ボタン群の［SERVICE］ボタンをクリックして現れるウィンドウ（図6.7）の中で設定します．スミス・チャートのスケール色の設定もこの中にあります．

スミス・チャートのスケール色はOPTIONSタブの，OUTLINE，SMITH，IMMITの項目で変更と表示/非表示の設定が可能です．IMMITのチェックを外すと少し描画スピードがアップします．

スミス・チャートのスケール色を初期値にするボタンはありますが，それ以外の項目は初期化するボタンがありません．初期化するには，ziVNAu.exeが保存されているフォルダにあるziVNAu.iniファイルを削除してください．次にziVNAu.exeを起動したときにすべて初期化されます．

■ 6.1.10 そのほかのボタン機能

● ［RETURN］ボタン

ファンクション・ボタン群の一番下のボタンは時々RETURNと表示されたボタンになります．これは一つ前のファンクション・ボタンに戻る機能です．

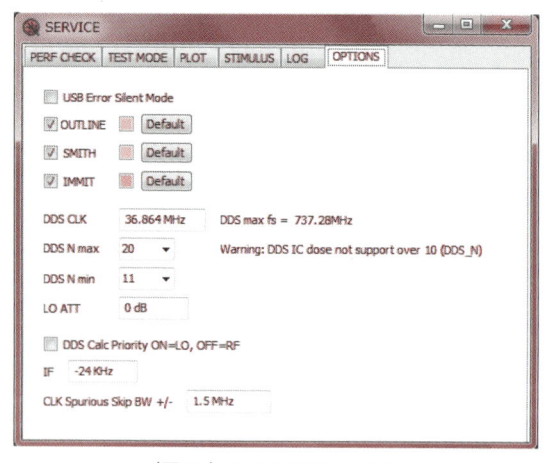

〈図6.7〉SERVICEウィンドウ

● ［MORE］ボタン

ファンクション・ボタン群の一番下のボタンは時々MOREと表示されたボタンになります．これは，ファンクション・ボタン群に続きがあり，次のボタン（機能）を表示する機能です．

● アンダー・ライン表示のあるボタン

そのボタンの機能がアクティブになっていることを意味します．

6.2 マウス操作

■ 6.2.1 測定の停止

測定中にグラフ表示エリアの中でマウス左ボタンをクリックしたり，メイン・ウィンドウの中の各ボタンをクリックすると測定は停止します．これは，測定中に各機能と平行に実行することで矛盾が生じる心配を回避したいためです．

■ 6.2.2 LOG MAG，PHASE，DELAY，SWR縦軸のスケール変更

グラフの縦軸スケール変更はマウス操作だけです．グラフ表示エリアの中で，マウス右ボタンを押しながらマウスを上下すると，マウスの動きに合わせて縦軸のトップとボトムのスケールが変わります．

マウス・ホイールを回すと，マウス・カーソルの位置を基準にスケールの拡大縮小ができます．例えば，0 dBを基準に拡大縮小をするときは，マウス・カーソルを0 dBに移動し，そこでマウス・ホイールを回すと，0 dBを基準にスケールの拡大縮小をします．

横軸のスケール変更はマウスではできません．変更するには，［STIMUL］ボタンのSTART，STOP，CENT，SPANのボタンで変更してください．ただし，校正OFFになります．

■ 6.2.3 SMITH，POLARグラフのスケール変更

グラフのスケール変更はマウス操作だけです．グラフ表示エリアの中で，マウス右ボタンを押しながらマウスを移動すると，マウスの動きに合わせてグラフが移動します．

グラフ表示エリアの中で，マウス・ホイールを回すと，マウス・カーソルの位置を中心にスケールの拡大縮小ができます．

6.3 キーボード入力

数字ボタン群の下に入力フィールドが現れたときにキーボード入力が可能です．測定周波数設定，測定ポ

特集 作る！ベクトル・ネットワーク・アナライザ

イント数の設定，マーカ周波数の設定をするときです．

マウス・カーソルで入力フィールドをアクティブにしてからキー入力し，最後にENTERキーを押して入力値を確定します．ENTERキーを押す前にほかのボタンをクリックしたりグラフ表示エリアでマウスのボタンをクリックするとキャンセルとみなされます．

例えば100 MHzを入力するときは100Mとタイプし，最後にENTERキーを押して入力値を確定してください．100Mの代わりに100e6とタイプしてもOKです．ただし，小文字のmは1e3です．周波数を入力するときに100mとタイプすると，0.1 Hzになるので注意してください．

測定ポイント数は整数のみ有効です．

6.4 操作例：マイクロストリップ・ラインのS_{11}を測る

ここからは，シンプルなDUTを利用して，設定と校正と測定の，一通りの操作例を具体的に紹介します．

DUTは両端にSMAコネクタがはんだ付けされているマイクロストリップ・ライン(**写真6.1**)です．短い同軸ケーブルでも代用できます．片側をオープンにした状態で，もう片方から見たS_{11}を測定します．

ここに登場するziVNAuユニットは，タカチ電機工業のアルミ・ケース(HEN110312S)に収めています．

■ 6.4.1 測定条件

● DUT

140×37 mm，厚さ1.6 mm，FR-4材(ガラス・エポキシ)の両面基板に形成した特性インピーダンスZ_0= 50 Ωのマイクロストリップ・ラインです．両端にはSMAコネクタが付きます．

● VNAの測定条件
- 100 MHz〜500 MHz，101ポイント
- 周波数スケール：LIN
- SWEEP：Heavy(測定点：208，FIR：46)
- 校正：1-PORT
- 測定：S_{11}

■ 6.4.2 設定値の初期化

PCアプリの設定をリセットするボタンは用意していません．PCアプリを起動すると，[SERVICE]ボタンによって設定する項目以外はすべて初期化されます．心配でしたらPCアプリを再起動してください．

■ 6.4.3 測定条件の設定

● 設定1：画面をS_{11}のスミス・チャートに切り替える

メイン・ボタン群の[MEAS]ボタン(**図6.8**)をク

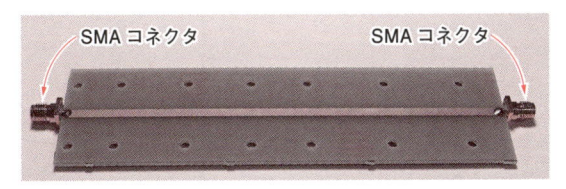

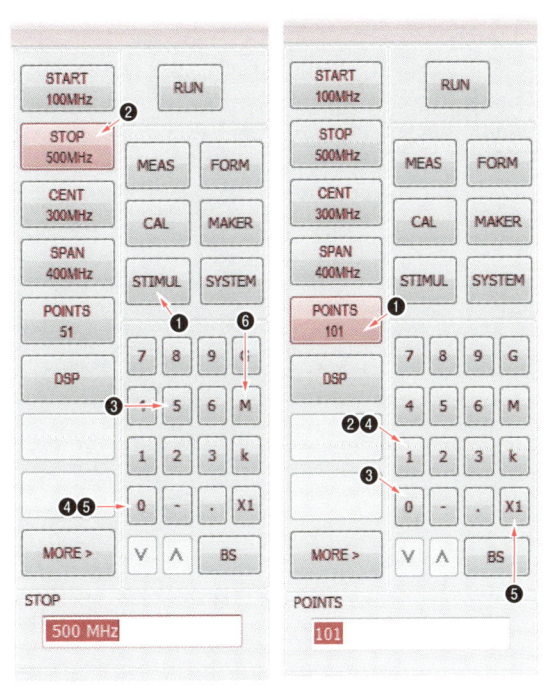

〈写真6.1〉両端にSMAコネクタがはんだ付けされたマイクロストリップ・ライン(Z_0 = 50 Ω)

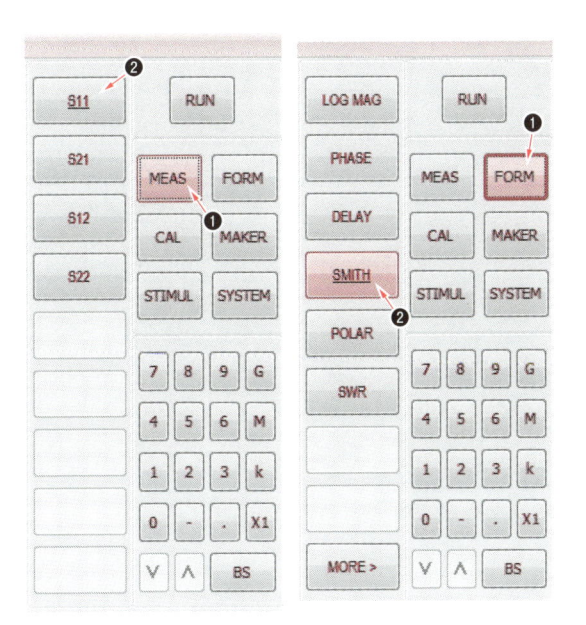

〈図6.8〉測定をS_{11}に設定する　〈図6.9〉グラフをスミス・チャートに設定する　〈図6.10〉ストップ周波数の設定　〈図6.11〉測定ポイント数の設定

リックします．S_{11}からS_{22}の四つのボタンのうち，アンダー・ライン表示があるボタンが現在アクティブな測定です．S_{11}ボタンをクリックして測定をS_{11}にします．

次に，メイン・ボタン群の［FORM］ボタン（図6.9）をクリックします．アンダー・ラインの表示があるボタンが現在アクティブなグラフです．［SMITH］ボタンをクリックしてグラフをスミス・チャートにします．

● 設定2：周波数の設定（STOP：500 MHzの設定）

メイン・ボタン群の［STIMUL］ボタン（図6.10）をクリックします．スタート周波数は初期値と同じなので省略します．［STOP］ボタンをクリックします．数字ボタン群を利用する場合は，［5］［0］［0］の順番にボタンをクリックした後に［M］ボタンをクリックすることで確定します．間違った数字ボタンをクリックしたときは［BS］ボタンで戻すことができます．ファンクション・ボタン群の［STOP］ボタンに500 MHzが表示され，正しく設定されたことがわかります．キーボードからタイプ入力するときは500Mの後にENTERキーを押してください．

● 設定3：ポイント数の設定（POINTS：101の設定）

［POINTS］ボタン（図6.11）をクリックします．数字ボタン群を利用する場合は，［1］，［0］，［1］の順番にボタンをクリックし，最後に［X1］のボタンをクリックすることで確定します．ファンクション・ボタン群の［POINTS］ボタンに101が表示され，正しく設定されたことがわかります．キーボードからタイプ入力するときは101の後にENTERキーを押してください．

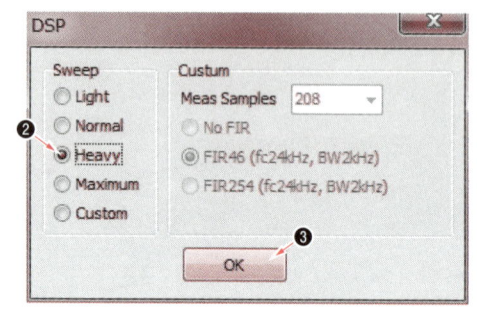

〈図6.12〉DSPの設定

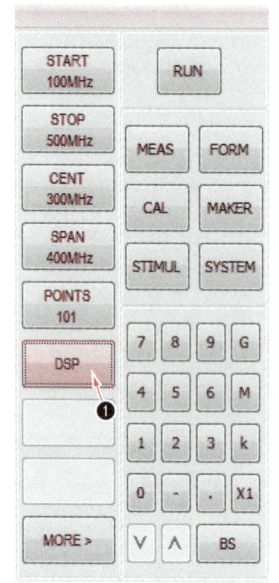

（a）DSPボタンをクリック　　（b）Heavyを選択する

〈図6.13〉FREQ TYPEをLINに設定

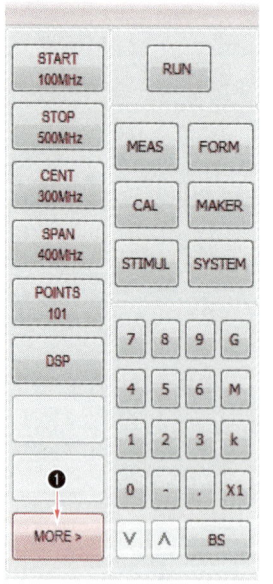

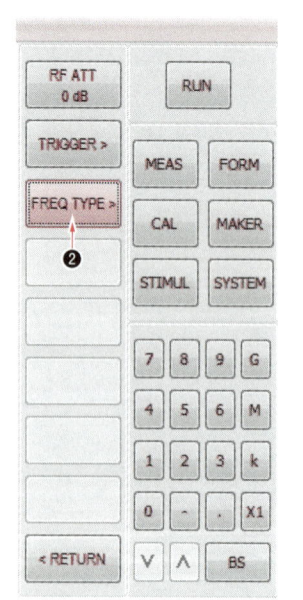

（a）MORE＞をクリック　　（b）FREQ TYPE＞をクリック　　（c）LIN FREQをクリック

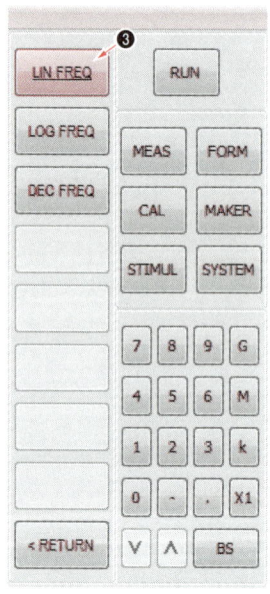

76　RFワールド No.35

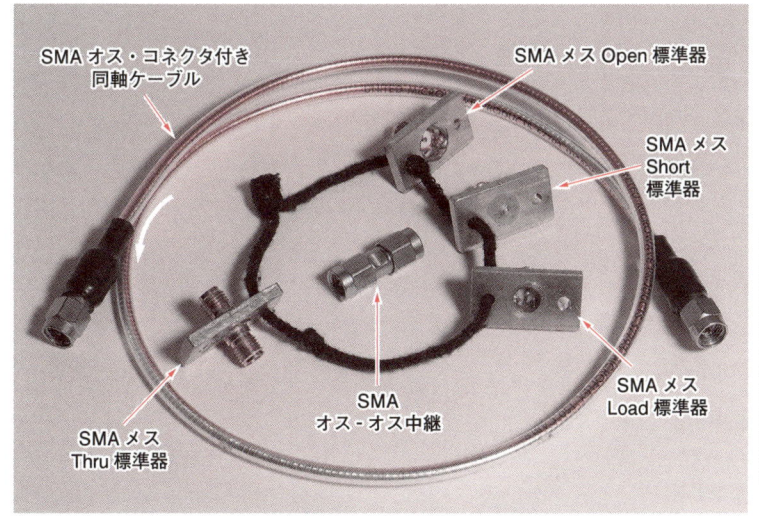

特集　作る！ベクトル・ネットワーク・アナライザ

〈写真6.2〉SMAメス・コネクタで自作した標準器とSMAオス-オス中継コネクタ

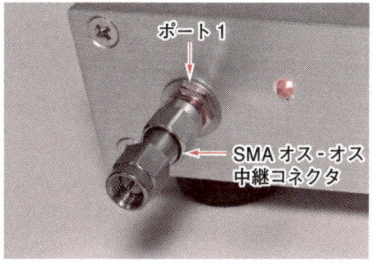

〈写真6.3〉SMAオス-オス中継コネクタをポート1に接続する

- 設定4：DSP（SweepをHeavyに設定）

図6.12(a)に示す［DSP］ボタンをクリックします．設定用のウィンドウが現れます．Sweep枠内の中からHeavyを選択します．そして［OK］ボタンをクリックすることでDSPの設定は完了です．

- 設定5：FREQ TYPE（LIN FREQ）

［MORE］ボタン（図6.13）をクリックし，さらに［FREQ TYPE］ボタンをクリックします．［LIN FREQ］ボタンにアンダー・ラインの表示が無ければ，［LIN FREQ］ボタンをクリックします．

■ 6.4.4 校正の操作（1ポート校正）

- 測定に使用する小物一式

写真6.2は，本章の測定に必要な小物一式です．Open/Short/Load/Thru標準器は自作です．今回の1ポート校正は，Open/Short/Load標準器を利用します．同軸ケーブルやSMAメスThruは次のレスポンス校正（S_{21}測定）で使用します．両端SMAコネクタ付きの同軸ケーブルはUnited Microwave Products社のMicroflex 150シリーズを使いました．

この標準器はSMAメス・コネクタなので，ziVNAuユニットのSMAメス・コネクタと標準器を接続するためにSMAオス-オスの中継コネクタ（写真6.3）を使用します．

- CAL1：1-PORTの選択

メイン・ボタン群の［CAL］ボタン（図6.14）をクリックし，ファンクション・ボタン群から［1-PORT］ボタンをクリックします．

- CAL2：Open標準器の測定

ポート1にOpen標準器（写真6.4）を接続します．そして，ファンクション・ボタン群の［OPEN］ボタン

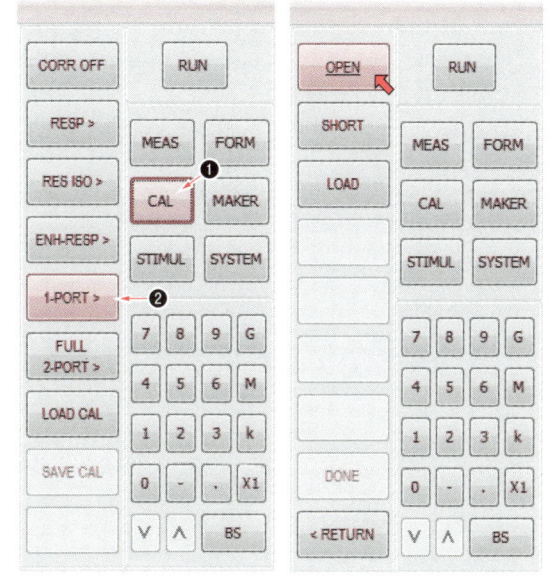

〈図6.14〉1-PORTを選択する　〈図6.15〉Open標準器の測定

（図6.15）をクリックします．［OPEN］ボタンにアンダー・ラインが表示されたら測定終了です．

- CAL3：Short標準器の測定

ポート1をShort標準器に交換します．そして，ファンクション・ボタン群の［SHORT］ボタン（図6.16）をクリックします．［SHORT］ボタンにアンダー・ラインが表示されたら測定終了です．

- CAL4：Load標準器の測定と完了の操作

ポート1をLoad標準器に交換します．そして，ファンクション・ボタン群の［LOAD］ボタンをクリックします．［LOAD］ボタンにアンダー・ラインが表

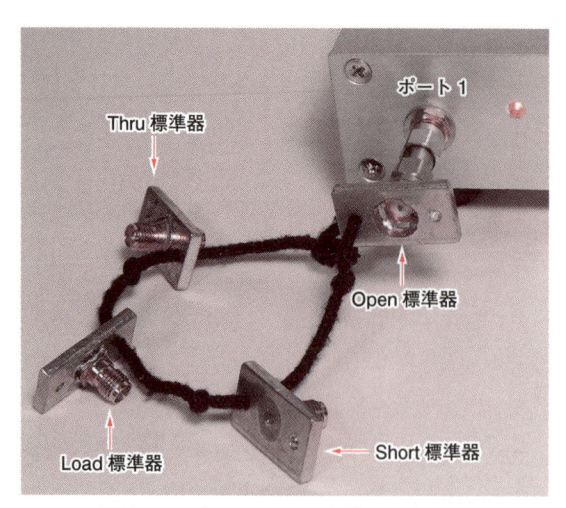

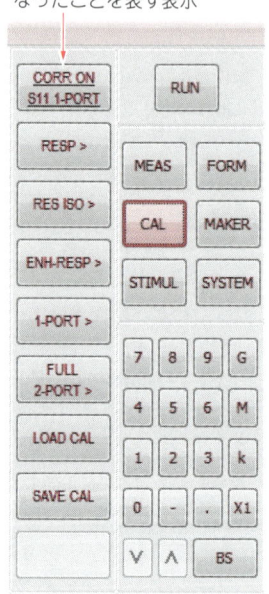

〈写真6.4〉ポート1にOpen標準器を接続する

示されたら測定終了です．

　Open，Short，Loadの測定が終了すると［DONE］ボタン（図6.17）がアクティブになります．［DONE］ボタンをクリックします．

● CAL5：校正完了の確認

　［DONE］ボタンをクリックすると1回だけ補正し

〈図6.16〉Short標準器の測定

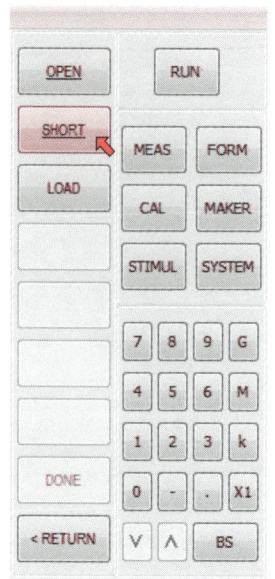

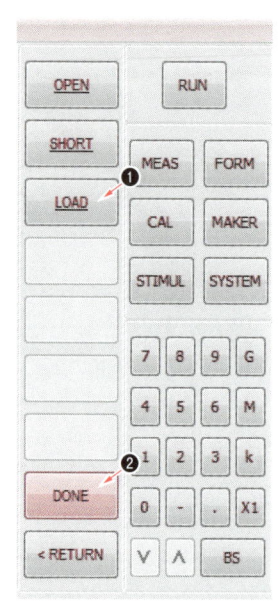

〈図6.17〉Load標準器の測定と校正終了操作

た測定を行います．Load標準器を接続したままの状態だと思いますので，その測定結果はスミス・チャートの中央に集まると思います．図6.18は［DONE］ボタンをクリックした直後の画面です．測定結果は中央に集まっています．もし，中央に集まらなければ，ここまでの操作のどこかに間違いがあります．

　図6.18はスミス・チャートを拡大表示しています．拡大するには，マウス・カーソルをスミス・チャートの表示エリアに移動して，マウス・ホイールを回転す

〈図6.19〉校正完了の確認　　S_{11}の1-PORT校正がONになったことを表す表示

Load標準器を接続してあれば測定結果はスミス・チャートの中央に集まる

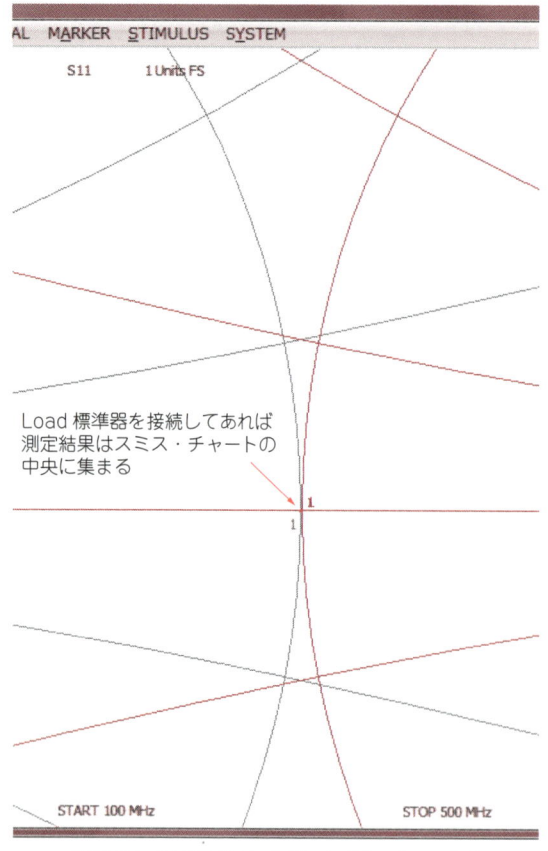

〈図6.18〉DONEボタンを押した直後のウィンドウ

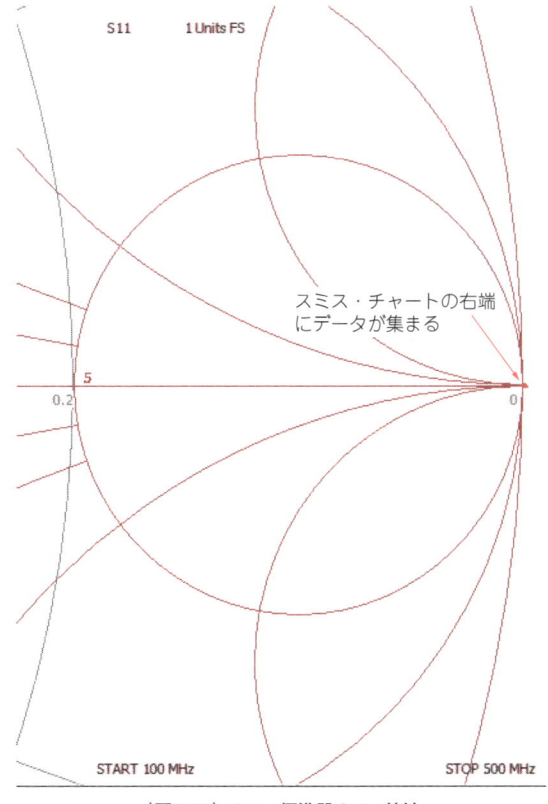

特集 作る！ベクトル・ネットワーク・アナライザ

〈図6.20〉Open標準器のS_{11}特性

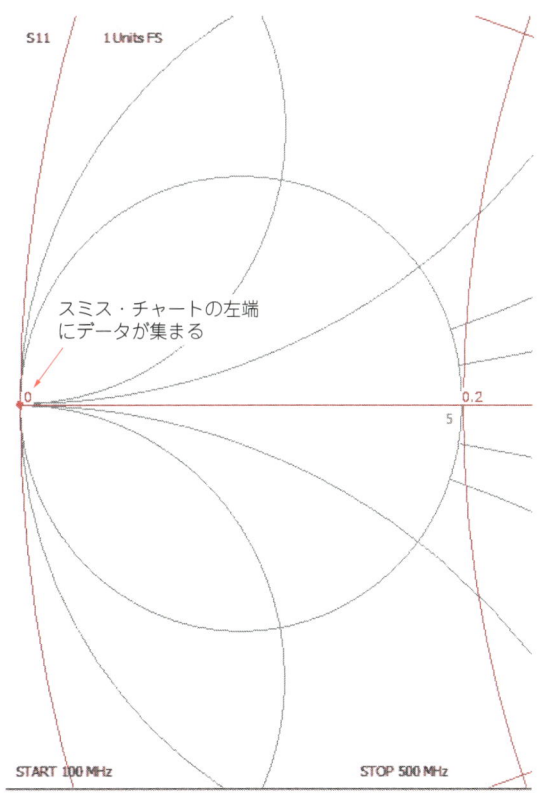

〈図6.21〉Short標準器のS_{11}特性

ると拡大/縮小ができます．また，マウス右ボタンを押しながらマウス・カーソルを動かすと，スミス・チャートのグラフがマウスに追従して移動します．

校正が完了すると，ファンクション・ボタン群の一番上のボタン表示が［CORR ON S11 1-PORT］（図6.19）になります．

■ 6.4.5 Open標準器とShort標準器のS_{11}を測定してみる

DUTを測定する前に，校正に利用したOpen標準器とShort標準器のS_{11}を測定してみます．

ポート1にOpen標準器を接続して［RUN］ボタンをクリックし，測定を開始します．結果を図6.20に示します．スミス・チャートの右端（Real = + 1, Image = 0）の座標に測定値が集まります．

また，ポート1にShort標準器を接続して測定した結果を図6.21に示します．スミス・チャート左端（Real = − 1, Image = 0）の座標に集まります．

Open標準器やShort標準器を利用して，正しく補正されたことを確認できました．

■ 6.4.6 マイクロストリップ・ラインのS_{11}を測る

● スミス・チャート表示でS_{11}を測定する

マイクロストリップ・ラインのS_{11}を測定します．

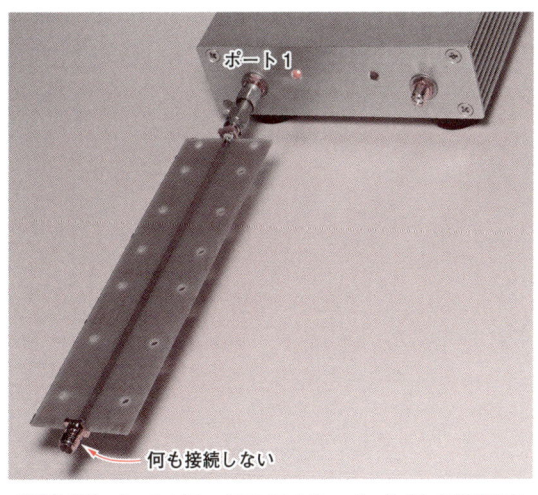

写真6.5を見てください．ポート1にマイクロストリップ・ラインを接続し，もう片方は何も接続しません．グラフは引き続きスミス・チャートにします．

［RUN］ボタンをクリックし，測定を開始します．図6.22が測定結果です．マイクロストリップ・ラインや同軸ケーブルの片方をオープンにした状態でS_{11}を測定すると，スミス・チャートの外周に沿った軌跡になります．

〈写真6.5〉ポート1にマイクロストリップ・ラインを接続する

● マーカの操作

マーカで300 MHzの抵抗値とリアクタンス値を表示してみます.

▶ MARKER1の表示ON

[HOLD]ボタンをクリックするか,グラフ表示エリアでマウス左ボタンをクリックすることで測定が中断します.

メイン・ボタン群の[MAKER]ボタンをクリックします.続いてファンクション・ボタン群の[MARKER1]ボタンをクリックします.すると図6.23のようにスタート周波数である100 MHzに水色(誌面では黒色)の逆三角形のマーカが表示され,入力フィールドに100 MHzのテキストが表示されます.画面上部には100 MHzのマーカ情報が表示されます.

▶ MARKER1の抵抗値とリアクタンス値

図6.23において,100 MHzの抵抗とリアクタンスは`Z0＊(29.540m+j＊-1.569)ohm`と表示されています.

このスミス・チャートは50 Ωで正規化していますので,$Z_0 = 50$ Ωです.29.540 mと−1.569は,スミス・チャートのスケールを読んだ値であり,実際には50 Ωを乗算した値が抵抗値とリアクタンス値です.つまり100 MHzの抵抗値は29.540 m × 50 Ω = 1.477 Ωです.またリアクタンス値は−1.569 × 50 Ω = −78.45 Ωです.

▶ MARKER1を300 MHzに移動(その1)

マウス左ボタンを押しながらマウスを動かすと逆三角形のマーカが追従します.狙う300 MHzは,マウスの左ボタンを時々アップすることで画面上のマーカ情報の周波数が表示されます.また入力フィールドにもマーカ周波数が表示されます.これで300 MHzにマーカを移動してください.

▶ MARKER1を300 MHzに移動(その2)

逆三角形のマーカが水色のときは入力フィールドにその周波数が表示されています.それを"300M"に修正して,ENTERキーを押すことで,マーカは300 MHzに移動します.

● LOG MAG表示でS_{11}を測定する

次に写真6.6に示すようにマイクロストリップ・ラインに50 Ωの終端器を接続します.そして,LOG MAGグラフでS_{11}の周波数特性を測定してみます.ちなみに,グラフの種類を変更しても校正はOFFになりません.心配でしたら,メイン・ボタン群の[CAL]ボタンをクリックして,ファンクション・ボ

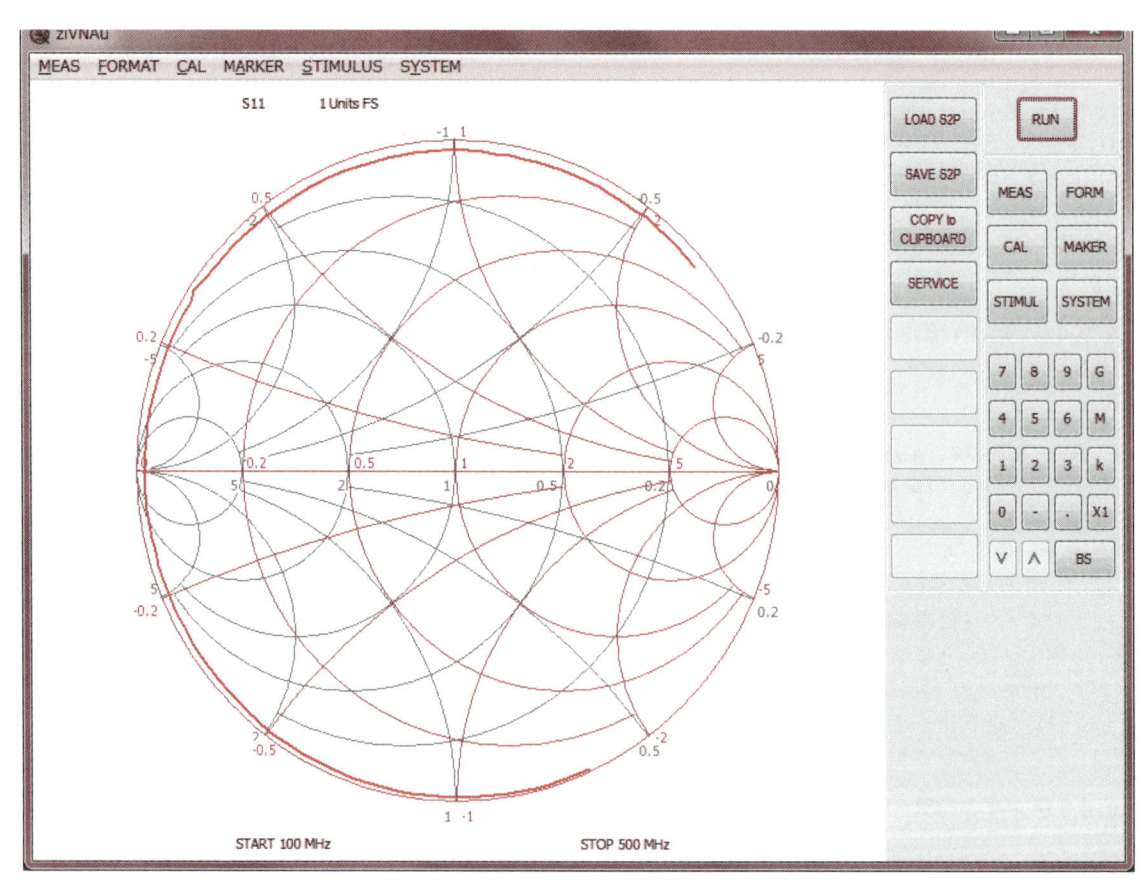

〈図6.22〉先端オープンのマイクロストリップ・ラインのS_{11}特性

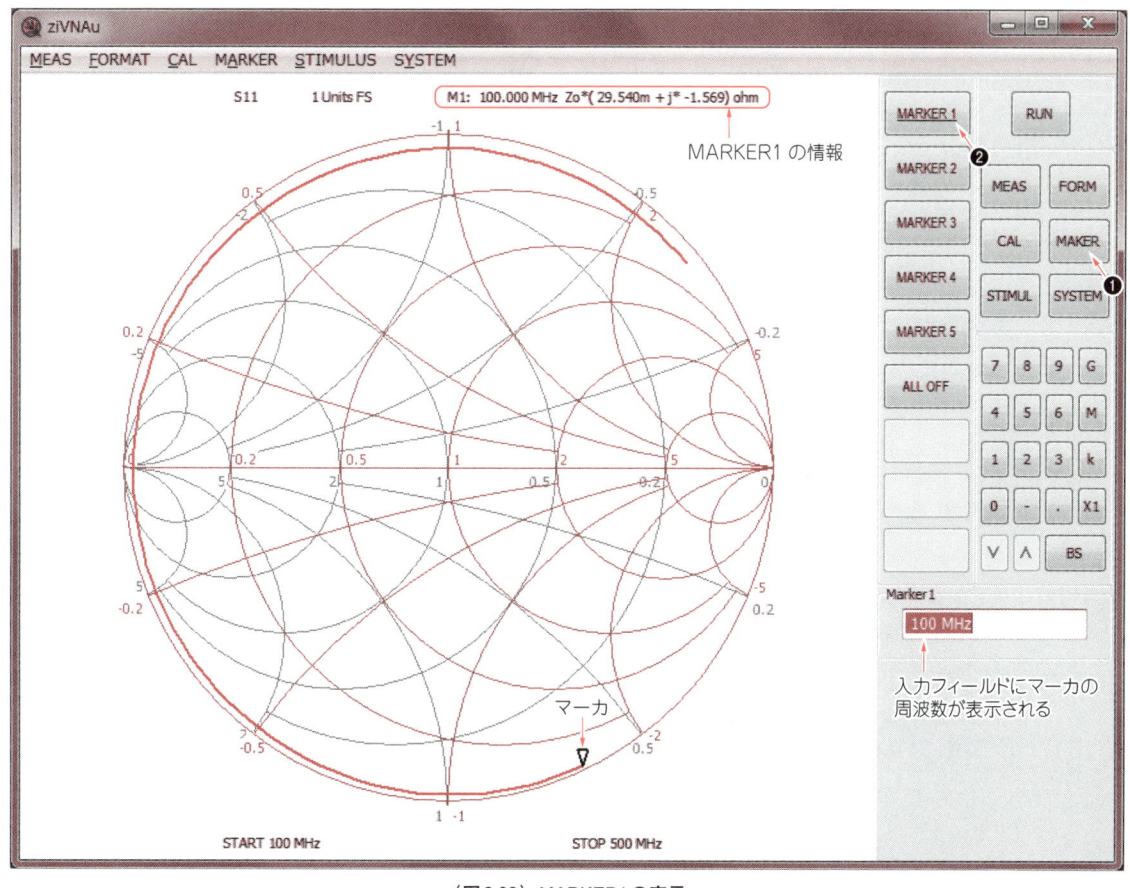

特集 作る！ベクトル・ネットワーク・アナライザ

〈図6.23〉MARKER1の表示

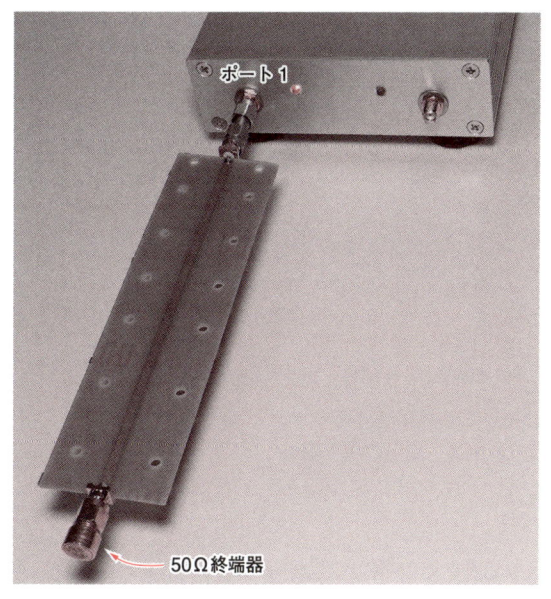

〈写真6.6〉マイクロストリップ・ラインを50Ωで終端する

タン群の一番上のボタン表示を確認します．［CORR ON S11 1-PORT］になっていれば校正は引き続きONの状態です．

表示をスミス・チャートからLOG MAGに変更します．メイン・ボタン群から［FORM］ボタンをクリックし，ファンクション・ボタン群の［LOG MAG］ボタンをクリックします．そして［RUN］ボタンをクリックすると測定が始まります．測定結果を**図6.24**に示します．このマイクロストリップ・ラインのリターン・ロスの性能は約42 dBというところです．

S_{11}を1-PORT校正しているので，S_{11}を測定している限り，DELAYを測定しても，SWRを測定しても，校正ONの状態は継続します．

以上で1-PORTの校正とS_{11}を測定するための一通りの操作に触れました．

6.5 各校正の操作手順

ここでは，1-PORT校正以外の操作手順を紹介します．用意する小物は，先の**写真6.2**に示したSMAメス Open/Short/Load/Thruの各標準器，SMAオス-オス中継コネクタ，そして両端SMAオス-コネクタ

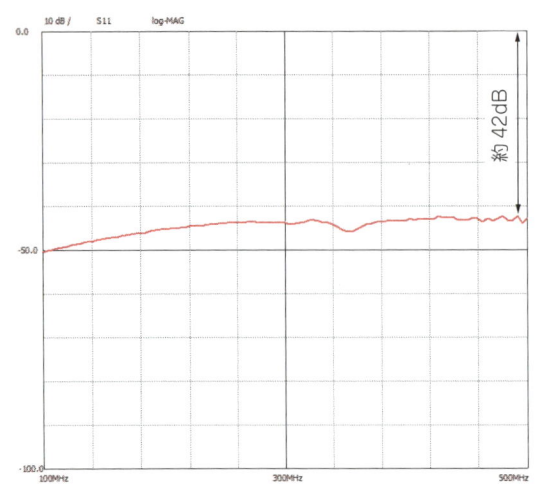

〈図6.24〉50Ωで終端したマイクロストリップ・ラインのS_{11}特性

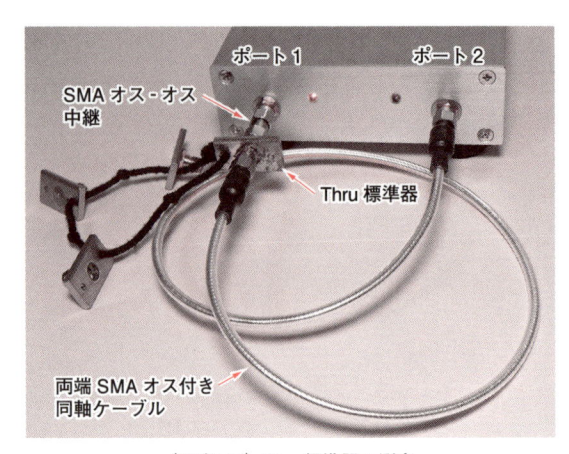

〈写真6.7〉Thru標準器の測定

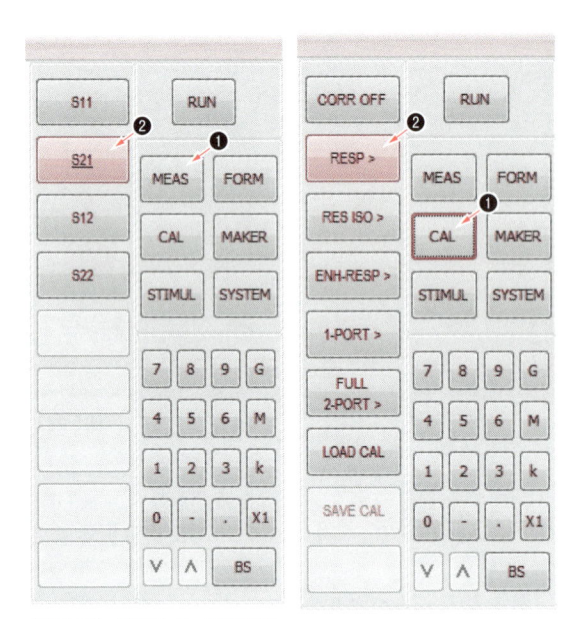

〈図6.25〉測定はS_{21}を選択する

〈図6.26〉校正はRESPを選択する

付き同軸ケーブルです．

ここではS_{11}とS_{21}の校正を紹介しますが，S_{11}をS_{22}に，S_{21}はS_{12}に置き換えて読めばS_{22}やS_{12}の校正操作手順になります．

■ 6.5.1 レスポンス校正（S_{21}）

S_{21}におけるレスポンス校正の操作手順です．校正のときに利用するグラフは，接続不良が判別しやすいLOG MAGが良いと思います．

● **CAL1：測定をS_{21}に変更**

メイン・ボタン群の［MEAS］ボタン（図6.25）をクリックし，ファンクション・ボタン群のS_{21}ボタンをクリックします．

● **CAL2：RESPの選択**

メイン・ボタン群の［CAL］ボタン（図6.26）をクリックし，ファンクション・ボタン群の［RESP］ボタンをクリックします．

● **CAL3：Thru標準器の測定**

写真6.7に示すようにポート1からSMAオス-オス中継コネクタ，Thru標準器，同軸ケーブルを経由してポート2に接続します．そして，ファンクション・ボタン群の［THRU］ボタン（図6.27）をクリックし，Thru標準器を測定します．

● **CAL4：校正の完了操作**

［DONE］ボタン（図6.27）をクリックして校正終了です．

■ 6.5.2 レスポンス&アイソレーション校正（S_{21}）

S_{21}におけるレスポンス校正に，アイソレーション校正を追加した校正です．校正のときに利用するグラフは，レスポンス校正と同様に，接続の不良が判別しやすいLOG MAGが良いと思います．

● **CAL1：測定はS_{21}を選択**

メイン・ボタン群の［MEAS］ボタンをクリックし，ファンクション・ボタン群の［S21］ボタンをクリックします．

● **CAL2：校正はRES ISOを選択**

メイン・ボタン群の［CAL］ボタンをクリックし，ファンクション・ボタン群の［RES ISO］ボタン（図6.28）をクリックします．

● **CAL3：Thru標準器の測定**

レスポンス校正と同様に，ポート1からSMAオス-オス中継コネクタ，Thru標準器，同軸ケーブルを経由してポート2に接続します．写真6.7がそのようすです．そしてファンクション・ボタン群の［THRU］ボタン（図6.29）をクリックし，Thru標準器を測定し

特集 作る！ベクトル・ネットワーク・アナライザ

ます．

● CAL4：アイソレーションの測定

写真6.8に示すように，ポート2へLoad標準器を接続します．そして，ファンクション・ボタン群の［ISOL'N］ボタン（図6.30）をクリックし，アイソレーションを測定します．

● CAL5：校正の完了操作

［DONE］ボタン（図6.30）をクリックしてRES ISO校正を完了します．

6.5.3 エンハンスト・レスポンス校正（S_{11}, S_{21}）

S_{11}とS_{21}両方の測定に補正する校正です．校正のときに利用するグラフは，校正中の測定グラフから標準器の接続ミスがわかりやすいスミス・チャートが良いと思います．

Thru標準器でポート1とポート2を接続するので，SMAオス・コネクタ付同軸ケーブルが必要です．

● CAL1：測定はS_{11}を選択

メイン・ボタン群の［MEAS］ボタンをクリックし，ファンクション・ボタン群の［S11］ボタンをクリックします．

● CAL2：校正はENH-RESPを選択

メイン・ボタン群の［CAL］ボタンをクリックし，ファンクション・ボタン群の［ENH-RESP］ボタン（図6.31）をクリックします．

● CAL3：Open標準器の測定

写真6.9に示すようにポート1へOpen標準器を接続します．そして，ファンクション・ボタン群の［OPEN］ボタン（図6.32）をクリックします．［OPEN］ボタンにアンダー・ラインが表示されたら測定終了です．

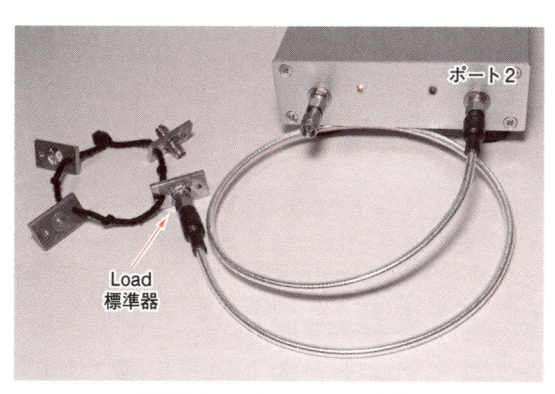

〈写真6.8〉アイソレーションの測定

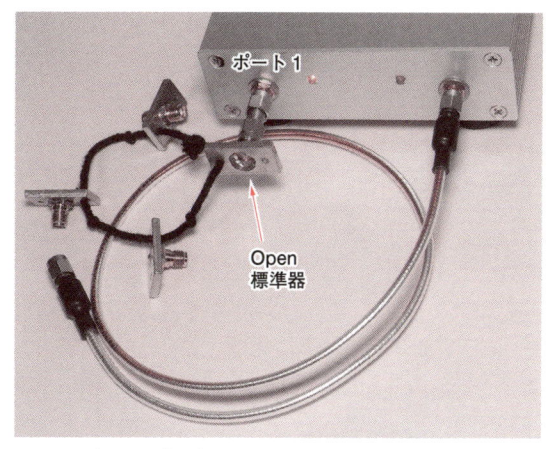

〈写真6.9〉ポート1のOpen標準器を測定する

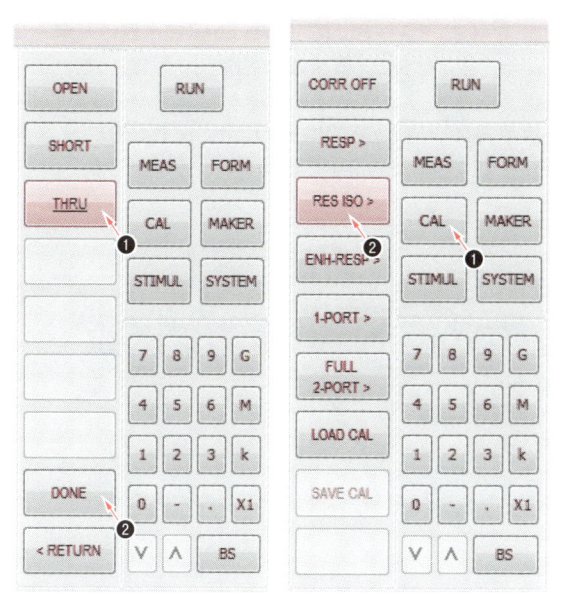

〈図6.27〉Thru標準器の測定と校正の完了操作

〈図6.28〉校正はRES ISOを選択する

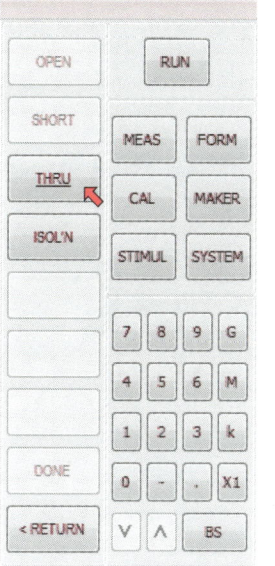

〈図6.29〉Thru標準器の測定

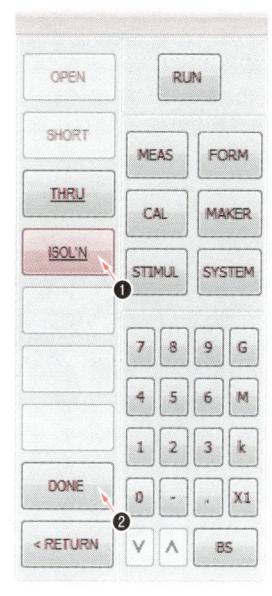

〈図6.30〉アイソレーションの測定と完了操作

● **CAL4：Short標準器の測定**

ポート1をShort標準器に交換し，［SHORT］ボタンをクリックします．要領はOpen標準器の測定と同じです．

● **CAL5：Load標準器の測定**

ポート1をLoad標準器に交換し，［LOAD］ボタンをクリックします．要領はOpen標準器の測定と同じです．

● **CAL6：Thru標準器の測定**

写真6.10に示すようにポート1をThru標準器に交換し，さらに同軸ケーブルを経由してポート2に接続します．そして［THRU］ボタンをクリックします．

● **CAL7：アイソレーションの測定**

写真6.11に示すようにポート2へLoad標準器を接続します．そして［ISOL'N］ボタン（図6.33）をクリックします．

● **CAL8：校正の完了操作**

［DONE］ボタン（図6.33）をクリックしてエンハンスト・レスポンス校正を完了します．

6.5.4 フル2ポート校正

S_{11}, S_{21}, S_{12}, S_{22}すべての測定を補正する校正です．校正のときに利用するグラフは，エンハンスト・レスポンス校正と同様に，校正中の測定グラフから標準器の種類の間違いがわかりやすいスミス・チャートが良いと思います．

Thru標準器でポート1とポート2を接続するので，SMAオス・コネクタ付き同軸ケーブルが必要になります．

測定するSパラメータはどれを選択しても大丈夫ですが，一応S_{11}を選択してください．この組み合わせでソフトウェアを検証していることが多いためです．

● **CAL1：校正はFULL 2-PORTを選択**

メイン・ボタン群の［CAL］ボタン（図6.34）をクリックし，ファンクション・ボタン群の［FULL 2-PORT］ボタンをクリックします．さらに，ファンクション・ボタン群の［REFLECT'N］ボタンをクリックします．

● **CAL2：FWD Open標準器の測定**

ポート1にOpen標準器を接続します．接続はエンハンスト・レスポンスと同じ（写真6.9）です．そして，［FWD OPEN］ボタン（図6.35）をクリックします．［FWD OPEN］ボタンにアンダー・ラインが表示されたら測定終了です．

● **CAL3：FWD Short，FWD Load標準器の測定**

ポート1をShort標準器に交換し，［FWD SHORT］ボタンをクリックします．そして，ポート1をLoad標準器に交換し，［FWD LOAD］ボタンをクリックします．要領はOpen標準器の測定と同じです．

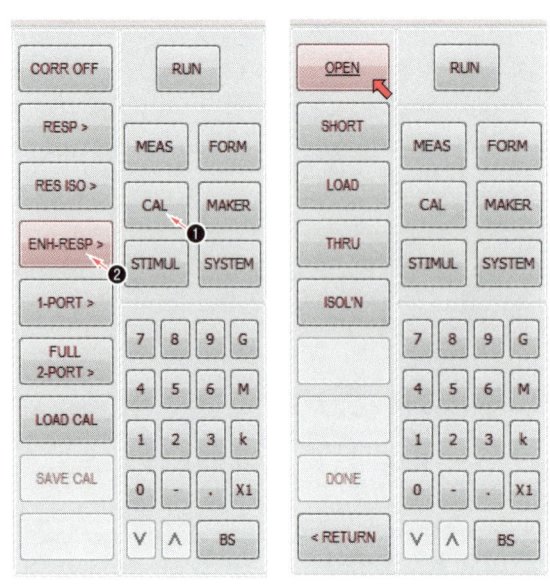

〈図6.31〉校正はENH-RESPを選択する

〈図6.32〉Open標準器の測定

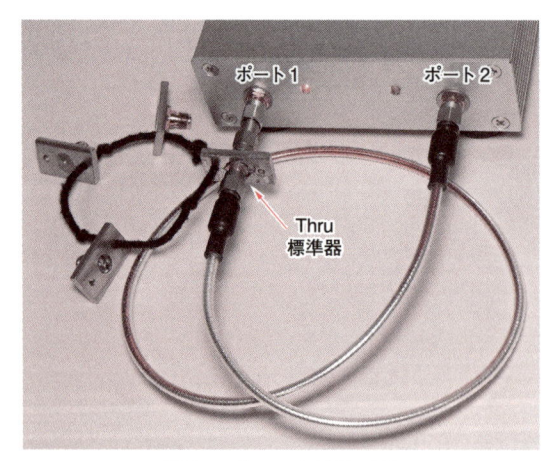

〈写真6.10〉Thru標準器の測定

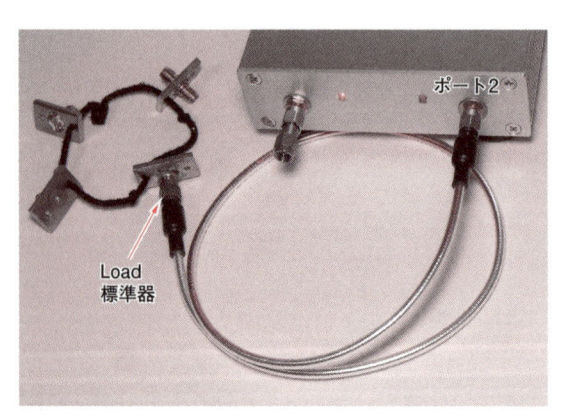

〈写真6.11〉ポート2のLoad標準器を測定する

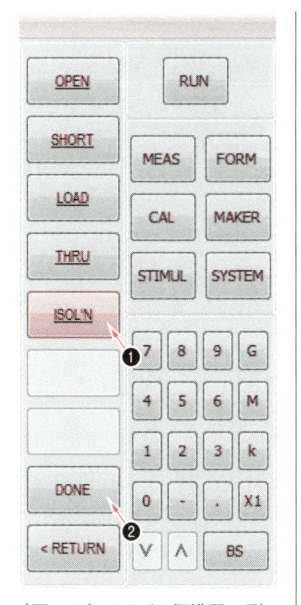

特集　作る！ベクトル・ネットワーク・アナライザ

〈図6.33〉ISOL'N標準器の測定

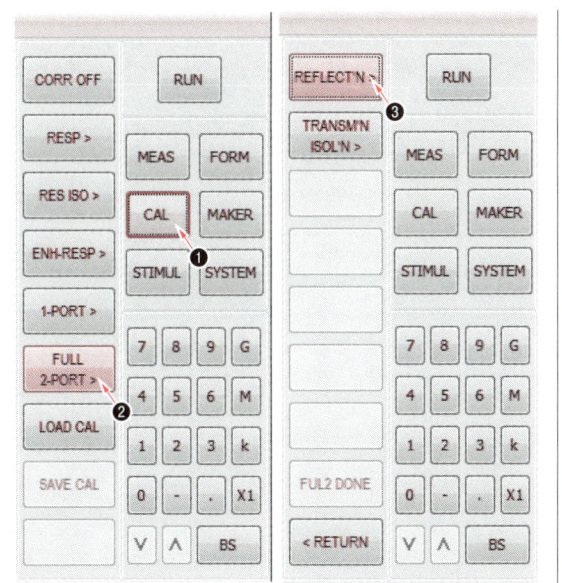

〈図6.34〉校正はFULL 2-PORTを選択する
（a）最初の画面
（b）次の画面

〈図6.35〉ポート1のOpen標準器を測定する

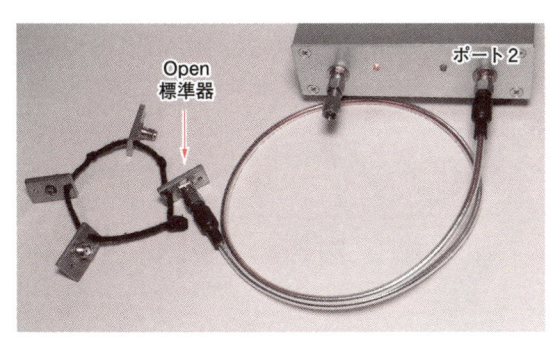

〈写真6.12〉ポート2のOpen標準器を測定する

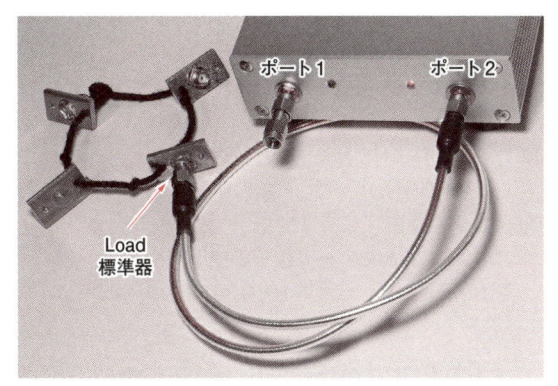

〈写真6.13〉ポート1のアイソレーション測定

● CAL4：REV Open，Short，Load標準器の測定

写真6.12に示すようにポート2へOpen標準器を接続します．そして［REV OPEN］ボタンをクリックします．次に，ポート2をShort標準器に交換し，［REV SHORT］ボタンをクリックします．そして，ポート2にLoad標準器を接続して［REV LOAD］ボタンをクリックします．

● CAL5：REFLECTIO'N測定の完了

FWD Openから全部で6個の測定を終えると［REFR DONE］ボタン（図6.36）がアクティブになります．［REFR DONE］ボタンをクリックしてOpen，Short，Load標準器による測定を完了します．

● CAL6：Thru標準器の接続

ファンクション・ボタン群の［TRANSM'N ISOL'N］ボタン（図6.37）をクリックします．そして写真6.10に示すように，ポート1とポート2の間にThru標準器を接続します．接続はエンハンスト・レスポンスと同じです．

● CAL7：Thru標準器の測定

ファンクション・ボタン群の［FWD TRANS THRU］ボタン（図6.38）をクリックします．次に，［FWD MATCH THRU］ボタンをクリックします．続いて［REV TRANS THRU］ボタンをクリックします．そして，［REV MATCH THRU］ボタンをクリックします．ここまで接続を変えずに行います．ここまで操作すると，［TRAN DONE］ボタンがアクティブになります．

もし，アイソレーションの測定を省略する場合は，［TRAN DONE］ボタンをクリックします．今回はアイソレーションも校正するので，この時点では［DONE］ボタンはクリックしません．

● CAL8：アイソレーションの測定

写真6.13に示すようにポート2へLoad標準器を接

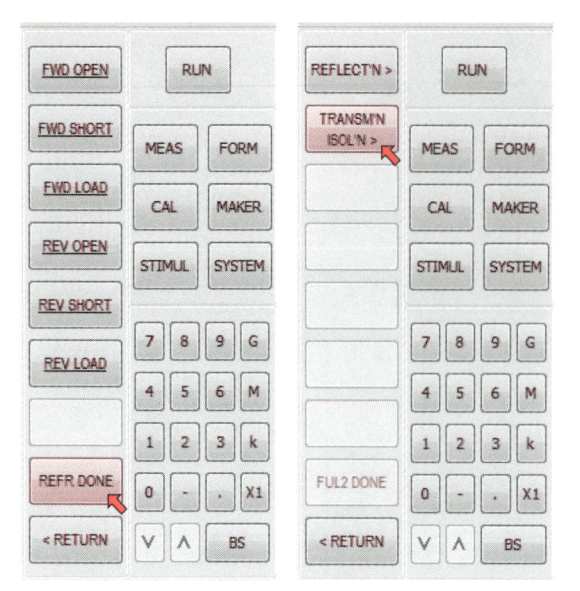

〈図6.36〉REFLECT'N校正の完了

〈図6.37〉TRANSMI'N ISOL'Nを選択する

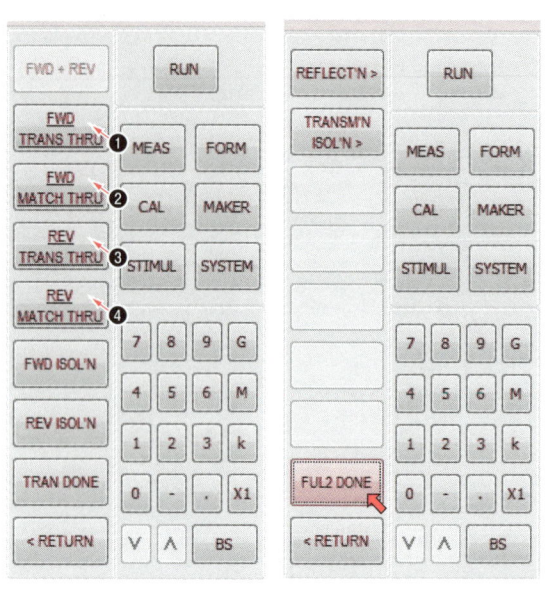

〈図6.38〉Thru標準器の測定

〈図6.39〉フル2ポート校正の完了操作

続します．そして［FWD ISOL'N］ボタンをクリックします．次に写真6.14のようにポート1へLoad標準器を接続します．そして［REV ISOL'N］ボタンをクリックします．

● CAL9：TRANS'N ISOL'N校正の完了

［TRAN DONE］ボタンをクリックしてTRANS'N ISOL'N測定を完了にします．

● CAL10：フル2ポート校正の完了

［FUL2 DONE］ボタン（図6.39）をクリックしてフル2ポート校正を完了します．

6.5.5 校正の補足説明

● 校正を選ぶポイント

▶アイソレーション校正

アイソレーション校正を選択できる場合，選択しない時よりダイナミック・レンジが良くなります．本ユニットの裸の特性が良いわけではないためと思われます．

▶S_{11}，S_{22}レスポンス校正と1ポート校正

S_{11}またはS_{22}のレスポンス校正では不十分に感じることがあると思います．これも本ユニットの裸の特性に関係します．それゆえ，S_{11}とS_{22}の測定には1ポート校正がお薦めです．

▶フル2ポート校正とエンハンスト・レスポンス校正

フル2ポート校正をした測定は，ポート1を信号源にして測定を行い，次にポート2に切り替えて測定を行い，それからグラフに特性を表示します．つまり時間が掛かります．S_{11}とS_{21}だけ測定する場合は，エンハンスト・レスポンス校正がお薦めです．

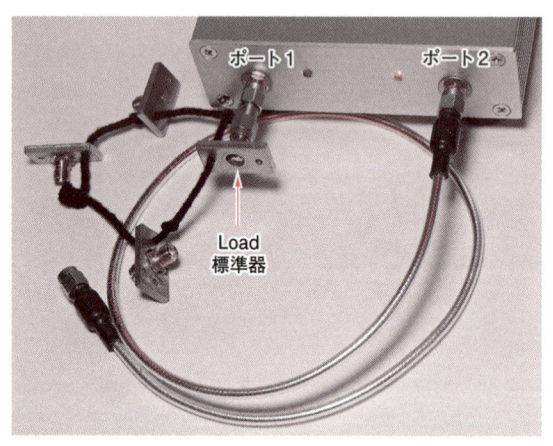

〈写真6.14〉ポート2のアイソレーション測定

● 校正のときに選択するグラフ

校正のときの表示グラフに制限はありません．例えばSWRを測定することが目的で1-PORT校正をする場合，スミス・チャートを表示していても問題ありません．校正が終わった後に目的のグラフに切り替えればOKです．

▶S_{11}やS_{22}の校正

S_{11}やS_{22}の校正には，スミス・チャートが良いと思います．それは，校正中の測定グラフから標準器の接続ミスがわかりやすいからです．例えば，Open標準器を測定するときはスミス・チャートの右側に寄っている結果が表示されるはずです．右側に寄っていなければ，ほかの標準器を間違えて接続したことがわかります．校正中の測定データは校正OFFの状態の測定結果になりますが，おおよその判別はできると思います．

▶ S_{21}やS_{12}の校正

S_{21}やS_{12}の校正のときに利用するグラフは，LOG MAGが良いと思います．S_{21}やS_{12}の校正は，スルー標準器を利用した伝達ロス0dB付近の測定をする校正なので，断線がわかりやすいと思います．

▶ 注意

校正中にほかのグラフに切り替えると，今まで校正してきた測定データがリセットされてしまいます．校正中はグラフを切り替えないでください．

● [RETURN]ボタンをクリックすると校正途中のデータはリセット

校正中に，ファンクション・ボタン群の[RETURN]ボタンをクリックして校正のメニューから抜け出してしまうと，校正途中の測定データはリセットされてしまいます．再び同じ校正画面に戻って来たときに各ボタンのアンダー・ラインが消えているので，途中まで実施した校正のデータがリセットされたことがわかると思います．

● 最後に必ず[DONE]ボタンをクリックする

[DONE]ボタンをクリックすることで，そのファンクション・ボタン群の測定が確定し，測定した校正データは有効になります．[DONE]ボタンを押さないと，校正データはリセットされてしまいます．

● 標準器の校正順番

標準器を校正する順番に指定はありません．

例えば，1-PORT校正の説明では，Open標準器の測定を最初に行いましたが，最後でも問題ありません．クリックするボタンと対応する標準器を間違えなければ，順番はありません．

● 同じボタンを2回しても問題ない

校正中に話しかけられたりすると，どの標準器まで測定したかわからなくなることもあると思います．アンダー・ライン表示されているボタンをもう一度クリックして測定しても問題ありません．最後に測定したデータが有効になります．

● 校正の前にSパラメータを選択

▶ レスポンス校正と1ポート校正

校正をする前に対象のSパラメータの測定をする状態にしてください．例えばS_{22}を測定する状態でS_{11}の校正はできません．

▶ エンハンスト・レスポンス校正

エンハンスト・レスポンス校正は，S_{11}とS_{21}で一組です．また，S_{22}とS_{12}で一組です．S_{11}とS_{21}の組み合わせを校正するときは，校正前にS_{11}またはS_{21}どちらかを測定する状態にしてください．S_{22}とS_{12}の組み合わせは，S_{22}またはS_{12}どちらかを測定する状態にしてください．

▶ フル2ポート校正

どのSパラメータを測定する状態でも問題にならないようにプログラムを作ったつもりですが，一応，校正前にS_{11}を測定する状態にしてください．S_{11}に設定した状態でプログラムの検証をすることが多いためです．

6.6 ユニットを壊さないための注意事項

6.6.1 ポート1とポート2

● 耐入力

0dBmを入力しても壊れたことはありませんが，それを超える入力は経験がありません．壊れるとすると，DDS-RF(IC_{10})だと思います．

ポートから接続しているのはミキサ(SA612A)とDDS-RF(IC_{10})です．ミキサは入力専用でしかもポートからミキサ入力まで35dBの減衰があります．それに対してDDS-RFは信号を出力していて，結構ぎりぎりまで絞り出しています．そこに逆流でICに信号が流れ込むわけです．ポートからDDS-RFまでは8dB減衰しますが，ミキサより不利だと思います．

-15dBmを超えるとA-Dコンバータの入力が飽和するので正しい測定はできません．

● 静電気

静電気の保護回路を設けていません．サイズの大きいアンテナ(HF帯のアンテナなど)をポートに接続するときは，事前に必ず静電気を逃がしてください．これもDDS-RFを壊す恐れがあります．

● DC入力

ポートはDC的に50Ωでグラウンドに落ちています．これはブリッジ回路によるものです．DCをポートに加えると，ブリッジ回路の固定抵抗器(1/10W)を損傷する恐れがあります．必ずDCカットしてからポートに接続してください．

6.6.2 USB 5V

プラスとマイナスを逆に接続したときの保護回路は設けていません．実験用電源から供給するような時は極性を注意してください．

とみい・りいち
祖師谷ハム・エンジニアリング

特集

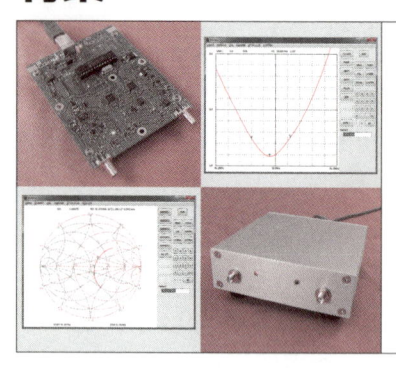

第7章　フィルタや水晶発振子の周波数特性，アンテナのマッチング，トランジスタのSパラメータ

受動部品，アンテナ，高周波トランジスタの測定

富井　里一
Tommy Reach

7.1　455 kHzセラミック・フィルタの測定

中心周波数455 kHzのセラミック・フィルタCFULA455KG1A-B0（村田製作所）を測定します．図7.1はその形状やスペックと特性グラフの抜粋です．ここでは，三つの項目（40 dB減衰帯域幅，6 dB帯域幅，群遅延特性）を測定して，本格的なVNAである8753D（キーサイト・テクノロジー社）と比較します．

セラミック・フィルタはサトー電気（下記URL）で購入しました．

http://www.maroon.dti.ne.jp/satodenki/index.html

■ 7.1.1　治具

455 kHzのセラミック・フィルタは全般的に入出力インピーダンスが50 Ωよりはるかに高く，50 Ωを直接フィルタに接続するとバンド・パス特性が崩れてしまいます．そのためにVNAのポート・インピーダンス（50 Ω）をどのような方式で変換するかを検討します．対象とするDUT（セラミック・フィルタ）の入出力インピーダンスは2 kΩです．

もう一つ検討したいことは，測定後に本来使用したいユニットにはんだ付けしたいので，DUTをはんだ付けしないで測定できる構造です．はんだ付けした部品を壊す心配をしながら基板から取り外すのを避けたいからです．

● インピーダンス変換の方式の検討
▶抵抗マッチング

図7.2に示すようにDUTとVNAの間に抵抗1.95 kΩを直列接続すれば，DUTから見たインピーダンスは2 kΩになります．しかし，VNAから見ると，32.2 dBもロスしてしまい，ダイナミック・レンジは不利になります．測定したいのは40 dB減衰の帯域幅ですが，ziVNAuのダイナミック・レンジ約75 dBとフィルタの挿入損失6 dBを考慮すると，測定したい

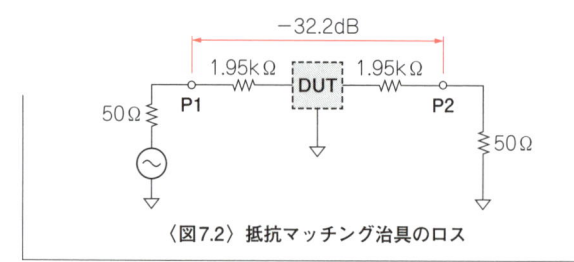

〈図7.2〉抵抗マッチング治具のロス

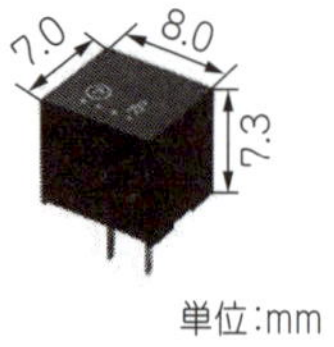

項　目	記号	値など
素子数	−	4
中心周波数	f_c	455 kHz
6 dB帯域幅	B_6	$f_c \pm 4.5$ kHz以上
減衰帯域幅	B_a	10.0 kHz
減衰帯域幅規定条件	−	40 dB内
挿入損失	−	最小点6.0 dB
リプル	−	1.5 dB ($f_c \pm 3$ kHz内)
入出力インピーダンス	Z_{io}	2 kΩ

（a）外形　　（b）ピン配置　　（c）スペックの抜粋　　（d）周波数特性グラフ

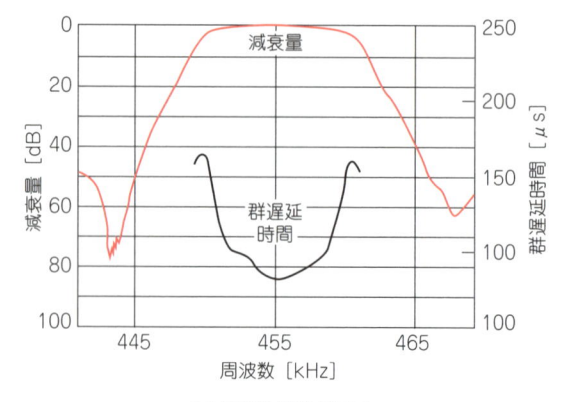

〈図7.1〉[1] 中心周波数455 kHzのセラミック・フィルタCFULA455KG1A-B0の外形や電気的特性の概要（村田製作所）

特集　作る！ベクトル・ネットワーク・アナライザ

－40 dBは，ノイズ・フロアより3.2 dB低いため測定できません．

▶IFT（455 kHz用の同調トランス）

狭帯域な周波数特性はVNAの校正で吸収するとして，10 mm角のAMラジオ用IFT（サトー電気で購入）を利用してDUTの入出力インピーダンスに合わせることにします．

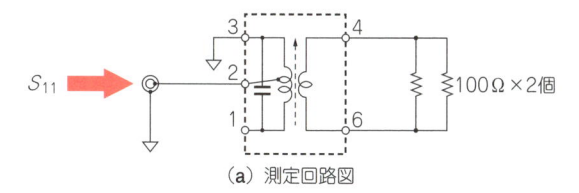

ここでは，3種類（白コア，黒コア，黄コア）の異なる巻き数比をもつIFTの中から，S_{11}を測定して，2 kΩに一番近いIFTを選択することにします．図7.3はIFTのインピーダンスの測定回路と測定結果です．黄の2-3番ピンを利用すると2 kΩに一番近い（測定値1.7 kΩ）ため，黄IFTを治具に採用します．2 kΩに足りない分はIFTとDUTの間に300 Ωを入れます．

ポート1側とポート2側それぞれに300 Ωが必要ですが，1.7 kΩに対して300 Ωを2個挿入してもロスは1.6 dBなので無視できます．

写真7.1はIFTのインピーダンスを測定するために製作した基板です．

● はんだ付けしない構造

図7.4はDUTを測定する治具の回路図です．また写真7.2はその治具の外観です．

ICソケットにセラミック・フィルタの足が偶然収まったので，ICソケットを利用して，校正用の入出力ショート・ジャンパとDUTを交換できる構造にし

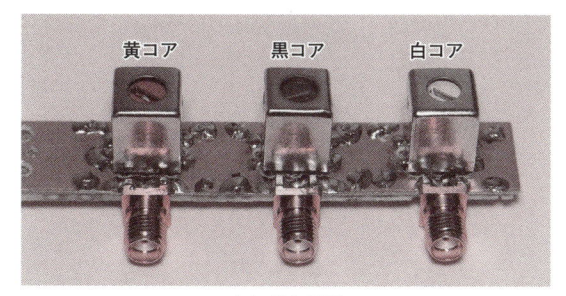

(a) 測定回路図

IFT 種類	測定ピン		4-6間 巻き数	インピーダンス*[Ω]	備考
	ピン番号	巻き数			
白コア	3-2	47	7	3.5 k + j 0	
白コア	1-2	109	7	17 k + j 0	
黄コア	3-2	35	7	1.7 k + j 0	治具に採用
黄コア	1-2	121	7	未測定	
黒コア	3-1	156	37	930 + j 0	

*：455 kHzでリアクタンスをゼロに調整した時のインピーダンス

(b) 測定結果

〈図7.3〉IFTのインピーダンス測定

(a) おもて面

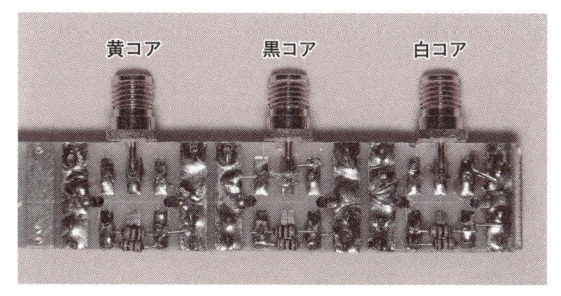

(b) うら面

〈写真7.1〉IFTのインピーダンス測定基板

(a) 部品面

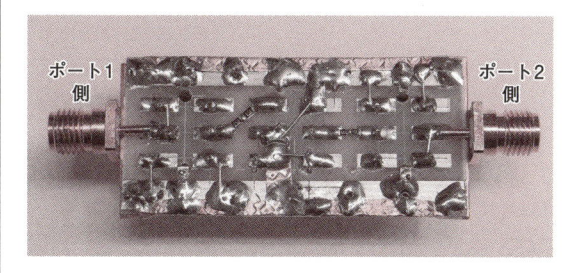

(b) 箔面

〈写真7.2〉DUTを測定する治具の外観

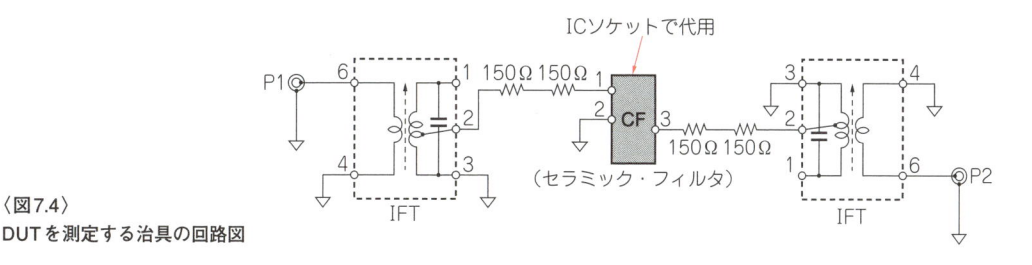

〈図7.4〉DUTを測定する治具の回路図

ます．ショート・ジャンパの長さ約5 mmは，455 kHzの周波数に対して電気長を無視できる長さです．これではんだ付けなしで測定ができます．

IFTのコアは次のように調整します．DUTの代わりに2 kΩの固定抵抗器をICソケットのピンに挿入して終端し，その2 kΩの両端をオシロスコープで観測しながら波形が最大になるようにコアを調整します．

■ 7.1.2 設定と校正

● ziVNAu

PCアプリ（ziVNAu.exe）の起動直後から設定変更する項目と値，そして8753Dの設定値を**表7.1**にまとめました．8753Dとできるだけ同じ条件にしています．

8753Dはアベレージ16回に設定します．ziVNAuでそれに近い機能は［DSP］ボタンの中で設定するMeas Samples数です．数を増やすと平均するデータ数が増えるので，8753Dのアベレージの代用にします．

校正の種類は，RESP（レスポンス校正）の中のTHRU（スルー校正）を選択します．

校正のやり方は，次のとおりです．まず**写真7.3**のようにziVNAuユニットのポート1とポート2の間に治具を接続します．そして，DUTの入出力をジャンパでショート（**写真7.4**）します．そして，メイン・ボタン群の［CAL］ボタンをクリックし，ファンクション・ボタン群の［RESP］ボタンをクリックし，［THRU］ボタンをクリックします．そして最後に［DONE］ボタンをクリックして校正を終了します．

ジャンパを取り除いてDUTを挿入し，測定できる状態（**写真7.5**）にします．

● 8753D

先に触れたようにアベレージは16回に設定して測

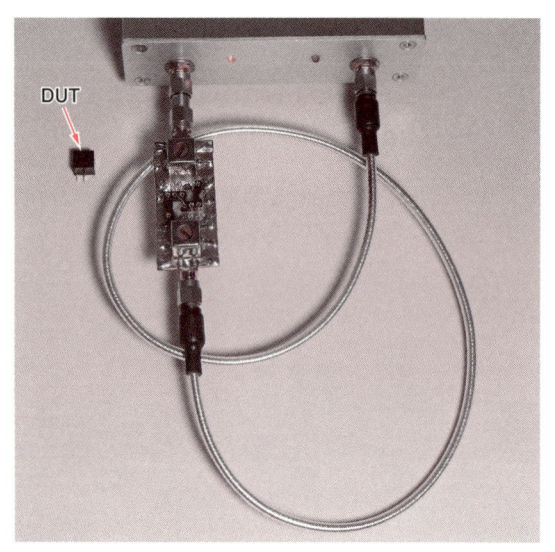

〈写真7.3〉治具を接続したようす

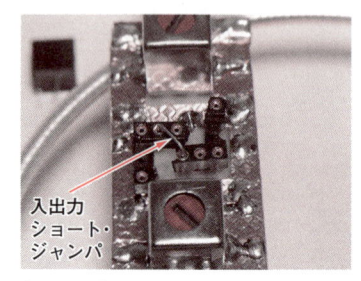

〈写真7.4〉DUTの入出力間をジャンパでショートする

〈表7.1〉455 kHzセラミック・フィルタ測定の設定値

測定器	設定		測定項目		
			40 dB帯域幅	6 dB帯域幅	群遅延時間
ziVNAu	MEAS		S21		
	FORM		LOG MAG		DELAY
	STIMUL	CENT	455 kHz		
		SPAN	50 kHz	20 kHz	10 kHz
		POINTS	401		
		DSP	Heavy		
	CAL		THRU		
8753	MEAS		S21		
	FORM		LOG MAG		DELAY
	STIMULUS	CENT	455 kHz		
		SPAN	50 kHz	20 kHz	10 kHz
		POINTS	401		
		POWER	−17 dBm		
	AVG		16		
	CAL		THRU		
	CAL KIT		7 mm		

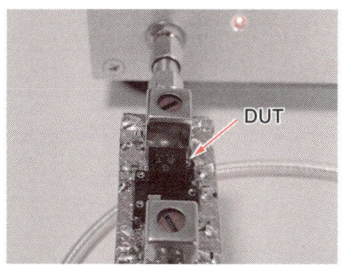

特集　作る！ベクトル・ネットワーク・アナライザ

〈写真7.5〉DUTとしてセラミック・フィルタを挿入する

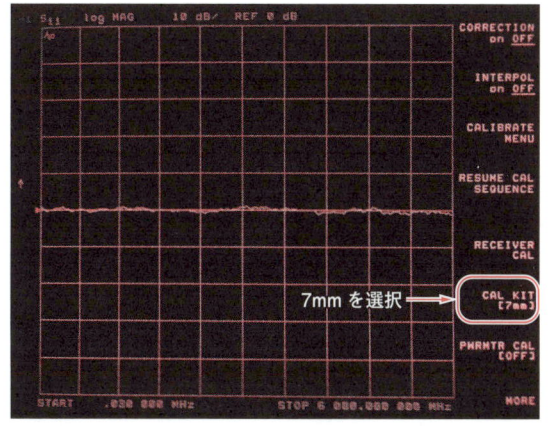

〈写真7.6〉CAL KITとして7 mmを選択する（8753Dの画面）

定波形を落ち着かせます．

　CAL KITは7 mm（**写真7.6**）を選択します．7 mmコネクタを使用するわけではありませんが，7 mmのCAL KITを選択する理由は，OpenやShortの位置が校正基準面と一致しているので，自作治具を利用するときは7 mmが一番良いと思います．逆にほかのCAL KITを選択すると，OpenやShortの位置が校正基準面と異なるので，自作治具で校正したにもかかわらずDUTを測定すると位相が思ったように回らないなどの状態になる可能性があります．

■ 7.1.3 測定結果

　写真7.7は8753Dによる測定のようすです．
　測定結果を以下に示します．
- 40 dB減衰帯域幅：図7.5
- 6 dB帯域幅と挿入損失：図7.6
- 群遅延時間：図7.7

いずれも8753Dと同じ特性を示します．

■ 7.1.4 考察

● ziVNAuと8753Dの比較

　ziVNAuと8753Dは，同じ測定結果だといってもいいと思います．**表7.2**は測定値を表にしたものです．測定値で比較しても，ほぼ一致しています．

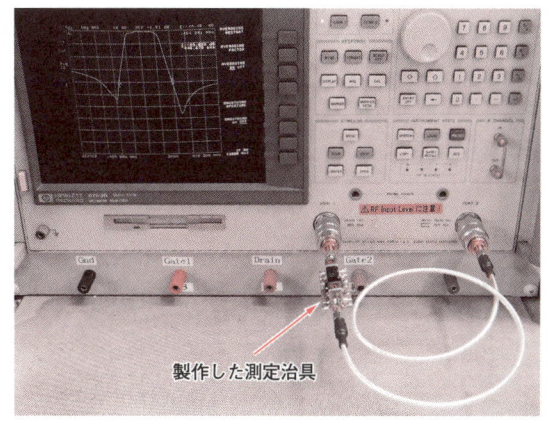

〈写真7.7〉セラミック・フィルタを8753Dで測定しているようす

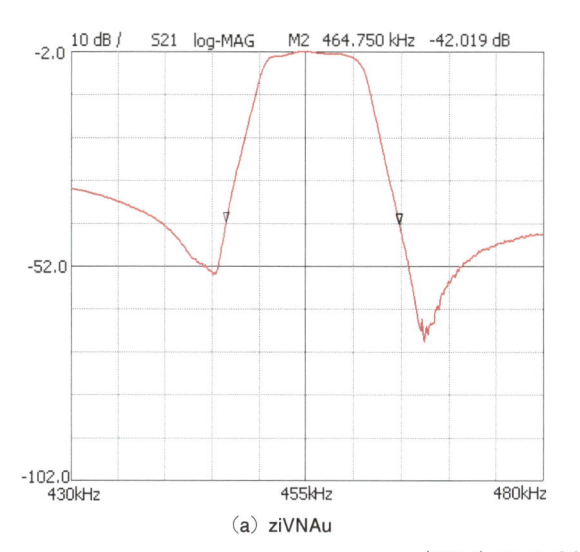

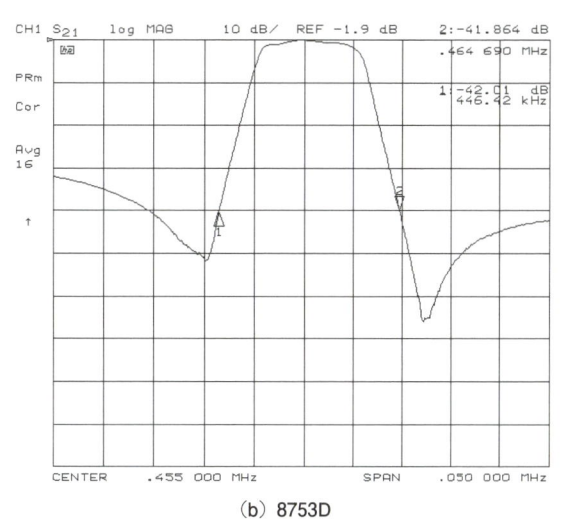

(a) ziVNAu

(b) 8753D

〈図7.5〉40 dB減衰帯域幅の測定結果

RFワールド No.35　　91

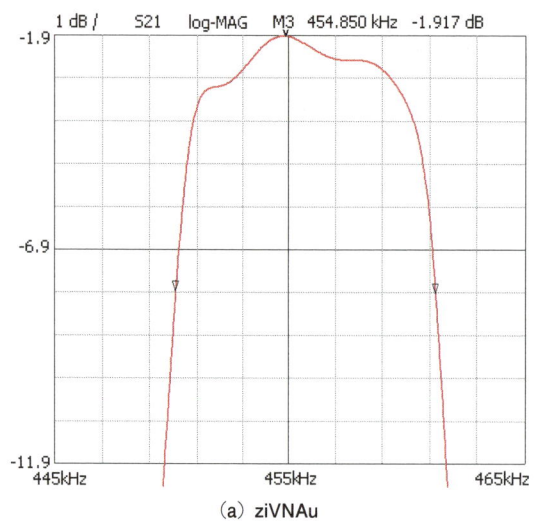

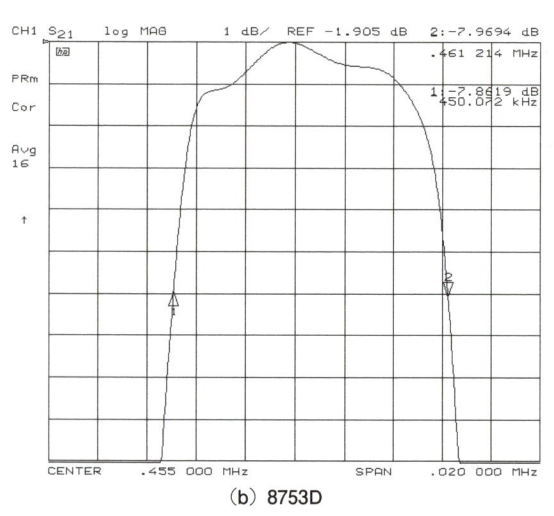

〈図7.6〉6 dB帯域幅の測定結果

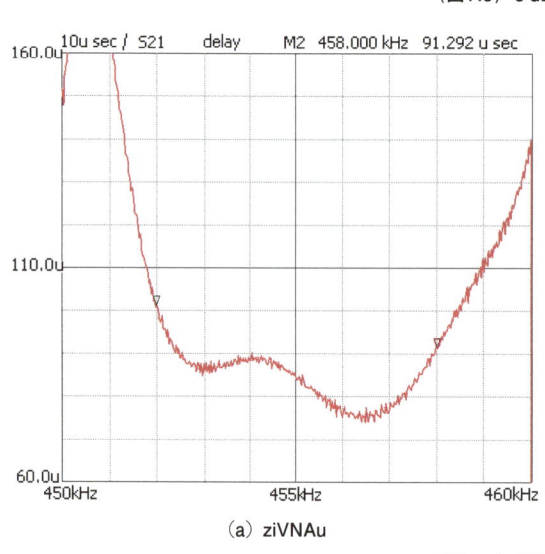

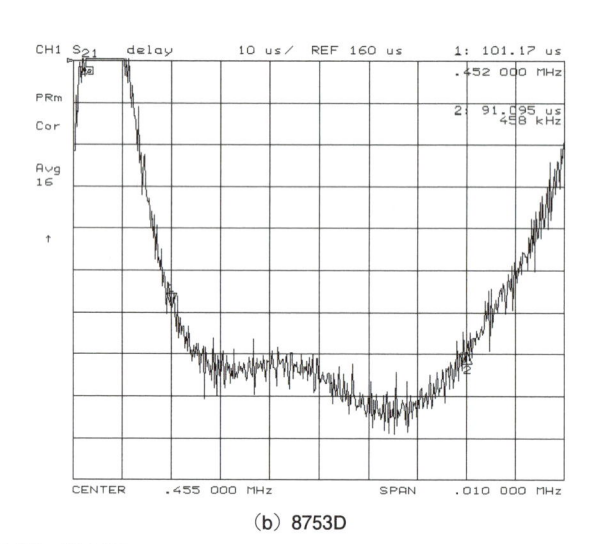

〈図7.7〉群遅延時間の測定結果

〈表7.2〉ziVNAuと8753Dの測定結果の比較（455 kHzセラミック・フィルタ）

測定項目	単位	ziVNAu	8753D
40 dB減衰周波数	kHz	446.50	446.47
	kHz	464.75	464.66
40 dB減衰帯域幅	kHz	18.25	18.19
6 dB減衰周波数	kHz	450.10	450.07
	kHz	461.25	461.27
挿入損失	dB	1.917	1.905
群遅延時間 @452 kHz（−3 kHz）	μs	101.53	101.17
群遅延時間 @458 kHz（+3 kHz）	μs	90.086	91.095

● メーカの周波数特性グラフと比較
▶ $f_c - 15$ kHzの減衰量が不足
　中心周波数(f_c)から−15 kHz離調した点の減衰量は，図7.8のようにメーカのカタログに記載された特

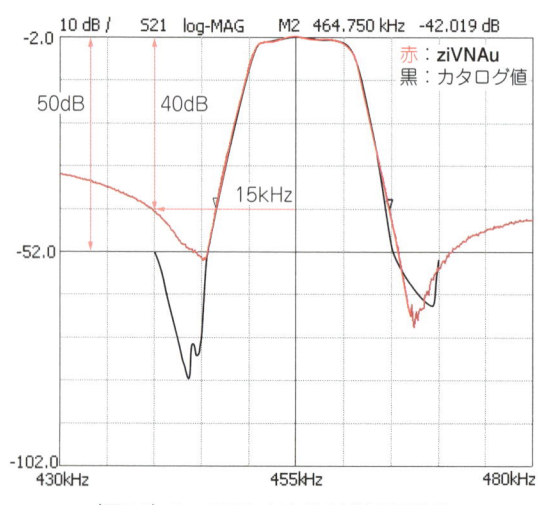

〈図7.8〉$f_c - 15$ kHzにおける減衰量の比較

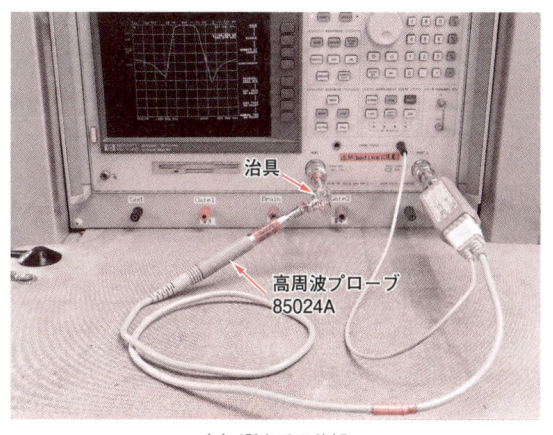

特集 作る！ベクトル・ネットワーク・アナライザ

〈写真7.8〉(a) 測定系の外観 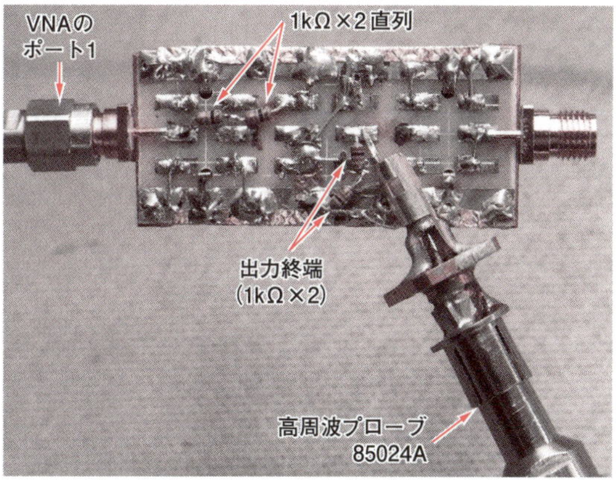　(b) 治具の拡大　抵抗マッチング方式の評価回路で測定するようす

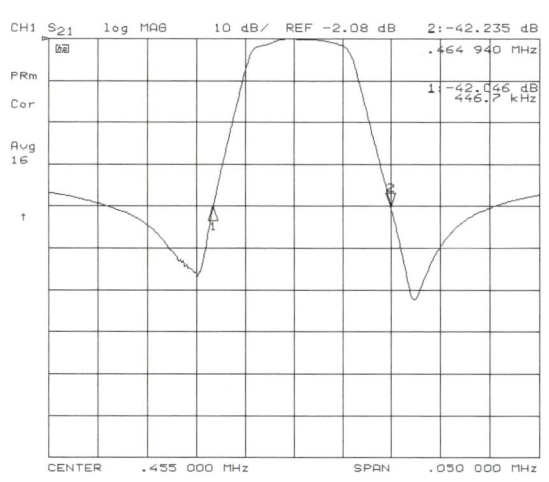

〈図7.9〉治具をメーカ評価回路と同じ回路に改造して8753Dで測定したフィルタ特性

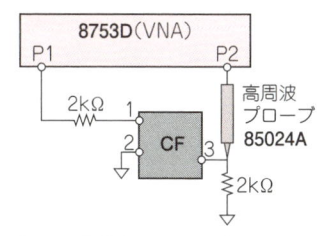

〈図7.10〉抵抗マッチング方式のフィルタ評価回路

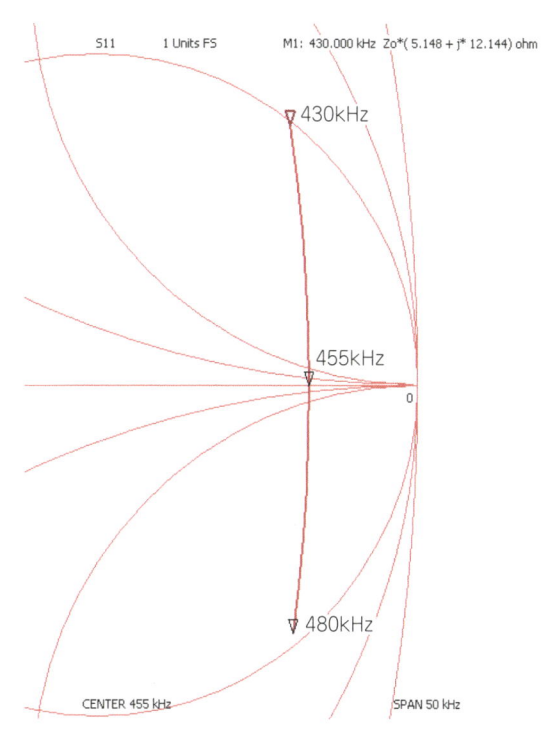

〈図7.11〉黄IFTのS_{11}特性（スパン50 kHz）

性グラフに比べて測定値は約10 dB浮いています．

試しに，治具をメーカ評価回路と同じ抵抗マッチング方式に改造して8753Dで測定した結果が図7.9です．測定回路は図7.10で，写真7.8は測定のようすです．$f_c - 15$ kHzの減衰量は44 dBまで改善しました．また，中心周波数を境に左右対称の減衰量になりました．どうやら$f_c - 15$ kHzにおける減衰量不足の原因の一つはIFTにあるようです．

図7.11は黄IFTのS_{11}の周波数特性です．周波数特性からインピーダンスを計算したものが表7.3です．IFTインピーダンスの測定回路（図7.3）を利用して測定しました．中心周波数455 kHz以外は2 kΩから離れていることがわかります．これが原因と思います．そして，校正ではこれを吸収できなかったようです．IFTの共振Qをもっと下げることで改善するように思いますが，10 mm角のボビンに手で巻くことになりそうです．

▶ $f_c \pm 15$ kHzの減衰量不足

治具をメーカと同じ抵抗マッチング方式に改造して

〈表7.3〉黄IFTのインピーダンス測定結果

周波数 f [kHz]	抵抗 R [Ω]	リアクタンス X [Ω]
430	257	607
435	372	702
440	568	802
445	906	849
450	1399	653
455	1706	4.05
460	1411	−651
465	927	−854
470	593	−816
475	396	−722
480	279	−632

も f_c − 15 kHzの減衰量は,メーカの特性グラフよりまだ6 dB不足しています.これはDUTの入出力間にグラウンド・パターンがないことが原因とみています.というのも,DUT周辺のグラウンド・パターンを手で触ると±15 kHz付近の減衰量がフラフラ変動するからです.

● まとめ

ziVNAuと8753Dの比較は,同じ治具を利用すれば,低い周波数の助けもありますが,測定結果は同じといえると思います.

今回の治具は,IFTが狭帯域のためにSPAN 20 kHzを越える周波数の評価には向いていないようです.

7.2 水晶発振子の測定

水晶発振子は,f_r(直列共振周波数)とf_a(並列共振周波数)の狭い周波数の間でリアクタンスがL性(誘導性)になります.発振回路はこのf_rとf_aの間を利用して安定した発振周波数を得ます.f_rおよびf_aとS_{21}の関係を図7.12に示します.S_{21}の位相が0°になる周波数がf_rとf_aです.これを実際に測定します.

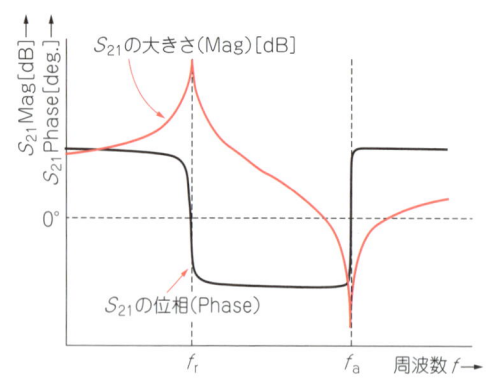

〈図7.12〉直列共振周波数f_rや並列共振周波数f_aとS_{21}の関係

水晶発振子の測定にπネットワーク治具を利用したやり方があります.図7.13はπネットワーク治具の回路です.3個の抵抗器で構成するインピーダンス変換部で,50 Ωを12.5 Ωまで下げてから水晶発振子に接続します.ここで14.8 dB減衰します.ポート1からポート2にたどり着くまでに二つのインピーダンス変換部を通るので29.6 dB減衰してしまいます.ziVNAuユニットのダイナミック・レンジ約75 dBから29.6 dBが奪われてしまうと心細いので,試しに50 Ωを水晶発振子に直接接続してf_rとf_aを測定することにします.そして,πネットワーク治具を利用した方法の測定結果も合わせて比較します.f_rとf_aはS_{21}の位相が0°になる周波数を読み取ります.

測定対象の水晶発振子は写真7.9に示すHC-49/Uケースのもので,公称周波数7159.090 kHzです.

πネットワーク治具を組み合わせた通常の測定構成には,キーサイト社のVNA(4396B)と三生電子社のπネットワーク治具(PIC-001)で測定します.

■ 7.2.1 治具の検討

この測定は位相0°の周波数を読み取るので,校正基準面の位相を0°にする必要があります.また,S_{11}のようにインピーダンスを測定しませんから,校正はセラミック・フィルタの測定と同様にS_{21}のスルー校正(Thru)を選択します.

治具は,455 kHzセラミック・フィルタの測定で利用したショート・ジャンパ方式でも問題なく利用でき

〈写真7.9〉測定対象の水晶発振子
(7159.090 kHz, HC-49/U)

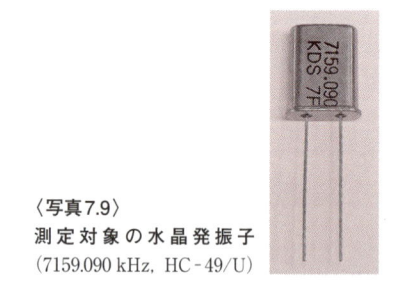

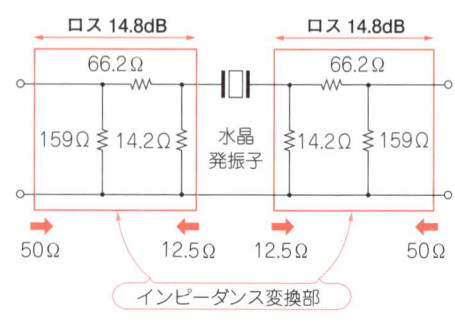

〈図7.13〉[(2)] 水晶発振子を測るためのπネットワーク治具

特集　作る！ベクトル・ネットワーク・アナライザ

（a）測定用基板（部品面）
（b）測定用基板（うら面）
（c）スルー校正用基板

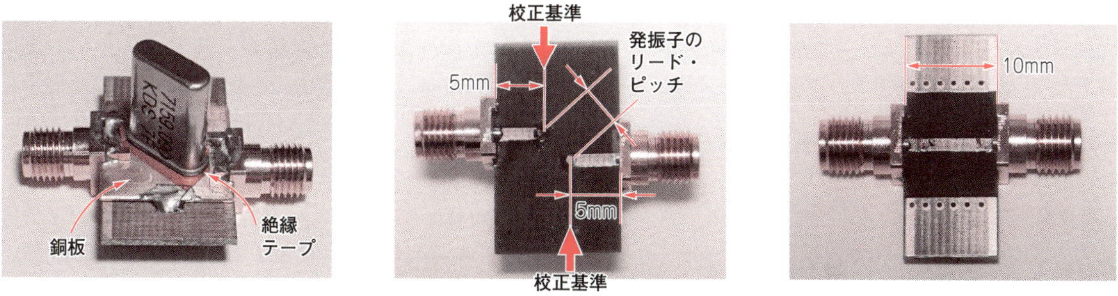

〈写真7.10〉水晶発振子の測定用基板とスルー校正用基板

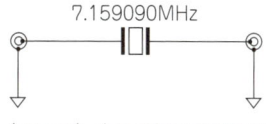

〈図7.14〉水晶発振子を測定する基板の回路

ると思います．それは，測定周波数に対してジャンパの電気長が十分無視できるほど短いからです．しかし，別のやり方も紹介したいので，ここでは**写真7.10**にある二つの基板を利用します．一つは，**写真(a)(b)** に示す水晶発振子の測定基板です．これはSMAコネクタから水晶発振子のリードまでマイクロストリップ・ライン（長さ5mm）で構成されています．もう一つは**写真(c)** に示す，10mm長のマイクロストリップ・ラインで構成される，スルー校正用基板です．この基板を利用して校正することで，SMAコネクタから5mmのマイクロストリップ・ラインのところを校正基準面にすることができます．DUTのリードの位置で位相0°に校正する確度はショート・ジャンパより良くなります．

反面，プリント基板に水晶発振子をはんだ付けする必要があります．複数のDUTがあるときは，その数だけプリント基板を用意する方式です．

写真ではわかりにくいかもしれないので，水晶発振子を実装する基板の回路図を**図7.14**に示します．π形の回路など無く，水晶発振子を直接VNAの二つのポートに接続します．**写真7.10(a)** に映る銅板は，スペーサとして利用しています．基板のエッジにSMAコネクタを取り付けるのに，ちょうどよい基板厚は1.6mmですが，この基板は少し薄いために銅板を入れて，厚み1.6mmに調整しています．また，銅板の上に絶縁テープを貼って水晶発振子のケースと接触しないようにしています．

■ 7.2.2 設定と校正

● ziVNAu
　表7.4は，PCアプリ（ziVNAu.exe）を起動直後から設定変更する値と，8753Dの設定値をまとめたものです．

校正をするときは，**写真7.11**に示すようにziVNAuユニットのポート1とポート2の間にスルー校正用基板を接続して，スルー校正を行います．セラミック・

〈表7.4〉水晶発振子（7.159 MHz）測定の設定値

測定器	設定		測定項目や条件
ziVNAu	MEAS		S21
	FORM		LOG MAG
	STIMUL	CENT	7.159 MHz
		SPAN	50 kHz
		POINTS	401
		DSP	Heavy
	CAL		THRU
8753D	MEAS		S21
	FORM		LOG MAG
	STIMULUS	CENT	7.159 MHz
		SPAN	50 kHz
		POINTS	401
		POWER	−17 dBm
	AVG		16
	CAL		THRU
	CAL KIT		7 mm

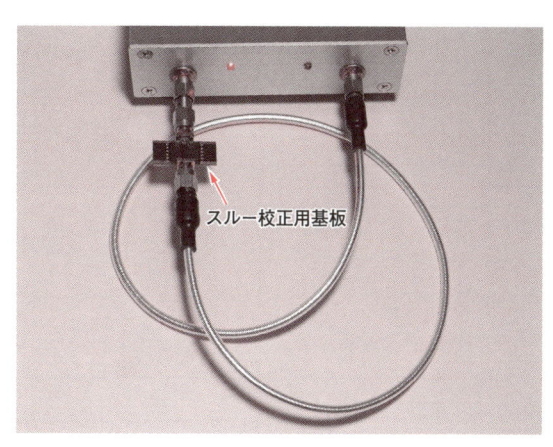

〈写真7.11〉スルー校正用基板を接続したようす

フィルタと同じ校正です．

測定するときは，スルー校正用基板を取り除き，**写真7.12**のように水晶発振子の測定基板を接続します．

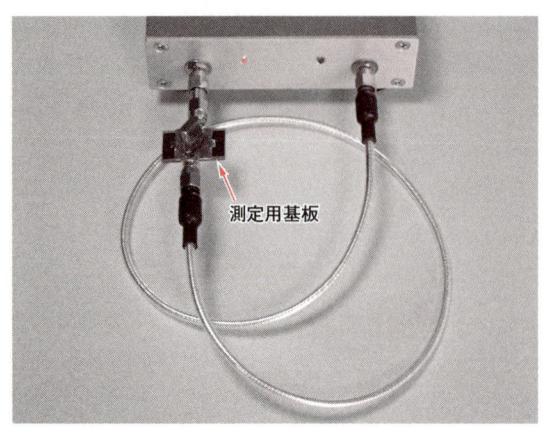

〈写真7.12〉水晶発振子測定用基板を接続したようす

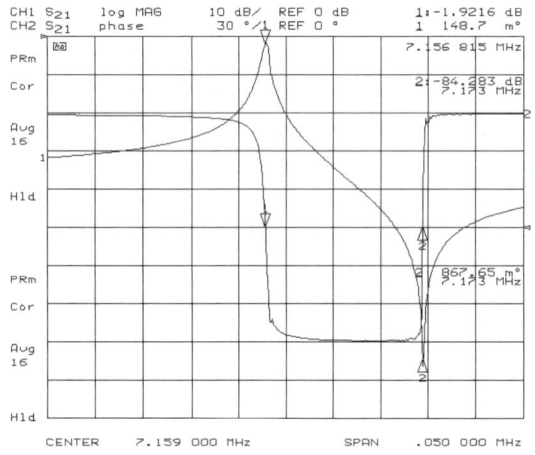

〈図7.16〉水晶発振子（7.159 MHz）の8753Dによる測定結果

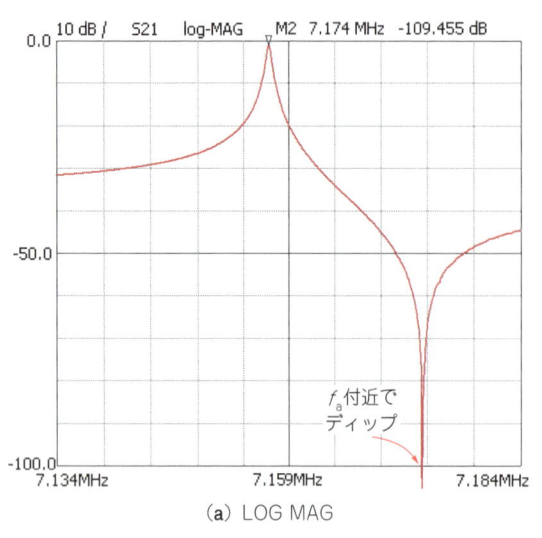

● 8753D

8753Dからの信号供給レベルはziVNAuと同じ -17 dBmに設定します．水晶発振子の測定基板とスルー校正基板はziVNAuと同じものを利用します．校正はziVNAuと同じスルー校正です．

● 4396B

4396Bはネットワーク，スペクトラムおよびインピーダンス・アナライザを1台にした測定器で，100 kHzから1.8 GHzの範囲を測定できます．ここではネットワーク・アナライザとして利用して，水晶発振子の入出力位相差と振幅特性を測定します．

4396Bの出力は -10 dBmの設定で，πネットワークを経由するので水晶発振子には -24.8 dBmの電力が供給されます．ziVNAuとは異なる電力になってしまいました．

πネットワーク治具は水晶発振子のリードを挟むタイプなので，10 mmくらいリードが必要です．そのため，先に4396B + πネットワーク治具で測定して，次に，水晶発振子を基板にはんだ付けしてziVNAuと8753Dで測定します．

■ 7.2.3 結果と考察

図7.15はziVNAuのLOG MAGと位相の測定結果です．**図7.16**は8753DのLOG MAGと位相のグラフ，**図7.17**は4396B + πネットワーク治具のグラフです．

周波数の評価は，各測定器の基準クロックの精度に依存するので，ziVNAuの性能評価にはストレートな解ではないかもしれませんが，**表7.5**に f_r と f_a の測定値をまとめました．

f_r（直列共振周波数）は，どれも四捨五入すると7.157 MHzになり一致します．

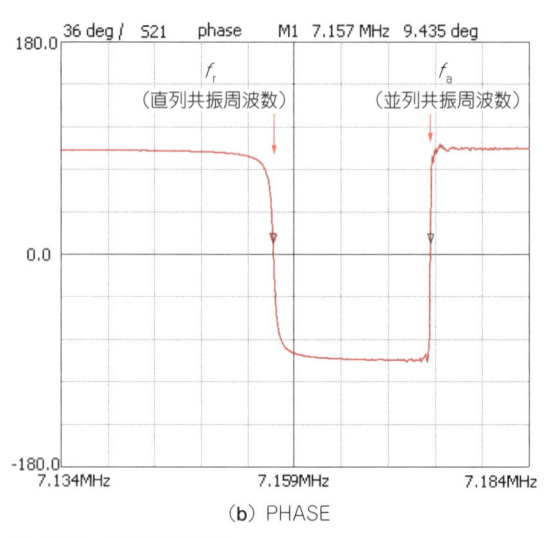

(a) LOG MAG

(b) PHASE

〈図7.15〉水晶発振子（7.159 MHz）のziVNAuによる測定結果

特集　作る！ベクトル・ネットワーク・アナライザ

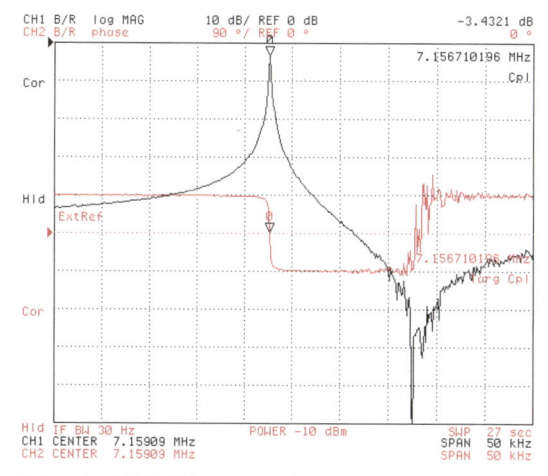

〈図7.17〉水晶発振子（7.159 MHz）を4396B＋πネットワーク治具によって測定した結果

〈表7.5〉水晶発振子（7.159 MHz）の測定結果比較

周波数	単位	50Ω直接接続		πネットワーク治具利用
		ziVNAu	8753	4396B
直列共振周波数f_r	MHz	7.157	7.157	7.1567
並列共振周波数f_a	MHz	7.174	7.173	―

f_a（並列共振周波数）は，ポート2に入るレベルが低くて測定値がふらつくようです．とくに，πネットワークを利用した4396Bは読み取れないほどのノイズっぽい波形です．ziVNAuと8753Dの差は1 kHzです．

全体的にziVNAuの波形は，8753Dや4396Bと比べて遜色ない結果だと思います．

また，πネットワークなしで，VNAを直接水晶発振子に接続して測定してみました．水晶発振子の駆動レベルが変わるとf_rやf_aがずれるかと思いましたが，この水晶発振子は目立つ影響がないようです．

7.3　50 MHzモービル・ホイップ・アンテナの測定

私はアマチュア無線用に50 MHz帯モービル・ホイップ・アンテナをベランダから斜めに伸ばして利用しています．**写真7.13**はそのようすです．アンテナはコメット社のHR50で，全長2.13 mです．$\lambda/2$のノンラジアル・タイプなので，グラウンドに接続することなくアンテナを固定しているだけです．このいつも利用している状態のSWRを測定します．

■ 7.3.1　測定スタイルの検討

● アンテナの給電点でOSL校正

自作アンテナのときは，L性とC性の境目の周波数が知りたくなりますし，SWRが改善しない要因がリアクタンスによるものかレジスタンスによるものかが知りたくなります．アンテナの給電点でOSL校正して，スミス・チャートに表示すると，このような情報を得やすいと思います．アンテナ基台のM型メス・コネクタ（給電点）で校正してスミス・チャートに表示してみます．

● M型コネクタのOSL校正治具

写真7.14が製作した校正治具です．M型オス・コネクタに手を加えてOSL校正用の治具にします．

▶Load治具

リード付きの1/6 Wカーボン抵抗器100Ωを2個並列接続します．100Ωはマルチメータで1本ずつ抵抗値を測定し，2本で50.0Ωになるように選別したものです．これをM型コネクタに内蔵します．

▶Short治具

M型コネクタの中で錫めっき線をはんだ付けして

〈写真7.13〉
50 MHz帯$\lambda/2$モービル・ホイップ・アンテナHR50（コメット）のSWRを測る

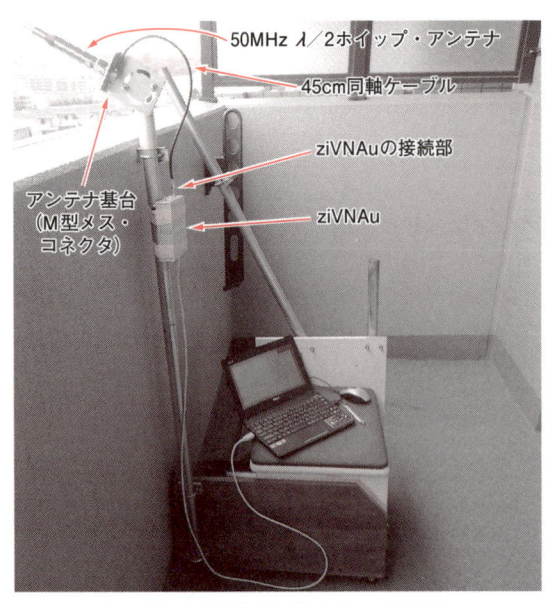

(a) アンテナ基台からパソコンまでの配置　　　　　　　　　　(b) ziVNAu接続部の拡大

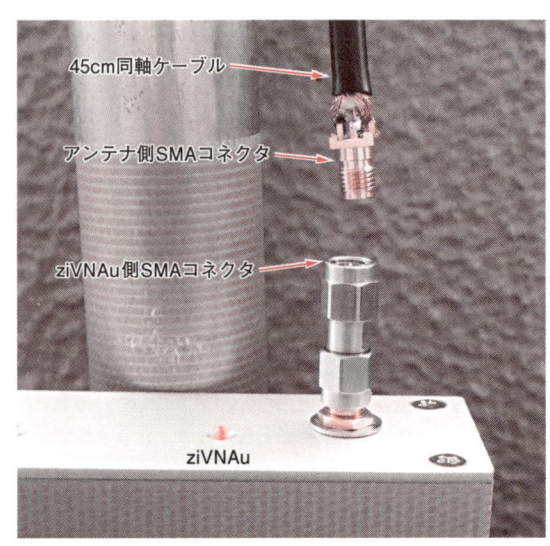

〈写真7.15〉アンテナ・マストにziVNAuを固定したようす

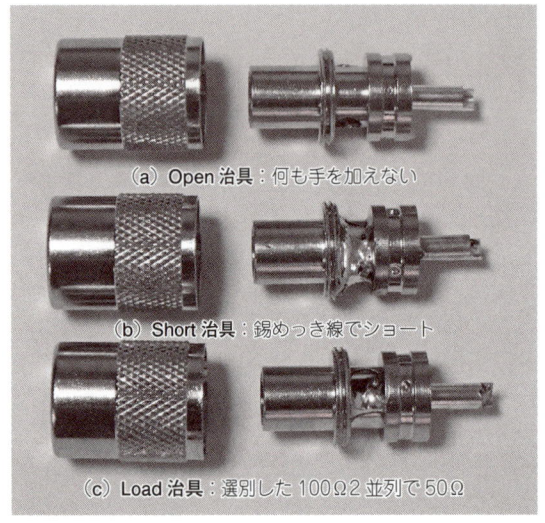

(a) Open治具：何も手を加えない

(b) Short治具：錫めっき線でショート

(c) Load治具：選別した100Ω2 並列で50Ω

〈写真7.14〉M型オス・コネクタによるOpen, Short, Load治具

ショートしたものです.
▶ Open治具
　何も手を加えていないM型コネクタをOpen治具にします.

● VNAをアンテナに近づける
　アンテナの周波数特性をスミス・チャートで見るとき，同軸ケーブルの影響を少なくしたい気持ちになります．それは，周期的に50Ωに近づく同軸ケーブルの特性（同軸ケーブルの電気長が$\lambda/2$の整数倍ごとに50Ωに近づく）と，アンテナが共振して50Ωに近づく特性を見分けることが難しい時です．そのために今回は，アンテナ基台から$\lambda/2$より短いケーブルでziVNAuに接続することにします．

　具体的には，アンテナのマストにziVNAuをビニール・テープで固定し，アンテナ基台から約45 cmの同軸ケーブルにSMAコネクタをはんだ付けしてziVNAuと接続します．写真7.15はそのようすです．
　45 cmで同軸ケーブルを切断するのは思い切ったことでしたが，一度はこのアンテナ(HR50)の近くで測定してみたかったことと，長い間使用したケーブルなので，ケーブルを交換する前提で実行しました．

● 8753Dの測定データとの比較は見送り
　8753Dは手軽に持ち運べる測定器ではないため，ziVNAuだけで測定して考察します．

■ 7.3.2 設定と校正

　PCアプリ(ziVNAu.exe)を起動直後から設定変更する項目と値は表7.6のとおりです．
　OSL校正は，写真7.16に示すように，アンテナ基

〈表7.6〉50 MHz帯アンテナ測定の設定値

測定器	設定		測定項目 S_{11}
ziVNAu	MEAS		S11 (Default)
	FORM		SWR
	STIMUL	CENT	50.5 MHz
		SPAN	2.5 MHz
		POINTS	201
		DSP	Heavy
	CAL		1-PORT

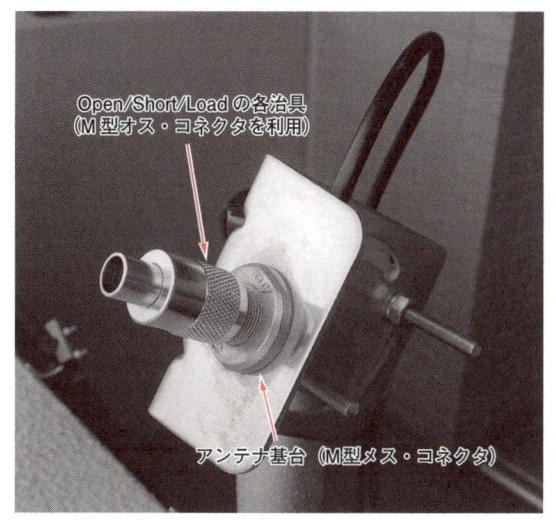

特集　作る！ベクトル・ネットワーク・アナライザ

〈写真7.16〉アンテナ基台に治具を取り付けて校正するようす

台のM型メス・コネクタにOpen，Short，Load治具をそれぞれ取り付けて校正します．

7.3.3 測定と考察

● SWR

図7.18(a)はSWRの測定結果です．SWR1.5以下は50.0〜50.8 MHzです．またSWR最小(1.165)は50.375 MHzです．通常は50.2〜50.4 MHzをローカル局との連絡で利用しているので，SWRが低い周波数範囲はちょうど良いことがわかります．

● スミス・チャート

▶ SWR最小と共振周波数はほぼ同じ

図7.18(b)は表示をスミス・チャートに切り替えたものです．SWR最小の50.375 MHzでリアクタンスがプラスとマイナスの境目を横切るので，50.375 MHzで共振しているものと思われます．これは給電点で校正したからこその結果です．給電点から離れた位置で校正すると，スミス・チャートの中心座標(0, 0)を中心に時計方向に位相が回ってしまい，リアクタンスがプラスとマイナスの境目を横切らなくなります．そして，スミス・チャートから共振周波数を見破れなくなります．

試しに写真7.17のようにziVNAuのポートでOSL校正をして，45 cmの同軸ケーブルを経由して給電点に達する構成にして，アンテナを再測定してみたのが

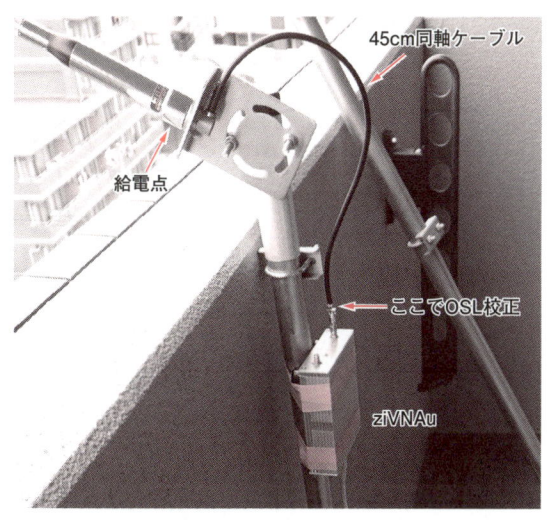

〈写真7.17〉給電点から45 cmの位置でOSL校正する

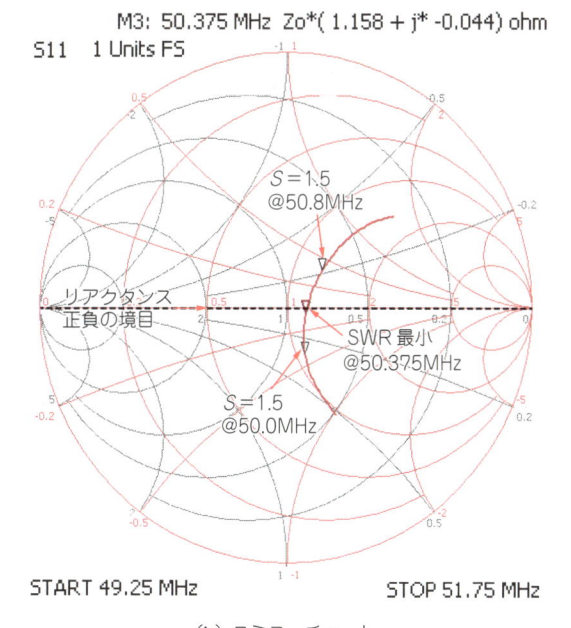

(a) SWRの周波数特性

(b) スミス・チャート

〈図7.18〉50 MHz帯λ/2モービル・ホイップ・アンテナHR50の測定結果

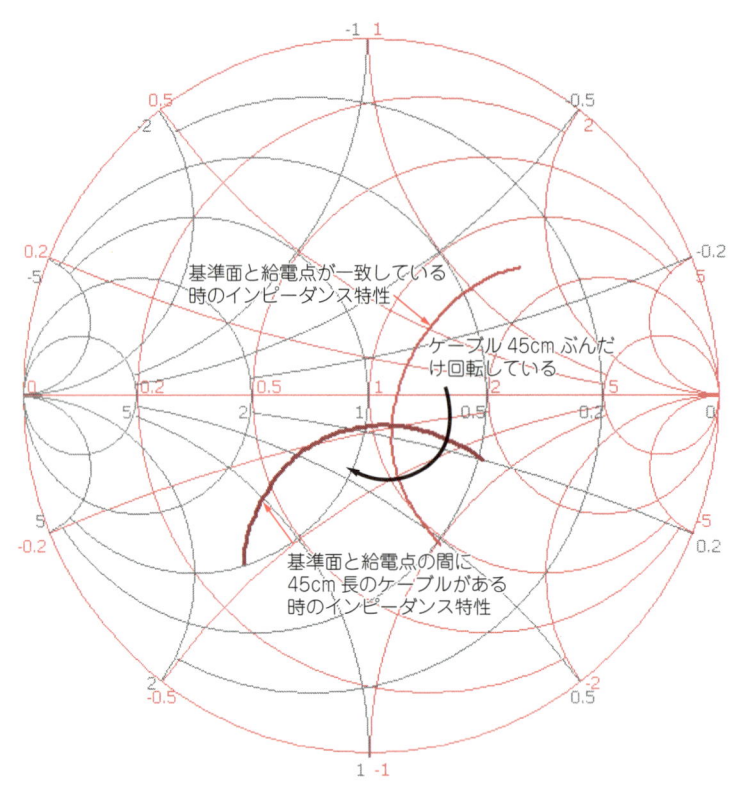

〈図7.19〉校正の基準面と給電点に45 cmケーブルがあるときのインピーダンス測定結果の違い

図7.19に茶色で記した特性です．給電点で校正したときに対し，ホイップ・アンテナの特性が全体的に時計方向に回転してしまいました．回転角度は，同軸ケーブル45 cmの往復の電気長に相当する角度です．
▶アンテナのインピーダンスは57.9 Ω
　リアクタンスがゼロのときのレジスタンスは，1.158×50 Ω＝57.9 Ωです．つまり，アンテナのインピーダンスはSWR最小周波数で57.9 Ωという結果でした．
▶RESPONSE校正（OPEN）したときのアンテナ特性

(a) SWR

(b) スミス・チャート

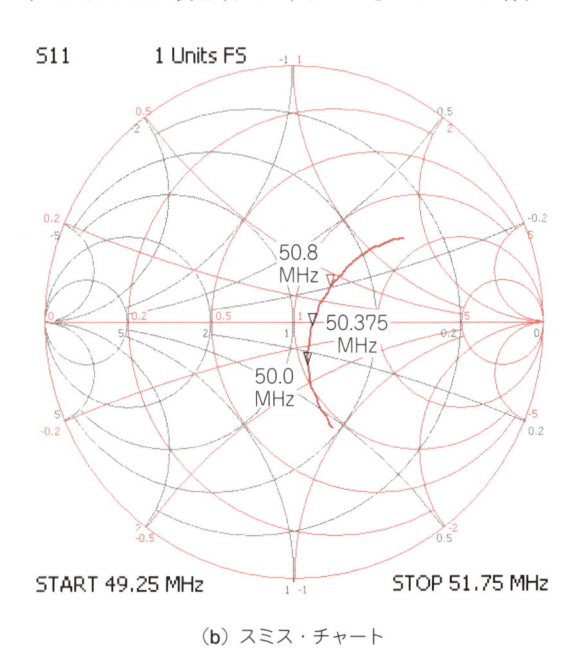

〈図7.20〉校正用の治具を使わずにOpen校正だけした時のインピーダンス測定結果

アンテナ給電点にあるM型コネクタに何も接続しないで，Open校正だけ行うやり方もあると思います．屋外の給電点でOSL校正をする余裕がない時です．

図7.20はアンテナ基台のM型コネクタに何も接続しないでOpen校正をしたときのアンテナHR50の特性です．OSL校正した場合の特性グラフ（図7.18）と比べてもほとんど同じです．

■ 7.3.4 まとめ

アンテナのSWRとアンテナ・インピーダンスをziVNAuで測定できることが確認できました．また，給電点に校正用の治具を接続しないで，Open校正をした測定値でも，50 MHz程度の周波数であれば問題ない結果が得られました．

● 注意事項

HF帯などの大きなアンテナは，帯電する静電気にくれぐれも注意してください．VNAにアンテナを接続する前に，必ず放電を行うことでVNAを壊さずに済みます．

7.4 2SC3356の S_{11e} と S_{22e} の測定

アクティブ素子をziVNAuで測定するには配慮する項目が多いため，正しい測定値を得るために考慮すべき課題がたくさんあります．ここでは，挑戦してみるというスタンスで，高周波用トランジスタのSパラメータを測定してみました．

トランジスタは，100 MHzから1 GHzくらいまでの小信号増幅回路に使う定番の2SC3356です．電気的特性を表7.7に示します．懐かしく，それでいて，今でも現役のトランジスタです．RSコンポーネンツで購入できます．

100 MHzから600 MHzまで測定して，ziVNAuの限界を調べます．

■ 7.4.1 配慮する項目

● 測定周波数以外もトランジスタに入力されてしまう

一番厄介なのは，ziVNAuユニットは，望む周波数以外に絶えずエイリアシングによって他の周波数が発生していることと，約360 MHz以上の測定では，それより低い周波数の高いレベルがトランジスタに入力されてしまうことです．これらを承知の上で挑戦してみます．

● トランジスタのDC供給

メーカ製のVNAは内部にバイアス・ティーがあるので心配不要ですが，ziVNAuにはありませんのでVNAの外部に用意する必要があります．今回はミニサーキット社のバイアス・ティーであるZFBT-4R2G-FT（10 MHz～4.2 GHz，最大500 mA）を2個使います．

コレクタ・エミッタ間電圧 $V_{CE} = 10$ V，コレクタ電流 $I_C = 5$ mAの条件で，代表的なSパラメータのデータが2SC3356のデータ・シートに記載されているので，DC条件はこれに合わせます．

● トランジスタの入力レベル

100 MHzでの利得は30 dB程度あるので，入力レベルは－50 dBmくらいまで下げたいところです．しかし，これでは測定結果がかなりノイズっぽくなるので，－35 dBmに妥協します．ziVNAuの出力レベルは約－17 dBmですからziVNAuの機能のアッテネータを18 dBに設定して－35 dBmをトランジスタに入力します．

● 測定Sパラメータ

エミッタ共通回路の S_{11} と S_{22} を測定することにします．S_{21} はトランジスタの利得も考慮して，入力レベルをさらに下げる必要があります．S_{11} や S_{22} と異なるレベル設定になるので今回は見送ることにします．

〈表7.7〉[3]高周波小信号増幅用NPNトランジスタ2SC3356の電気的特性（$T_a = 25$℃）（ルネサス エレクトロニクス）

パラメータ	記号	試験条件	最小	代表値	最大	単位
●直流特性						
コレクタ遮断電流	I_{CBO}	$V_{CB} = 0$ V，$I_E = 0$	－	－	1.0	μA
エミッタ遮断電流	I_{EBO}	$V_{EB} = 1.0$ V，$I_C = 0$	－	－	1.0	μA
直流電流増幅率	h_{FE} *1	$V_{CE} = 10$ V，$I_C = 20$ mA	50	120	250	－
●高周波特性						
利得帯域幅積	f_T	$V_{CE} = 10$ V，$I_C = 20$ mA	－	7	－	GHz
挿入電力利得	$|S_{21e}|^2$	$V_{CE} = 10$ V，$I_C = 20$ mA，$f = 1$ GHz	－	11.5	－	dB
雑音指数	F	$V_{CE} = 10$ V，$I_C = 7$ mA，$f = 1$ GHz	－	1.1	2.0	dB
逆伝達容量	C_{re} *2	$V_{CB} = 10$ V，$I_E = 0$，$f = 1$ MHz	－	0.55	1.0	pF

注▶*1：パルス測定のパルス幅350 μs以下，デューティ・サイクル比2％以下．
*2：エミッタ接地におけるコレクタからベースへの容量．

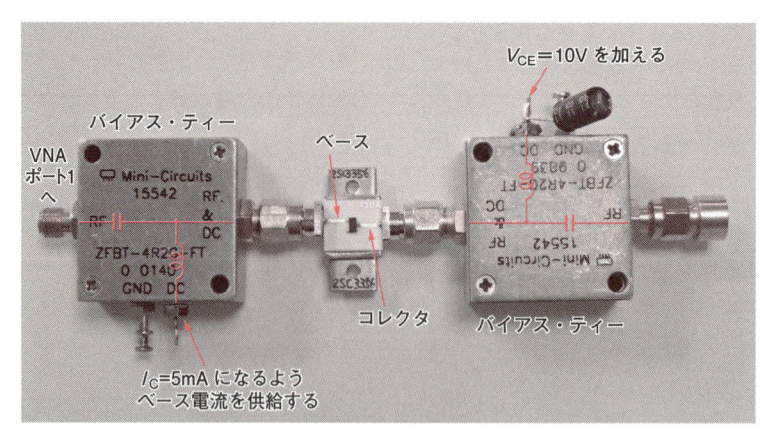

〈写真7.19〉S_{11}を測定するときのバイアス・ティーと2SC3356治具基板の接続

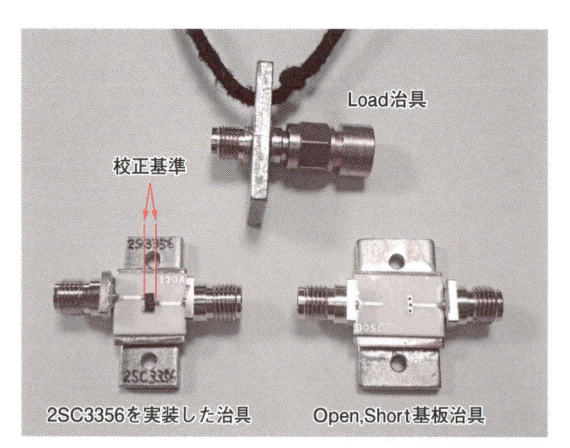

〈写真7.18〉トランジスタ測定基板とOS校正用基板およびLoad治具

7.4.2 治具

水晶発振子の測定と同じやり方にします．つまり，トランジスタを測定する基板と，同じ基板材質の校正治具も用意します．

写真7.18は2SC3356を実装した測定用の基板治具，OpenとShort校正用の基板治具，それとLoad治具です．基板はアルミナ材で，昔手配したものが残っていたので流用しました．

LoadはSMAコネクタの50Ω終端器を代用します．Load測定は，反射が少ないので，VNAはほとんど検出できません．Loadまでの距離と校正基準面までの距離が多少異なっていてもわからないだろうという考えで，SMAコネクタの50Ωで代用します．

写真7.19はバイアス・ティーとトランジスタの治具基板を接続して，S_{11}（トランジスタのベース側）を測定する状態にしたものです．測定しない側のポートは50Ωで終端します．

7.4.3 設定と校正

● ziVNAu

▶設定

PCアプリ（ziVNAu.exe）の設定を表7.8に示します．RF ATTを18 dBに設定するのは今までになかった設定です．［STIMUL］［MORE］の順番にボタンを押すと，ファンクション・ボタン群に［RF ATT］ボタンが現れます．ここでATT 18 dBを設定してください．

▶接続

写真7.20はS_{11}を測定するときの接続です．トランジスタのベース側（入力側）を測定するときはポート1に接続して測定します．コレクタ側（出力側）を測定す

〈表7.8〉2SC3356測定の設定値

測定器やDUT	設定		測定項目	
			S_{11}	S_{22}
ziVNAu	MEAS		S11（既定値）	S22
	FORM		SMITH（既定値）	
	STIMUL	START	100 MHz（既定値）	
		STOP	600 MHz（既定値）	
		POINTS	51（既定値）	
		DSP	Heavy	
		RF ATT	18 dB	
	CAL		1-PORT	
8753D	MEAS		S11	S22
	FORM		SMITH	
	STIMULUS	START	100 MHz	
		STOP	600 MHz	
		POINTS	51	
		POWER	−35 dBm	
	AVG		16	
	CAL		1-PORT	
	CAL KIT		7 mm	
2SC3356	V_{CE}		10 V	
	I_C		5 mA	

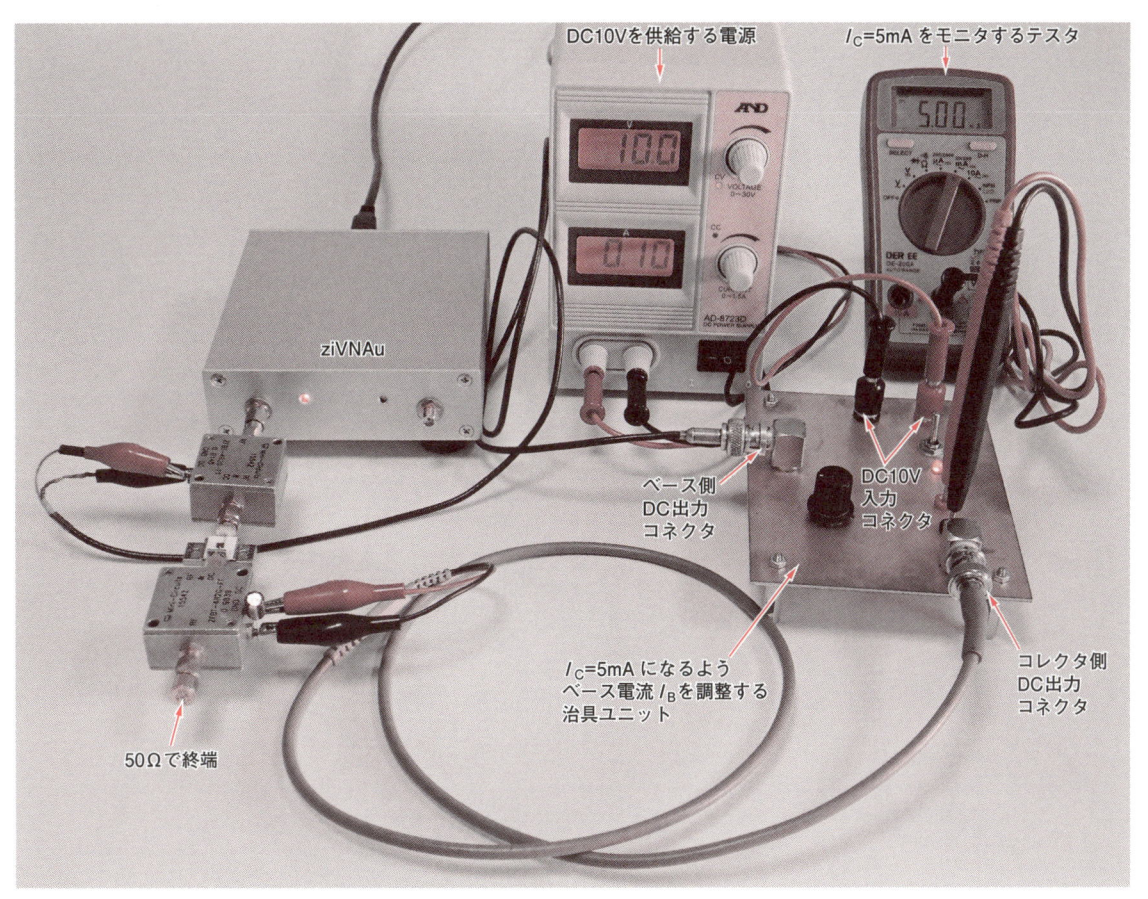

特集　作る！ベクトル・ネットワーク・アナライザ

〈写真7.20〉ziVNAuでS_{11}を測定するようす

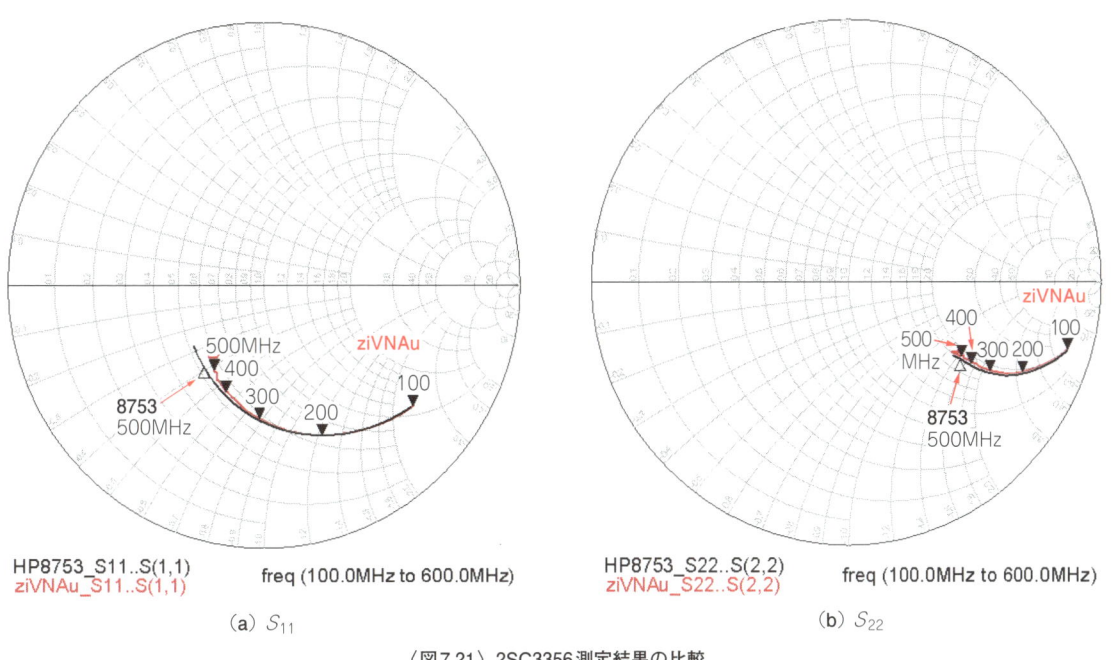

HP8753_S11..S(1,1)
ziVNAu_S11..S(1,1)　　freq (100.0MHz to 600.0MHz)

(a) S_{11}

HP8753_S22..S(2,2)
ziVNAu_S22..S(2,2)　　freq (100.0MHz to 600.0MHz)

(b) S_{22}

〈図7.21〉2SC3356測定結果の比較

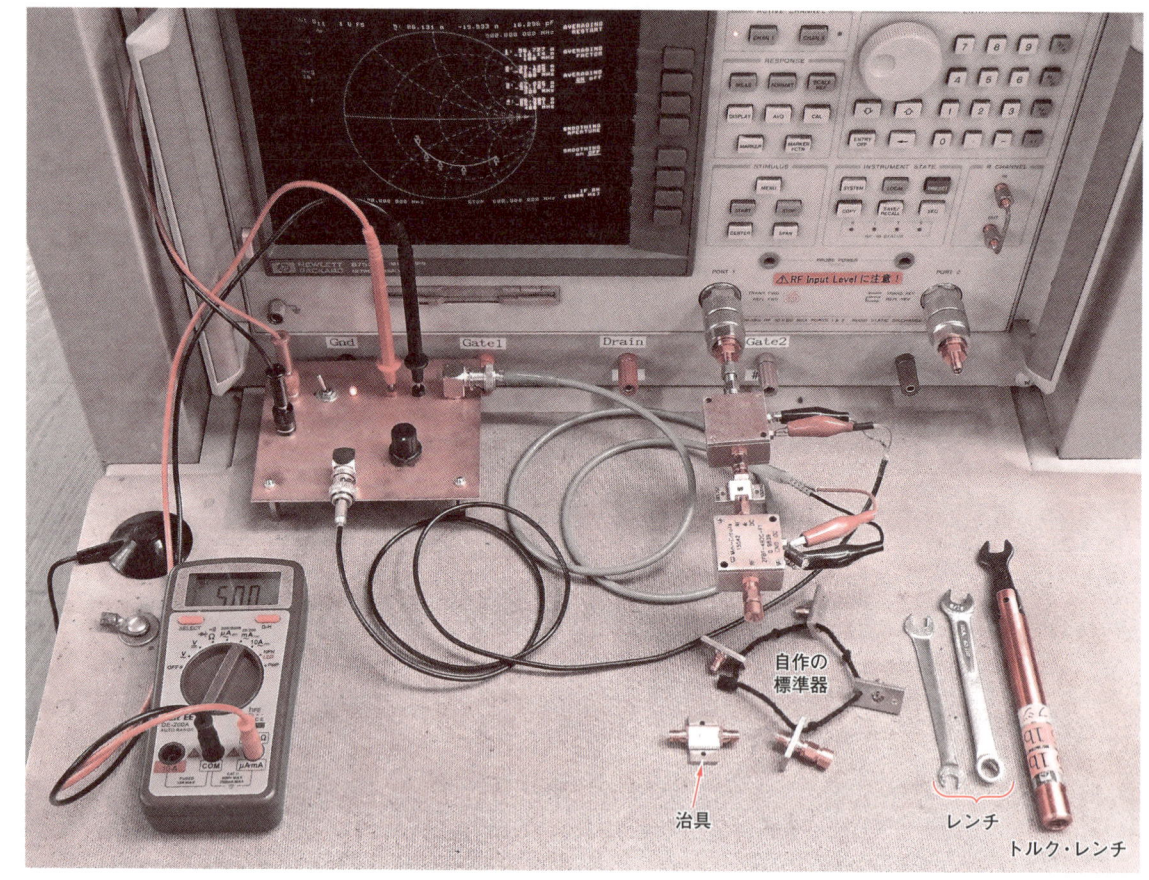

〈写真7.21〉8753DでS₁₁を測定するようす

るときはポート2に接続します．メーカのデータ・シートと見比べるときにわかりやすいのでデータ・シートのポートに合わせます．

測定しない側のSMAコネクタは50Ωで終端します．
▶校正と測定

校正は1-PORTです．S_{11}を1-PORT校正をしてS_{11}を測定します．その後に，S_{22}を測定する接続に変更し，S_{22}用の1-PORT校正をしてS_{22}を測定します．

● 8753D

8753Dの設定は，先に表7.8で示したとおりです．ポイントは，ポートから出力するレベルを−35 dBmに下げ，ziVNAuと同じレベルにしていることです．写真7.21は測定のようすです．

■ 7.4.4 測定

図7.21(a)はS_{11}の測定結果です．ziVNAuと8753Dそれぞれ測定したSパラメータ・データを別のシミュレータに読み込ませ，同じスミス・チャートに重ねて表示しました．赤がziVNAuの特性で，黒が8753Dです．また，▼はziVNAuのマーカで，△は8753Dの500 MHzマーカです．ziVNAuの500 MHzとの差を見るためです．

S_{11}は，300 MHzを越えると差が出てきて，500 MHzからはノイズが含まれ，差が開く一方です．

図7.21(b)はS_{22}の測定結果です．同じようにスミス・チャートに重ねて表示しました．色やマーカはS_{11}と同じルールです．

S_{22}は，500 MHzからノイズが含まれて，データの読み取りが怪しくなります．

8753Dの測定値を，ルネサス社のデータ・シートに掲載されているS_{11e}とS_{22e}の特性(図7.22)と，200 MHzおよび400 MHzの2点で比べると，遜色ない結果が得られていると思います．

■ 7.4.5 考察

S_{11}とS_{22}が300 MHzを越えると8753Dの測定値と差が生じる要因を考察します．
● 複数のRF信号がトランジスタに入力されてしまう

370 MHz付近から400 MHz付近までを測定するときは第2エイリアシングの領域を利用するので，それより高いレベルの第1エイリアシングの信号もトラン

特集　作る！ベクトル・ネットワーク・アナライザ

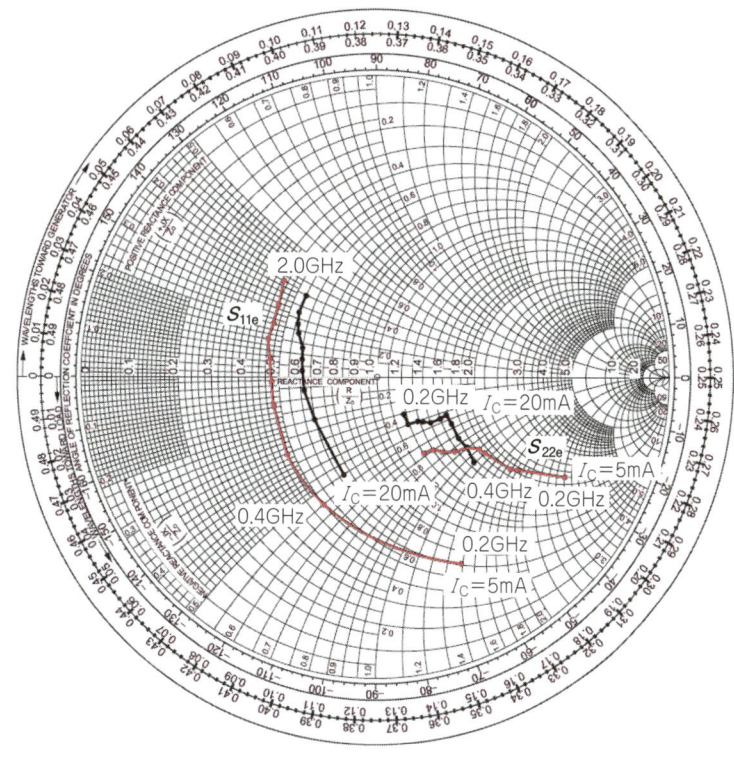

〈図7.22〉[(4)] 2SC3356のデータシートに記載されたS_{11}とS_{22}の周波数特性（$V_{CE} = 10$ V，200 MHzステップ）

ジスタに同時に入力されています．さらに，400 MHz付近から600 MHz付近までは第3エイリアシングを利用しますが，それよりも高いレベルの第1と第2エイリアシングの信号もトランジスタに入力されています．

つまり，測定周波数以外に，それより高いレベルの別の周波数がトランジスタに入力されていることが要因の一つと思います．

この現象は第4章で解説したエイリアシングによるスプリアス（図4.13）に示す特性で，エイリアシングを利用する本機では避けることができません．

● 本機の出力レベルはフラットではない

トランジスタに－35 dBmを入力する設定ですが，本機の出力レベルはフラットではありません．$\sin(x)/x$の周波数特性を持っていて，これも本機は避けることができないものです．具体的な出力レベルの周波数特性は第4章の図4.16のとおりです．

つまり，300 MHz付近からトランジスタに入力される測定周波数のレベルが下がり，8753Dの測定値と差が出る要因と考えます．

● まとめ

以上の二つの要因をまだ検証していませんが，

8753Dと差が生じる最も有力な要素と思います．

いずれにしても，入力レベルに制約があるDUTは，このエイリアンシングと$\sin(x)/x$の特性に注意しながら測定することが重要になると思います．

◆引用文献◆

(1) ㈱村田製作所；CFULA455KG1A-B0データ・シート．
http://www.murata.com/ja-jp/products/productdetail?partno=CFULA455KG1A-B0

(2) キーサイトテクノロジー（合同）；E5100Aネットワーク・アナライザの水晶振動子測定機能と測定方法　アプリケーション・ノート，E5100A-2，p.10，2003年5月1日．
http://cp.literature.agilent.com/litweb/pdf/5965-4972JA.pdf

(3) ルネサス エレクトロニクス㈱；2SC3356データ・シート，p.2．
https://www.renesas.com/ja-jp/doc/YOUSYS/document/003/r09ds0021ej0300_microwave.pdf

(4) ルネサス エレクトロニクス㈱；2SC3356データ・シート，p.5．
https://www.renesas.com/ja-jp/doc/YOUSYS/document/003/r09ds0021ej0300_microwave.pdf

とみい・りいち　祖師谷ハム・エンジニアリング

特集

エピローグ
My実験室にVNAを！

富井 里一
Tommy Reach

■ この程度の作りでも そこそこ性能がとれる

第1章で，VNAは校正が重要であることに触れました．そして，第7章では，自作VNAでも同じ評価治具ボードと同じ校正治具を利用すれば，メーカ製VNAとほぼ同じ結果になりました．つまり，UHF帯くらいまでであれば，この程度のハードウェアとソフトウェアでも，キャリブレーションを行えば，まずまずの測定値になることがわかったと思います．

余談ですが，私的には自分で解いたシグナル・フロー・グラフの式が正しいことの証明になり，ホッとしたところです．

ただし，評価治具は手を抜いてはならないと思います．第7章の測定事例では，治具の性能に不利な制約事項がいろいろありました．

- DUTははんだ付けしない．
  （セラミック・フィルタ）
- DUTに50Ωを接続すると波形が崩れる．
  （セラミック・フィルタ）
- 校正基準面がDUTに近づけられない．
  （水晶発振子）
- コネクタが50Ωではない．（M型コネクタ）
- DUTの入力レベルが過入力になってしまう．
  （2SC3456）

など，測定する目的やDUTの特徴に適した評価治具の検討は重要だと思います．たとえメーカ製のVNAとメーカ製のECal校正キットを揃えても，準備万端ではないということです．

■ 小道具にも気配りが必要

今回登場した評価ボードや自作校正キットのSMAコネクタには同じ型名のものを使いました．また，SMAコネクタの接続は一定トルクになるように注意を払いました．さらに，同軸ケーブルは安価な物ですが新品にしました．

このような小道具にも気配りをすることで，安定した測定値が得られるものと思います．

■ My実験室にVNAを！

VNAは取り扱い説明書が分厚く，とっつきにくい印象があると思います．一方，ziVNAuは本特集を網羅するだけでSパラメータを測定できます．

今さら恥ずかしくて誰にも聞けない素朴なSパラメータの振る舞いの確認や，ちょっとした思いつきの測定も，手軽に測定できて重宝できると思います．

■ 最後に

本特集を通じて，VNAをより身近に感じ，VNAの自作やSパラメータの測定に，少しでもお役に立てれば幸いに思います．

とみい・りいち　祖師谷ハム・エンジニアリング

特設記事

電波の安全性を誰が評価するのか？ 生体に対する影響と細胞に対する影響，国際機関による評価の概要など

電波と健康のお話

宮越 順二
Junji Miyakoshi

1 はじめに

最初に電磁波と健康に関する歴史的背景について述べます．今から37年前の1979年に米国の疫学者が，高圧送電線の近くに住んでいる子供の白血病発生率が高いことを発表したことが始まりです．

その後，1990年代に入って以来，電磁環境の健康影響に対する関心と危惧が急速に高まってきました．当初，米国が中心となって研究のスタートを切りましたが，イギリス，フランス，北欧をはじめとした欧州諸国やわが国でも電磁環境と健康問題の認識が高まり，非電離の電磁波の健康への影響について，国際的に研究や活発な議論が行われてきました．電離放射線と同様に，電磁環境は目に見えないこともあり，このような背景から，現在も電磁波の健康への影響について不安を抱いている人が多いのも事実であります．放射線の生体影響研究の歴史は長く，120年になります．ただ，環境放射線に近い低線量の被曝については，未だ結論がでていません．

一方，低周波や高周波の電波の健康影響については，本格的な研究の歴史は放射線に比べれば非常に短いのです．その中でも比較的研究実績のある携帯電話を対象とした高周波を中心として，健康影響について科学的評価を紹介します．

なお，電磁波は，電波，電磁界，電磁場などとも称されますが，ここでは定常磁場や低周波，高周波，電波と記述します．

2 社会や生活の中の主な電波

図1は非電離から電離放射線までを含む周波数帯別

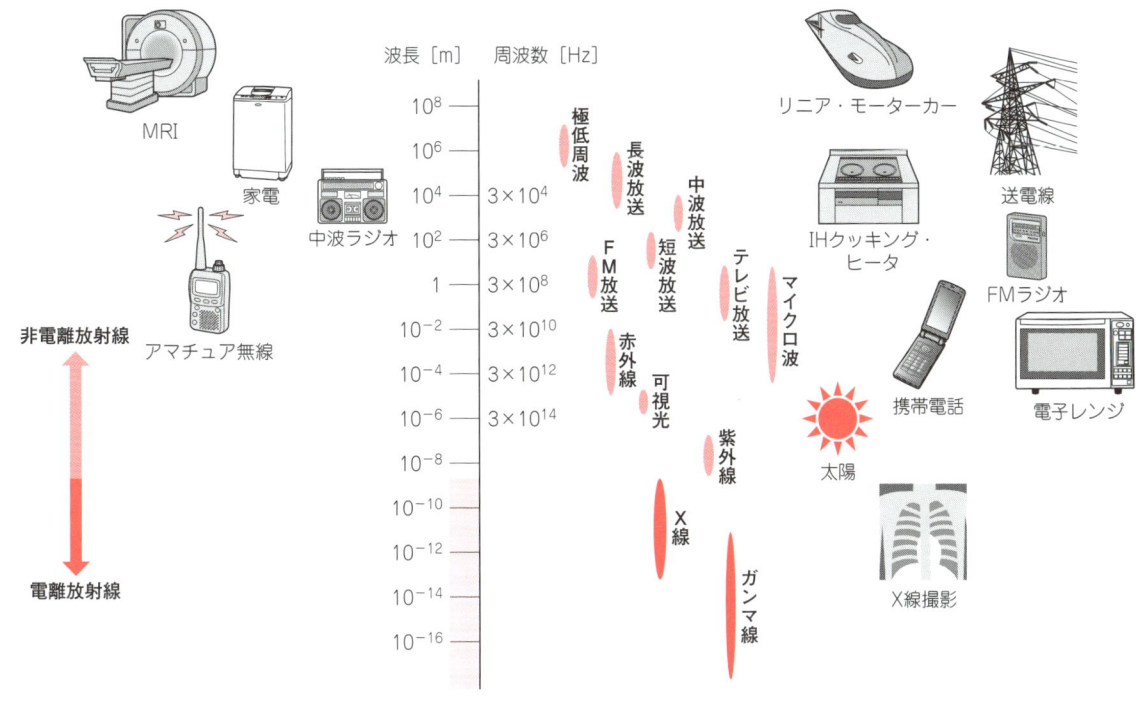

〈図1〉生活の中の主な電磁波発生源

にみた生活環境における電磁波発生源の例です.

二十世紀末から今世紀に入って，私たちの生活環境には電磁波があふれるように飛び交っています．とくに，世界中で携帯電話や無線LANの利用や，携帯電話基地局の新設などが急速に進展したことが主な要因となっています．その他，周波数帯は異なりますが，高圧送電線，家庭内の電化製品，医療現場での電磁波，空港でのミリ波セキュリティー・チェックなどがあります．さらに数年後には，電波によるワイヤレス給電（無線エネルギー伝送）の急速な普及が予想されます．

このような電磁環境は利便性が極めて高く，近未来社会に人が生活する上で，多種多様な電磁環境（定常磁場，低周波，中間周波，高周波，さらにミリ波やテラヘルツ波など）は，ますます増加の一途をたどるであろうと考えられます．

3 電波の安全性を誰が評価するのか？

■ 世界保健機関（WHO）

1990年以降，国際的に電磁波の健康影響に関する議論が高まる中，世界保健機関（WHO：World Health Organization，写真1）は，1996年に国際電磁波プロジェクト（International EMF Project）を立ち上げました．それ以来，本プロジェクトへの参加国が増え，60か国以上に達しています．国際電磁波プロジェクトは，WHO内での組織としては，電離放射線の健康影響を担当する部署に所属しています．また，国際電磁波プロジェクトは，世界各国でシンポジウムやワークショップなどの開催をはじめとして，その時々における生体影響評価の現状報告や取り組むべき課題の提案などを行ってきています．

■ WHOの下部組織IARC

特に電波の発がん性評価については，WHOの組織の一つである国際がん研究機関（IARC：International Agency for Research on Cancer，写真2）が行っています．

〈写真1〉WHOの本部（ジュネーブ，スイス）

〈写真2〉IARCの本部（リヨン，フランス）

IARCは，評価会開催のほぼ半年以上前から，評価作業部会メンバーとして世界各国から専門家を招請し，1000編以上の関連論文をまとめる作業を委託します．評価会議は，フランス・リヨンのIARC本部において，10日間から2週間かけて膨大な論文を基に，作業部会メンバーが議論し，最終評価を投票で行います．写真3は，2011年5月下旬に実施された電波（RF：Radiofrequency）の発がん性評価会議に参加した作業部会メンバーとIARCの担当者が一堂に集まった集合記念写真です．発がん性評価会議の詳細な内容は，IARCのモノグラフとして約1年後に発刊されます．

通常，IARCでの発がん性評価会議が終了後，2～3年後にWHOが健康評価タスク・メンバーとして，同じく世界各国から専門家を招請し，がん以外の健康全般も含めて，スイス・ジュネーブのWHO本部にてタスク会議を行います．このタスク会議では，IARCでの発がん性評価会以降の新しい論文も含めて，その時点での健康評価と今後の推奨される研究内容などがまとめられ，環境保健クライテリア（EHC：Environmental Health Criteria）として発刊されます．簡単なWHOとIARCの関連と主な役割を図2に示します．

■ ICNIRP，IEEE，各国の規制

なお，このような発がん性や健康全般の評価が完了した後，国際非電離放射線防護委員会（ICNIRP：International Commission on Non-Ionizing Radiation Protection）や米国電気電子学会（IEEE：The Institute of Electrical and Electronics Engineers, Inc.）は，見直し作業を実施し，国際ガイドラインや国際スタンダ

〈写真3〉 高周波(RF-EMF)発がん性評価作業部会の参加者集合写真(評価メンバーは15か国,30人.筆者は2列目の右から6人目)

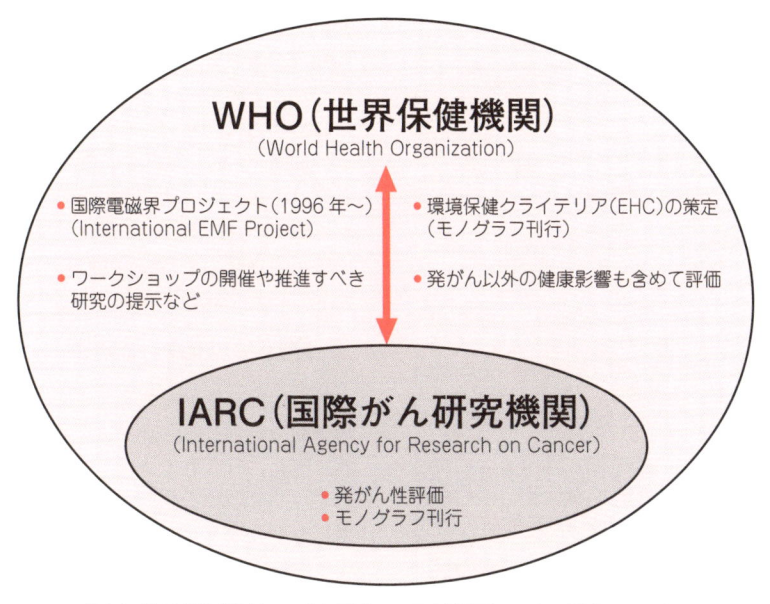

〈図2〉 世界保健機関(WHO)と国際がん研究機関(IARC)の関連と主な役割

ードの改訂版を発刊します.

各国は,これらの改訂版を参考に防護基準や指針などを策定します.

4 安全性を評価する研究の分類

電波の安全性評価を研究する主な手法としては,
(1) ヒトの疫学研究やヒトのボランティア研究
(2) 動物実験研究
(3) 細胞実験研究

があります.これらを表1にまとめました.

研究対象(ヒト,動物,および細胞)の違いで優劣はつけられませんが,ヒトへの影響評価を行う場合,疫学(ヒト)研究が最も結果の重みづけが高く,動物実験

〈表1〉 電磁波の安全性を評価するための主な研究分類

研究	説明
疫学研究	ヒトを対象とした,目的の因子と健康(主に発がん)の調査研究
人体影響	ヒトのボランティアを対象とした影響研究
動物実験研究	目的の因子による健康影響評価のための動物実験
細胞実験研究	目的の因子による健康影響評価のための細胞実験

研究,細胞実験研究の順になります.一方,結果の精度や再現性については,細胞実験研究が最も高く評価され,動物実験研究,疫学研究の順になります.また,一般的に研究期間の長さは,疫学研究が最も長く,動物実験研究,細胞実験研究の順になっています.疫学研究と生物(動物/細胞)研究の特徴を図3に示します.

ゲノム・プロジェクトが十数年前に完了し,近年,

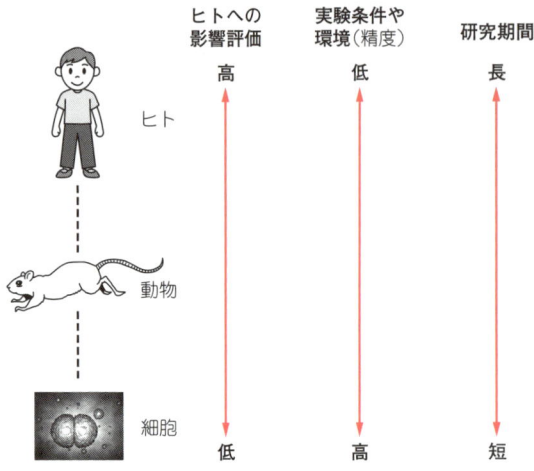

〈図3〉生物学的研究と疫学研究の特徴

〈表2〉電磁波生体影響を評価する主な研究内容

研究分類	対象	研究内容
疫学研究	ヒト	発がんやがん死亡（脳腫瘍，小児および成人白血病，乳がん，メラノーマ，リンパ腫など），生殖能力，自然流産，アルツハイマー症など
人体影響	ヒト	心理的／生理的影響（疲労，頭痛，不安感，睡眠不足，脳波，心電図，記憶力など），メラトニンを主とした神経内分泌，免疫機能など
動物実験研究	実験動物（ラット，マウスなど）	発がん（リンパ腫，白血病，脳腫瘍，皮膚がん，乳腺腫瘍，肝臓がんなど），生殖や発育（着床率，胎仔体重，奇形発生など），行動異常，メラトニンを主とした神経内分泌，免疫機能，血液脳関門（BBB）など
細胞実験研究	細胞	細胞増殖，DNA合成，染色体異常，姉妹染色分体異常，小核形成，DNA鎖切断，遺伝子発現，シグナル伝達，イオン・チャネル，突然変異，トランスフォーメーション，細胞分化誘導，細胞周期，アポトーシス，免疫応答など

DNAや遺伝子を標的とした研究が急速に発展しています．そのため，以前に比べ，細胞研究の重みが大きくなりつつあると考えられます．電波の生体安全性評価研究の主な指標を表2にまとめました．社会的に発がん性の有無が最も関心が深いため，多くは発がんの評価研究として行われています．しかしながら，疫学研究でのアルツハイマー症などに加えて，非常に幅広い研究分野で動物や細胞実験研究が実施されています．

5 生体に対する影響と細胞に対する影響

■ 刺激作用と熱作用

まず，強い電波の生体影響として，これまでに知ら

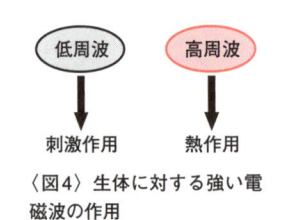

〈図4〉生体に対する強い電磁波の作用

れている非電離の電磁波に関する研究の成果から，おおむね100 kHzの周波数で区切っています．ほぼ100 kHzより低い周波数帯では「刺激作用」，それより高い周波数帯では「熱作用」のあること（図4）がよく知られています．しかしながら，生体の健康に対する影響という意味では，これらの作用ですべてが理解できるわけでもなく，とくに発がん性については，がんに特化した研究をして評価がなされなければなりません．

ヒトを対象とした疫学研究は，細胞や動物実験に比べて，ヒトのデータという意味で一般社会に対する結果の影響力は大きいものがあります．しかしながら，その反面，私たち人間はいろんな環境で生活しており，研究の主題となる因子について純粋に調査することは不可能であり，結果を左右しかねない集団の選別方法やほかの影響因子（選択バイアスや交絡因子という）が統計的評価を狂わす可能性は排除できません．

■ 発がん性の評価結果

おもに携帯電話を対象としたマイクロ波に関する疫学研究や動物／細胞研究は，1990年代後半以降，国際的に活発に行われてきました．それまでの成果を踏まえて，IARCの発がん性評価は2011年5月に実施されました．

疫学研究における主な陽性結果としては以下のとおりです．

● The INTERPHONE Study

日本，イギリス，スウェーデンなど13か国（ただし米国は不参加）が参加して行った"The INTERPHONE Study"で，1640時間以上の累積長時間通話者で，神経膠腫（悪性脳腫瘍の一種）のオッズ比（OR）が1.40（95％信頼区間：1.03～1.89）とわずかな増加を示しました．

● スウェーデンでの疫学プール分析

この分析では，2000時間を超える通話者は，神経膠腫が約3倍になります．

● わが国の疫学研究

携帯電話で1日20分以上の通話を超える場合に，聴神経鞘腫（良性脳腫瘍の一種）の増加（表3）が示唆されました．

その他，多くの疫学研究結果は，おおむねネガティブでした．

〈表3〉携帯電話使用と発がんが示唆された（陽性）疫学研究

	携帯電話使用と神経膠腫（glioma）	携帯電話使用と聴神経鞘腫（acoustic neuroma）
インターホン国際共同研究（The INTERPHONE study）	・症例-対照研究：携帯電話使用者／非使用者のORは0.81（95％CI；0.70〜0.94） ・通話時間：最長群（＞1640時間）において，ORは1.40（95％CI；1.03〜1.89）	・神経膠腫の結果とほぼ同様の傾向（通話期間が最大5年に渡り，通話時間最長群（＞1640時間）においてのみ，聴神経鞘腫の有意な増加）を示している．
スウェーデン研究のプール分析	・症例-対照研究：1年以上の携帯電話使用者／非使用者のORは1.3（95％CI；1.1〜1.6） ・使用時間：最長群（＞2000時間）において，ORは3.2（95％CI；2.0〜5.1）	・神経膠腫の結果とほぼ同じ．長期携帯電話使用者の聴神経鞘腫が増加している．
日本の疫学研究	−	・携帯電話使用と同側において，聴神経鞘腫の増加を示している．
備考	これらの結果はバイアス（電波以外の影響による効果）の可能性を完全には排除できないが，RFばく露と神経膠腫の因果関係を示唆している．	症例数は神経膠腫に比べ少ないが，上記の疫学研究結果は聴神経鞘腫と携帯電話使用との因果関係を示唆している．ただし，聴神経鞘腫と携帯電話使用の関連性に，否定的な疫学研究もある．

注▶OR：オッズ比（Odds Ratio）．ある疾患などへの罹りやすさを二つの群で比較して示す統計学的な尺度であり，オッズ比が1ならば，ある疾患への罹りやすさが両群で同じということで，オッズ比が2ならば，2倍の罹りやすさを示す．CI：信頼区間（Confidence Interval）．標本調査では標本に応じて誤差が生じるため，母集団の平均が存在すると推測する範囲をいう．

■ 動物実験研究

多くの動物実験研究では，そのほとんどが発がんへの影響を検討するものでしたが，そのほか生殖に関するもの（胎仔の発育や催奇形性について），神経系に関するもの（行動や感覚機能について）や免疫機能に関するものも行われてきました．1997年にトランスジェニック・マウス（体外から特定の遺伝子を導入した遺伝子改変マウス）を使って，電波の曝露により白血病が増加するという報告があり，2000年代に入り高周波電波の発がんへの影響評価はさらに活発に行われてきました．

2年間の長期曝露，発がんしやすい動物を使った研究など，動物実験研究ではネガティブ報告が多いものの，一部（複数）の論文が，複合的発がん研究（化学物質とマイクロ波）では発がんが増加することを報告しています．これは薬剤作用に対する電波の修飾効果が示唆されるものとして，IARCでの作業部会において議論が交わされました．

■ 細胞を対象とした電波影響研究

細胞（分子／遺伝子レベルを含む）を対象とした電波影響研究は，世界各国で活発に行われてきています．数多くの論文発表があり，疫学や動物研究に比べて，細胞実験の論文が最も多く報告されています．表2に示したように，多種多様な指標で発がん性について調べられています．研究の多くは発がんとの関連性から，細胞の遺伝毒性（小核形成，DNA損傷，染色体異常，突然変異など）や機能的変化としての遺伝子発現（がん遺伝子，熱ショックタンパクを主体としたストレスタンパク発現など）に対する電波の影響検証が行われています．

遺伝毒性の一つで，評価の信頼度が高いとされている，染色体の分離，フラグメント形成や切断により生じる小核形成の一例を写真4に示します．図の矢印で示すとおり，細胞分裂期の2核細胞時に，核から分離した染色体断片（DNA）が小核として現れます．

また，電波の効果として発熱作用はよく知られていますが，熱以外の特別な電波の作用として危惧されてきた非熱的効果の有無について注目されています．電

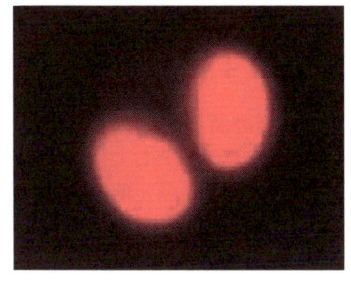

(a) 小核なしの正常分裂　　　(b) 小核ありの分裂

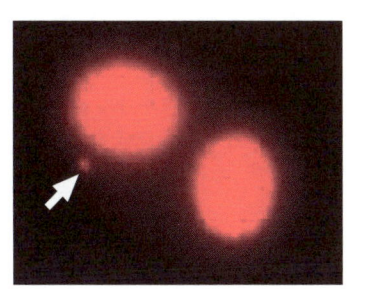

〈写真4〉小核形成の例（矢印が小核）

〈表4〉IARCによる発がん性の分類基準

グループ	主な説明
グループ1：発がん性がある (Carcinogenic to humans)	ヒトへの発がん性を示す十分な証拠がある場合に用いる
グループ2A：おそらく発がん性がある (Probably carcinogenic to humans)	ヒトへの発がん性を示す証拠は限定的であるが、動物への発がん性に対して十分な証拠がある場合に用いる
グループ2B：発がん性があるかもしれない (Possibly Carcinogenic to humans)	ヒトへの発がん性を示す証拠が限定的であり、動物実験での発がん性に対して十分な証拠が無い場合に用いる
グループ3：発がん性を分類できない (Unclassifiable as to carcinogenicity to humans)	ヒトへの発がん性を示す証拠が不十分であり、動物実験での発がん性に対しても十分な証拠が無い場合に用いる
グループ4：おそらく発がん性はない (Probably not carcinogenic to humans)	ヒト及び動物実験において発がん性が無いことを示唆する証拠がある場合に用いる

注：証拠の強さにより異なる評価もある．

波による非熱的な作用としてある種の熱ショックタンパク（例えばHSP-27：Heat Shock Protein-27）産生が増加するという報告があります．ただ、この結果は、多くの研究室で確認されたものでなく、また、否定的な報告もあり、現時点では、科学的に明確な結論は出されていません．

このような機能的変化としてのストレスタンパクの増加、遺伝毒性やそのほかの非遺伝毒性（免疫機能、遺伝子発現（RNA、タンパク）、細胞情報伝達、酸化ストレス、アポトーシス、増殖能力など）の増加など、一部の論文で「陽性」を示す結果があるものの、総合評価として、これまでのところ発熱のない条件で、電波の作用機構として明確な証拠は得られていません．

6 国際機関における評価の概要

IARCの発がん性分類を**表4**に示します．最初に特記すべきことは、IARCの発がん性評価は、発がんの定性的性質を評価する（単に証拠の強さを示す）ものであって、どの程度の発がん影響があるかという発がん性を定量化するものではありません．この点をよく理解しないと、一般の人たちに誤解を与えかねない報道になることがあります．

■ IARC評価会議ワーキング・グループ・メンバーの結論

電波の発がん性について、2011年5月24日～31日にかけてIARCで評価会議が開催されました．発がん性評価会議に参加した15か国30名のワーキング・グループ・メンバーの結論は、前述した研究成果の内容を踏まえて、以下のとおりです．

● 疫学研究の評価

これまでの研究結果を総合すると、上述した一部の「陽性結果」を判断材料の基礎として、ワーキング・グループは「限定的証拠(Limited evidence in humans)」と評価しました．

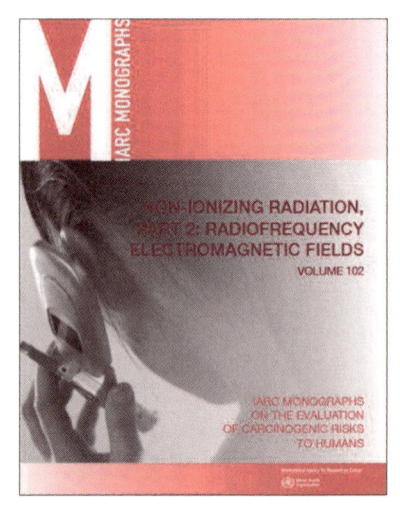

〈写真5〉高周波(RF-EMF)発がん性評価モノグラフ（IARC、第102巻）
https://monographs.iarc.fr/ENG/Monographs/vol102/mono102.pdf

● 動物実験研究の評価

これまでの研究結果を総合すると、陰性の結果が多いものの、上述した一部の複合的発がん研究の「陽性結果」は発がんの証拠として認められ、ワーキング・グループは「限定的証拠(Limited evidence in experimental animals)」と評価しました．

● 細胞実験研究の評価

一部の論文で「陽性」を示す結果があるものの、ワーキング・グループの総合的判断として、「発がんメカニズムについては、弱い証拠(Weak mechanistic evidence)」として評価しました．

● 総合評価

ヒトの疫学研究および動物実験の発がん研究について、それぞれ「限定的証拠」と評価しました．細胞実験研究などの「メカニズムとしての弱い証拠」も含めて、ワーキング・グループのマイクロ波発がん性総合評価は「グループ2B(Possibly carcinogenic to humans」（発がん性があるかもしれない）と決定しま

〈表5〉IARCによる発がん性の分類とその主な例

発がん性の分類及び分類基準	既存分類結果［985例］
グループ1：発がん性がある (Carcinogenic to humans)	電離放射線，紫外線(100～400 nm)，アスベスト，カドミウムおよびカドミウム化合物，ホルムアルデヒド，太陽光曝露，タバコの喫煙，アルコール飲料，コールタール，ディーゼル・エンジンの排気ガス，受動的喫煙環境，ベンゾピレン，紫外線を用いた日焼け用ランプ，加工肉，粒子状物質　　　　　　　　　　　　　　　［他を含む118例］
グループ2A：おそらく発がん性がある (Probably carcinogenic to humans)	アクリルアミド，アドリアマイシン，シスプラチン，メタンスルホン酸メチル，ポリ塩化ビフェニル，木材などのバイオマス燃料の室内燃焼，赤肉　　　　［他を含む75例］
グループ2B：発がん性があるかもしれない (Possibly Carcinogenic to humans)	極低周波(ELF)磁界，高周波(RF)電磁波，アセトアルデヒド，AF-2，ブレオマイシン，クロロホルム，ダウノマイシン，鉛，メルファラン，メチル水銀化合物，マイトマイシンC，フェノバルビタール，コーヒー，漬物，ガソリン，ベンズアントラセン　　　［他を含む288例］
グループ3：発がん性を分類できない (Unclassifiable as to carcinogenicity to humans)	静磁界，静電界，極低周波電界，アクチノマイシンD，アンピシリン，アントラセン，ベンゾ(e)ピレン，コレステロール，ジアゼパム，蛍光灯，エチレン，6-メルカプトプリン，水銀，塩化メチル，フェノール，トルエン，キシレン，お茶　　　　［他を含む503例］
グループ4：おそらく発がん性はない (Probably not carcinogenic to humans)	カプロラクタム(ナイロンの原料)　　　　　　　　　　　　　　　　　　　　　［1例］

＊赤字は電磁波関連因子を示す．　　　　　　　　　　　　　　　　　　　　　　　　　　　　　　　（2015年10月26日現在）

〈表6〉パブリック・コメントを求めるために公開されたEHCのドラフトの各章

章	題名(英文)
第2章	発生源，測定とばく露 (SOURCES, MEASUREMENTS AND EXPOSURES)
第3章	生体内の電磁場：SARと熱 (RADIOFREQUENCY ELECTROMAGNETIC FIELDS INSIDE THE BODY)
第4章	生物物理メカニズム：組織加温 (BIOPHYSICAL MECHANISMS)
第5章	脳生理学と機能(BRAIN PHYSIOLOGY AND FUNCTION)
第6章	聴覚，眼の機能 (AUDITORY, VESTIBULAR AND OCULAR FUNCTION)
第7章	神経内分泌システム (NEUROENDOCRINE SYSTEM)
第8章	神経変性疾患 (NEURODEGENERATIVE DISEASES)
第9章	心血管系と体温調節 (CARDIOVASCULAR SYSTEM AND THERMOREGULATION)
第10章	免疫システムと血液学 (IMMUNE SYSTEM AND HAEMATOLOGY)
第11章	不妊，生殖と(胎児の)成長 (FERTILITY, REPRODUCTION AND CHILDHOOD DEVELOPMENT)
第12章	がん(CANCER)

注：第1章，第13章，および第14章は未公開

した．
http://www.iarc.fr/en/media-centre/pr/2011/pdfs/pr208_E.pdf

　この詳細な内容は写真5に示すIARCモノグラフ(第102巻)として，すでに2013年に刊行されています．このモノグラフの主な章立ては，以下のとおりです．

　第1章　電磁波発生源，曝露および曝露評価
　第2章　ヒトにおけるがんの研究
　第3章　実験動物における発がん研究
　第4章　発がん評価に関連するほかのデータおよびそのメカニズム
　第5章　要約
　第6章　最終評価

　参考のため，IARCによる発がん性評価分類の主な例を表5に示します．

■ WHOによるEHCの発行

　なお，IARCによる電波の発がん性評価を終了したので，WHOは恒例にしたがって電波のEHC作成にかからねばならなかったのですが「諸般の事情」により数年遅れてしまいました．ようやく2014年9月30日にEHCのドラフトが公開され，その年の12月15日までパブリック・コメントを世界中から求めました．

　公開されたEHCのドラフトの各章を表6に示します．実際は，重要な章(第1章：要約や推奨研究，第13章：健康リスク評価，および第14章：防護対策)が抜けており，この部分はパブリック・コメントへの対応も含めて，タスク会議での結論を待たねばなりませ

ん．ようやく2016年中に，電波のEHC作成のための，がんを含めたそのほかの健康全般について評価するタスク会議がWHO本部で実施される予定です．

❼ 健康への影響評価のまとめ

電波の健康影響に関しての国際的評価は，現時点で中間段階であります．少なくともWHOでのタスク会議が開催され，その最終評価が公開されなければなりません．ただ，発がん性評価の結果やその評価過程の内容を考えると，現在の電磁環境としての電波（高周波）による健康影響については，重篤な身体影響をもたらすようなものとは考えにくいです．

■ SCENIHR（スケニアー）報告

参考のため，追加として，2015年にまとめられたSCENIHR（Scientific Committee on Emerging and Newly Identified Health Risk：振興／新規同定の健康リスクに関する科学委員会）報告の電波関連部分の要約を以下に示します．

- 疫学研究結果については，脳腫瘍のリスク上昇について，十分なエビデンスを示していない．頭頸部のほかのがんや小児がんを含むほかの悪性疾患のリスク上昇を示していない．
- 初期の研究結果は，携帯電話のヘビー・ユーザにおいて，神経膠腫および聴神経鞘腫のリスク増加の問題を提起した．直近のコホート研究および発症率の時間に依存した研究によると，神経膠腫のリスク上昇の証拠は弱まっている．聴神経鞘腫とRF曝露の関連の可能性については未解決である．
- 電波曝露が，覚醒時および睡眠時の脳電図（EEG：Electroencephalogram）において，影響するかもしれない結果が，最近の研究でさらに立証されている．ただ，小さな生理学的変化の生物学的意味は不明である．
- 電波曝露がヒトの認知機能に影響を及ぼすという証拠はない．
- 現行の曝露限度値を下回るRF曝露レベルによる生殖および発達への有害な影響はない，と結論した先のSCENIHR意見書内容は，最近の研究データを含めても，この評価結果に変更はない．

SCENIHR報告のURLを以下に示します．
http://ec.europa.eu/health/scientific_committees/emerging/opinions/index_en.htm

■ 電波が与える健康への影響について不安を抱く人々が多いことも事実

電磁波に敏感で，体調の不良を訴えている人々の声があることは，国内はもちろん，世界的にも話題になっています．いわゆる「電磁過敏症」と称していますが，微弱な電磁波に曝されると，皮膚症状（発赤，灼熱感など）や自律神経系症状（頭痛，疲労感，めまい，吐き気など）が現れるらしいです．電波と健康分野で，解決しなければならない問題の一つです．

さらに，情報通信をはじめ，生活環境における多種多様な電波利用の役割は極めて大きいですが，利便性が高くなる一方で，電波に対する危惧，とくに健康への影響について不安を抱く人々が多いことも事実であります．

■ リスク・コミュニケーションの重要性

超低周波（ELF：Extremely Low Frequency）のWHOタスク会議にメンバーとして参加したときに，リスク・コミュニケーションの話題が取り上げられました．不安を解消できるかわかりませんが，科学的な成果を少しでも正確に伝える，とくにリスク・コミュニケーションの重要性が各国の多くのメンバーから指摘されていました．電波と健康の理解にはリスク・コミュニケーションが重要であることはわかっています．

ただ，リスク・コミュニケーションは過去の研究成果を基に行うものであり，生命科学領域で未解明な（不確定な）ところは，新しい研究なくして，リスク・コミュニケーションにも限界があります．研究の推進とリスク・コミュニケーションの同時進行が極めて重要であると考えます．

❽ これからの生体影響研究

電磁波生命科学は，その主たる目標の一つとしては，科学的に信頼のおける研究成果から，電磁波の生体影響を正当に評価することにあります．これらの成果は，電磁波の線量-効果関係（現在のところ，高周波の場合，線量を電波のエネルギー比吸収率（SAR：Specific Absorption Ratio）としており，さらに曝露時間も因子として加えている）に基づいたしきい値の推定を可能とします．IARCの発がん性評価で，限定的と結論付けたポジティブ研究については，再現実験の必要性もあるが，これからタスク会議で作成されるWHOの環境保健クライテリア（EHC）に述べられる研究推奨テーマが大きな参考となります．

電磁過敏症（自覚的）については，科学的証明はありませんが，症状を訴える人々がいるのは事実です．ノセボ効果（不安感からの症状）の可能性も含めて，重篤な人については，感受性遺伝子の検索研究も一つの方法であると考えられます．

新しい電波利用技術に対する評価研究の観点から，超高周波（数GHz～ミリ波，テラヘルツ）やワイヤレス給電と関連した中間周波数帯電波など，これらの周波数帯は，これまでに行われた生体影響評価研究が少

なく，このような電波の周波数帯領域が生活環境で汎用となるには，健康影響に関係する研究の推進が重要です．

現代は多種多様な電波環境/利用の社会となり，電波影響に関する疫学研究は重要ですが，新しい周波数帯の評価は，その対象となる電波に関して，数多く(数十万人を超える)の人々の曝露実績が必要であり，疫学研究の限界ではないかと考えられます．生命科学において，ヒトゲノム解析が急速に進展し，さらに電波曝露評価も高精度で行えることから，細胞/遺伝子レベルでの研究推進が，より精度の高い評価を可能とすると考えられます．

◆参考文献◆

(1) 宮越順二(編者)；「電磁場生命科学」，397p.，京都大学出版会，2005年．
(2) 宮越順二；電磁場と健康，環境と健康，第21巻，pp.332～342，体質研究会，2008年．
(3) 宮越順二；「携帯電話の電波に発がん性？」，ニュートン，Vol.9，p.125，ニュートンプレス，2011年．
(4) 宮越順二；「ワイヤレス送電技術の最前線」，第4章 電磁界電磁波防護指針と生体影響，エレクトロニクスシリーズ，pp.107～116，シーエムシー出版，2011年．
(5) 宮越順二，白井智之(和訳)：ケータイ電波の発がん性～WHOが「疑いあり」とした内幕～，Meike Mevissen，Christopher Portier(著)，日経エレクトロニクス 2012年5月14日号，pp.87～92，日経BP，2012年．
(6) 宮越順二；第12章 電磁波の安全性，「ワイヤレス給電技術」，pp.363～381，科学情報出版㈱，2014年．
(7) 小山眞，宮越順二；「高周波電磁界による細胞応答研究の動向」，Journal of the National Institute of Public Health，第64巻，第6号，pp.547～554，2015年12月．
(8) Junji Miyakoshi; "Cellular Biology Aspects of Mobile Phone Radiation", Advances in Electromagnetic Fields in Living Systems, Volume 5: Health Effects of Cell Phone Radiation, pp. 1～33, Springer-Verlag New York, 2009.
(9) IARC Monographs on the Evaluation of Carcinogenic Risks to Humans, Vol. 102, Part 2: Radiofrequency Electromagnetic Fields, 2013.
(10) Junji Miyakoshi; "Cellular and Molecular Responses to Radio-Frequency Electromagnetic Fields", Proceedings of the IEEE, Vol.101, pp. 1494～1502, 2013.

みやこし・じゅんじ
京都大学 生存圏研究所 特任教授

■ 著者略歴

昭和56年	大阪市立大学 大学院医学研究科 修了
昭和62年	(カナダ)アルバータ大学付属がんセンター 特別研究員
平成元年	京都大学 医学部 講師
平成8年	京都大学 大学院医学研究科 助教授
平成14年	弘前大学 医学部 教授
平成22年	京都大学 生存圏研究所 特定教授
平成28年	京都大学 生存圏研究所 特任教授

専門分野：
　電磁波生命科学，放射線基礎医学

活動：
- 世界保健機関(WHO) 国際がん研究機関(IARC)「RF発がん性評価専門委員会」ワーキング・メンバー
- 世界保健機関(WHO) ELF環境保健クライテリア(EHC)タスク会議メンバー
- 世界保健機関(WHO) 国際がん研究機関(IARC)「ELF発がん性評価専門委員会」ワーキング・メンバー
- 総務省「生体電磁環境に関する検討会」委員 など

技術解説

電波を発射せずに航空機の航行位置を
算出できる！

受動型2次監視レーダーの
しくみと実際

野田 晃彦
Akihiko Noda

1 はじめに

「レーダー」と呼ばれるものが今や自分たちの周り，社会で生活する中に，溢れかえるほど多く使われるようになっています．例えば，気象観測用で雲や降雨等を捉えるためのものだったり，自動車と何かの衝突を未然に防ごうとするためのものだったり，はたまた恋人や友達がどこにいるのか，近くにいるのかを探すためのものだったり，おおよそ雑多なものがあります．最近ではミサイルの発射をいち早く見つけるためのものがテレビなどで話題になっていることもあります．

■ **おもな航空管制用レーダーの種類**

いわゆる「レーダー」の一般的なイメージに合致していて，しかも意外と近くで目にすることができるものといえば，空港に設置してある，クルクルと忙しく回っている空港監視レーダー（ASR：Airport Surveillance Radar）でしょう．**写真1**のようなレーダーを見かけたことがあると思います．

ASRは，1次監視レーダー（PSR：Primary Surveillance Radar）と2次監視レーダー（SSR：Secondary Surveillance Radar）とを組み合わせ，空港から約60 NMまたは100 NM程の範囲の空域にある航空機の位置を把握できるようにしたものです．なお，1 NM（海里）は約1852 mです．航空管制では，出発する航空機，空港に進入してくる航空機等の誘導や航空機相互間の間隔設定等のターミナル・レーダー管制業務に使用され，非常に重要な位置づけにあるといえます．

また，同様なものに航空路監視レーダー（ARSR：Air Route Surveillance Radar）や洋上航空路監視レーダー（ORSR：Oceanic Route Surveillance Radar）があり，これらはエンルート上の航空機の位置を把握するもので，やはり航空機の誘導や航空機相互間の間隔設定等レーダーを使った航空路管制業務に使用されます．ARSRは半径200 NM，ORSRは半径250 NMの空域をカバーします．

■ **大規模なレーダーを用意せず，電波も発射せずに航空機の位置を把握できるのが受動型2次監視レーダー**

ところで，これら航空機の情報はどうしたら利用できるのでしょうか？

一般的には，航空機の運航情報には機密性が求められることがあり，航空管制に利用される以外には，一部の機関に限り入手することは可能ですが，その情報内容には制限がかけられますし，それなりのコストもかかります．また，せっかく得られる情報も更新頻度が遅く，リアルタイムな利用には適さないといえます．かといって，自前で大規模なレーダー・システムを用意しようとすると，システムだけで億単位の費用が必要になり現実的ではありませんし，レーダー・システムから電波を発射するための免許の取得も必要になってしまいます．

本稿では，自前で大規模なレーダー・システムを用意せず，電波を発射することもなしに航空機の位置を把握できる受動型2次監視レーダー（PSSR：Passive Secondary Surveillance Radar）をベースとした，ネ

〈写真1〉空港監視レーダー（ASR）の例

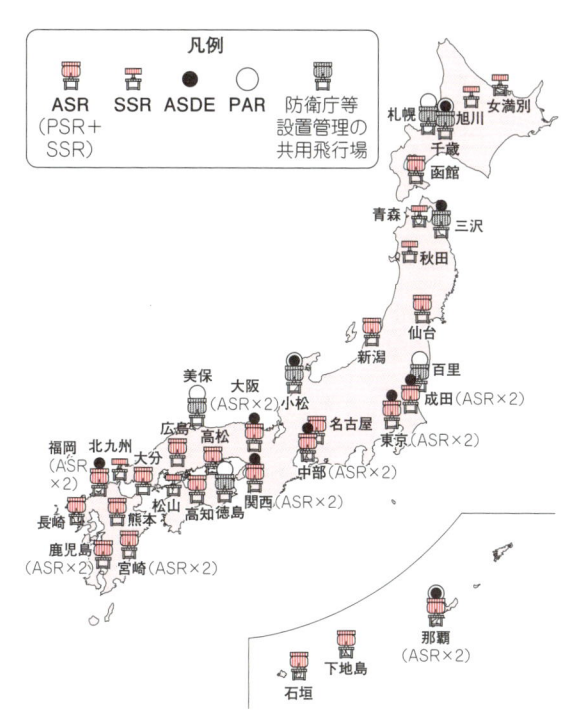

〈図1〉国内の2次監視レーダーの配置（出典：国土交通省のホームページ）

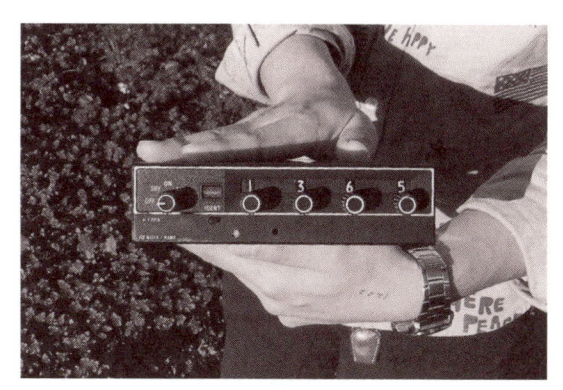

〈写真2〉ATCトランスポンダの例（KT76, Bendix King社）

ットワーク(N/W)型PSSRシステムを開発／構築したので，その概要について紹介したいと思います．

2 2次監視レーダー（SSR）のしくみ

図1を見てください．現在，日本国内では数十システム以上の2次監視レーダー（SSR）が，航空路やターミナル空域を航行する航空機の監視に使用されています．PSSRは，これらのSSRを親局として利用します．そのため，まず基本的なSSRのしくみについて説明しておかなければなりません．

■ ATCトランスポンダ

SSRでは，地上アンテナから質問信号を発射すると，それを受信した航空機上のATCトランスポンダ（航空交通管制用自動応答装置）が各機固有の応答信号を返信します．この応答信号により，航空機を識別するとともに，距離／方位および飛行高度や，ハイジャックなどの緊急事態発生などの航空管制に必要な情報を取得できます．

写真2に示すのが実際のトランスポンダです．写真3に示すような小型航空機にも積載されています．

■ PSRとSSRの違い

一般的にレーダーといえば，照射する電波の反射を受信／分析し，その電波を反射した物体やその動きを特定します．しかし，航空管制業務に利用されているSSRはまったく異なる原理に基づくシステムです．

(a) 小型機　　　　　　(b) コックピット内のトランスポンダ

〈写真3〉小型航空機もATCトランスポンダを搭載している

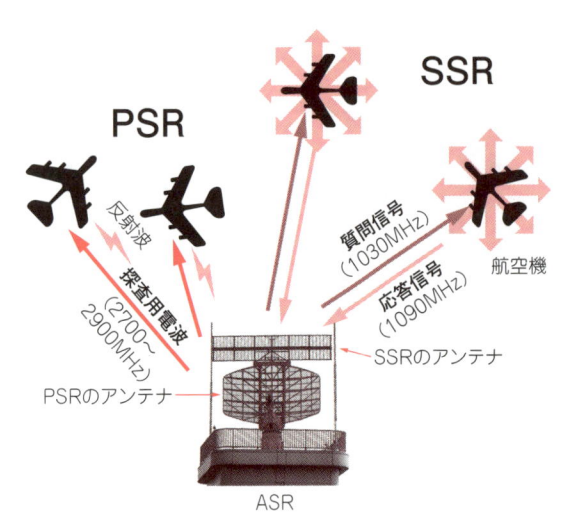

〈図2〉ASRで使われるPSRとSSRの違い

　SSRの起源は第2次世界大戦中に連合国側で実用化された航空機敵味方識別装置です．連合国軍の航空機には応答機と呼ばれる装置が搭載され，特定の周波数で特定のパターンの信号（質問信号）を受けると，自らが味方であることを示す応答信号を発信していました．

　SSRに対して従来のレーダーはPSRと呼ばれます．PSRは監視対象に当たって反射して返って来た弱い電波を分析しなければならないので，探査のために十分強力な電波を発信する必要があり，また微弱な反射波を受信する大きなパラボラ・アンテナが必要です．

　一方SSRでは，質問信号は監視対象の航空機に届くことが最低限の条件であり，航空機からはPSRの反射波に比べて遥かに強力な応答信号が返されるので，アンテナも必要な測角性能が確保できれば十分です．

　SSRはこのような原理から，従来のレーダーに比べて遥かに弱い電波で広い覆域を実現でき，また応答信号に自機の情報や飛行高度の情報を載せることも可能になり，PSRでは不可能だった個体識別や3次元的な測位が可能になっています．

　一般にASRは図2に示すようにPSRとSSRを組み合わせて構成しています．

■ SSRがやりとりする信号

　ASRで使われるSSRは，PSRと同期して1分間に約15回（4秒に1回）回転し，質問信号（モード・パルス）を1030 MHzで送信し，応答信号（コード・パルス）を1090 MHzで受信します．なお，航空機の識別コードをモードA，気圧高度情報をモードCとして，やり取りします．

　質問信号に対して，ATCトランスポンダは決められた時間内に自動的に応答するため，応答してきた航空機の距離や方向を知ることができますし，モードA/Cの応答により航空機の識別情報や高度も合わせて知ることができるのです．

3 受動型2次監視レーダーのしくみ

　受動型2次監視レーダー（PSSR）は，国立研究開発法人 海上・港湾・航空技術研究所 電子航法研究所（ENRI：Electronic Navigation Research Institute）におけるユニークな研究開発成果の一つです．（日本国特許：2991710，3041278，3277194）

　PSSRは，大規模な空港や航空路監視のために運用されているSSRを親局として，その覆域において親局SSRと同様な航空機監視情報を自らは電波を一切発射することなく取得することを目的として実現したシステムです．ここでは，PSSRがどのようにして航空機の位置を算出しているのか説明します．

■ PSSRの稼働要件

　最も簡単なPSSRの稼働要件は図3に示すとおりで，PSSRは親局として想定するSSRの覆域内に，親局SSRからの質問信号（1030 MHz，モードA/C）を受信できる場所に設置されなければなりません．必ずしも親局SSRの見通しである必要はないですが，ビルなどによる反射信号であっても親局SSRからの質問信号が受信できることは（最も簡単な構成のPSSRにおいては）必要条件になります．親局SSRからの質問信号が受信できない場合にもPSSRを運用するためには，いくつかの付加的な機能が必要となってしまい，システムとしてのPSSRが複雑になってしまうことは止むを得ません．

　電子航法研究所方式のPSSRでは，親局SSRの運用プロファイルを推定することが必要不可欠です．日本国内で運用されている航空路監視およびターミナル空域の監視に利用されているSSRは，それぞれ10秒と4秒の走査周期で，走査ビーム幅は約3°です．

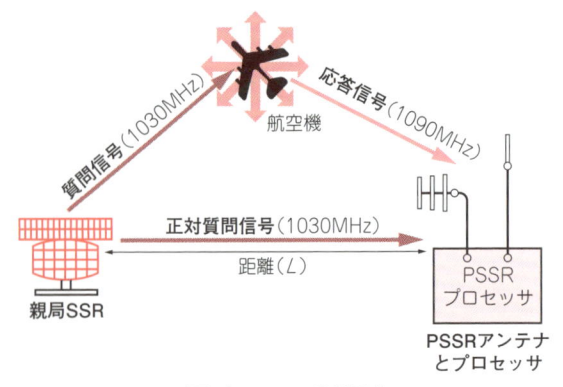

〈図3〉PSSRの稼働要件

〈図4〉PSSRの測位原理

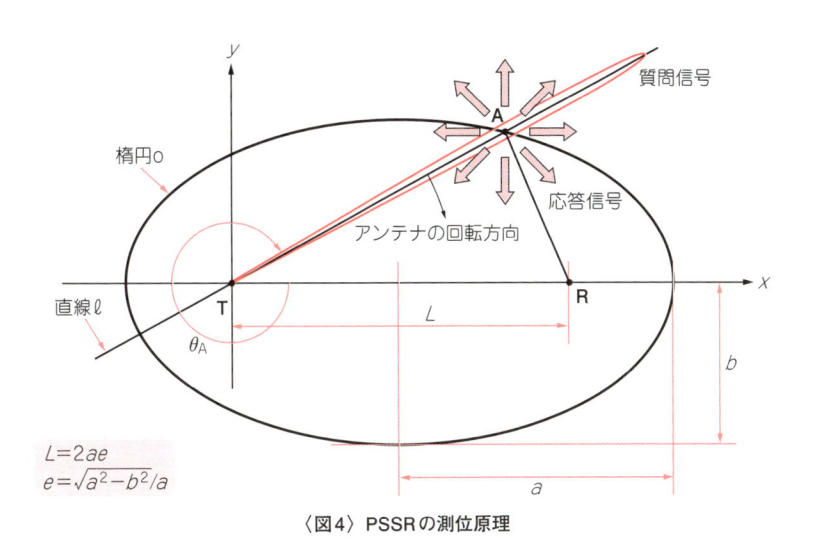

$L=2ae$
$e=\sqrt{a^2-b^2}/a$

　PSSRはその設置場所において，親局SSRの毎回の走査で一連（約20回）の質問信号を受信することが可能であり，その内容を分析することにより質問信号の発出時間間隔，質問信号のモードA/Cの繰り返しパターンを識別します．親局SSRの設置位置とPSSRの設置位置がわかっていれば，その相対的な距離と電波伝搬速度から，親局SSRが「いつ，どの方向に，どのモードの質問を発出しているのか？」計算することが可能であり，航空機からの応答信号が受信できた場合には，その応答信号の受信時刻から「その応答信号が，どの質問信号に対応しているのか？」を計算して，航空機の位置を計算できます．

■ 測位原理

　PSSRの測位原理の概略を図4に示します．
　親局SSRの質問信号発出時刻から航空機からの応答信号受信時刻までが，親局SSRから航空機を介してPSSRまでの電波の伝搬時間であって，この時間から親局SSRの走査アンテナ設置位置とPSSRの応答信号受信アンテナ設置位置を焦点とする楕円（測位楕円）を描くことができます．測位楕円と，その時刻に走査アンテナの向いていた方向線との交点として航空機の位置は計算されます．なお，上述したのはPSSRの測位原理を2次元的に近似して説明したものであり，実際の航空機の測位計算においては，航空機からのモードCによる気圧飛行高度情報を加味して図5のように3次元的に計算しています．

　先の図4は，PSSRによる航空機位置の算出原理を2次元的に近似したものです．航空機の位置は，測位楕円を走査ビーム幅で切断した楕円弧として表示されており，放送型自動従属監視信号（ADS-B：Automatic Dependent Surveillance - Broadcast）により与えられ

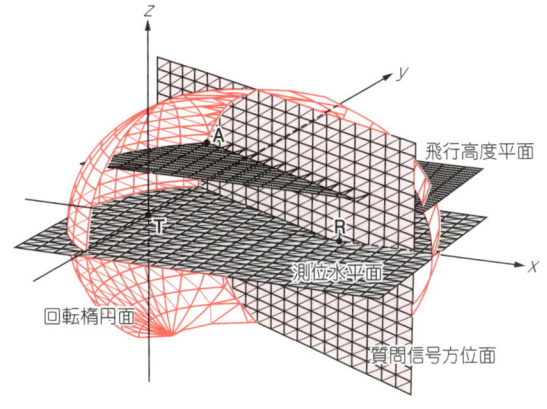

〈図5〉3次元空間における測位

る航空機位置がその楕円弧の中央に一致する程度の測位精度が実現されていることは確認されています．

(1) 親局SSRの走査アンテナは点Tにあって，一定の角速度で，一定の時間間隔で質問信号を発出しながら回転しています．
(2) 航空機は点Aで質問信号を受信し，PSSRは親局SSRの覆域内である点Rで航空機からの応答信号を受信します．
(3) PSSRは点Rにおいて親局SSRからの正対質問信号を受信することで，親局SSRの質問周期やパターンなどのプロファイルを生成します．
(4) 親局SSRのプロファイルと航空機Aからの応答信号の受信時刻から，点Tと点Rの距離は一定の距離Lなので，PSSRは航空機の存在する測位楕円と質問方向線の交点として航空機Aの位置を算出できます．
(5) 親局SSRのプロファイルからθ_Aがわかるので，測位楕円と質問方向線の交点として航空機Aの位置を算出できます．

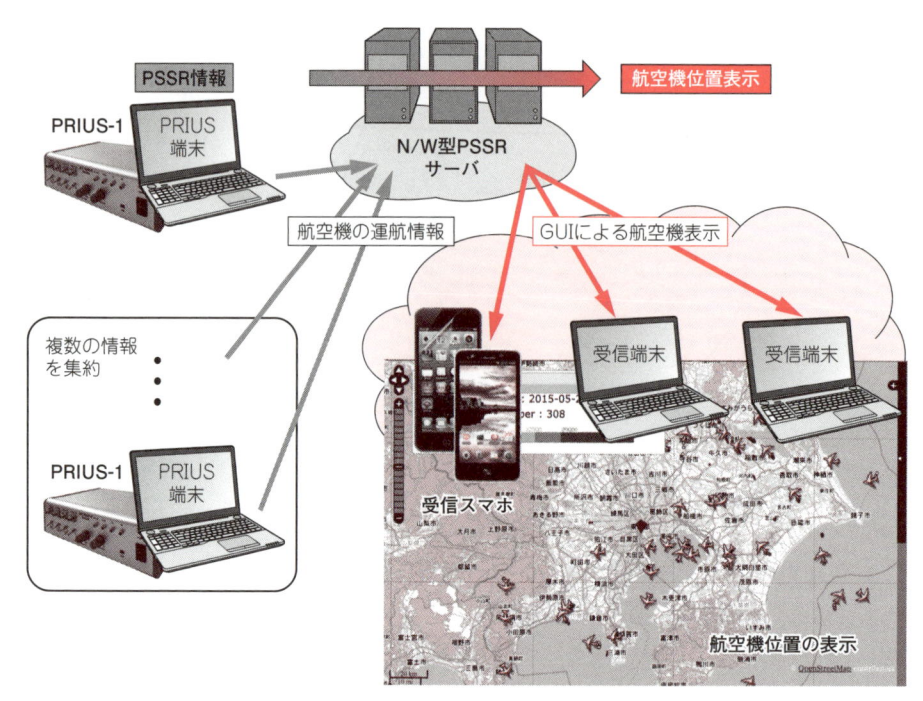

〈図6〉N/W型PSSRシステムの構成と利用例

(6) なお，親局SSRのブラインド・エリアはPSSRでもブラインド・エリアとなりますし，また，PSSRと親局SSRを結ぶ直線上の近辺もブラインド・エリアとなります．

4 ネットワーク型PSSRシステムの紹介

当社ではPSSRシステムを構築するにあたり，PSSR装置で取得した航空機の運航情報をインターネットを介してサーバのデータベースに集約し，サーバからウェブ・ベースで，地図上に航空機の情報を観測周期に合わせて配置した画面を利用者に配信できる構成としました．この構成を「ネットワーク型（N/W型）PSSRシステム」（図6）と呼び，これによりPSSRによる観測範囲内の航空機情報を漏れなく取得し，観測周期（4 sec）からほぼ遅延なく準リアルタイムで，多人数に対し，正確に，わかりやすく，航空機の情報を提供できるようになりました．

■ 実際の装置やアンテナについて

写真4にN/W型PSSR装置の外観を示します．

この装置は有限会社アイ・アール・ティー（IRT社）により開発/受注生産されている"PRIUS-1"（プリウス・ワン）という小型/軽量/低電力で稼働するハードウェアであり，N/W型PSSRシステムは，これを核として採用し，加えてインターネットおよびサーバ，データベースを利用したシステムです．もちろん，PRIUSは単独でも十分にその用を足せる装置なのですが，インターネットなどと合わせてN/W型PSSRシステムとして利用することにより，さらに有効に活用しようとするものです．

表1にPRIUS-1の諸元，写真5に受信アンテナの外観をそれぞれ示します．

■ N/W型PSSRシステムで実現可能なこと

例えば，以下のようなことが可能になります．

● **複数のPRIUSの情報を集約して利用することが可能**
▶広域における航空機の運航情報を取得/提供可能

各地の空港のSSRを親局としてPRIUSを設置し，それぞれで取得した情報をサーバに集約することにより，より広域における航空機の運航情報を取得，提供できます．図7に示すように主要8空港に設置すると日本の多くの部分をカバーできます．

例えば，成田空港と小牧空港の情報を集約すると図8（p.122）に示すような範囲の運航情報を取得/提供できることが実証できました．東西を横断する航空機の航跡を連続して観測できているのが見られます．

▶ブラインド・エリア解消

一つの親局SSRの異なる角度に複数のPRIUSを設置し，サーバに情報を集約することにより，PSSRシステムにおけるブラインド・エリア（PSSRの測位原理から親局SSRとPSSRを結ぶ直線上近辺にできる）

〈写真4〉N/W型PSSR装置PRIUS-1 [㈲アイ・アール・ティー]

〈写真5〉PSSRシステムの受信アンテナ

応答信号用（1090MHz）
正対質問信号用（1030MHz）

〈表1〉PRIUS-1の諸元 [㈲アイ・アール・ティー]

項　目	値など	備　考
質問信号の受信周波数とレベル	1030 MHz，－20～－70 dBm	SSRから約50 km以内
応答信号の受信周波数とレベル	1090 MHz，－20～－85 dBm	
質問信号のインターバル時間	200～600 pps	同一インターバルにおいて連続であること
質問信号のスキャン・モード	AC，AAC，ACC，SAC	スタガード・トリガは不能
質問信号のサイクリック時間	4±0.3 sec～10±0.3 sec	
受信情報コード	スコーク，高度，ADS-B	
受信範囲	±100 km（最大±200 km）	
受信対象	無制限	連続追跡可能
質問信号の受信アンテナ・サイズ	300×200×50 mm	
応答信号の受信アンテナ・サイズ	100×10 mm	
消費電力	3 W	
外形	65×250×170 mm	

を解消できます．

▶同一航空機の位置推定精度の向上

SSRは局から遠方に行くほどビーム幅3°ぶんの不確定要素を持ちますが，複数の場所の異なるPSSRシステムから同一航空機の位置を推定すれば，その精度は自ずと増すと考えられます．

● PRIUS以外の情報も集約して利用可能

▶AIS情報から船舶の位置を重ねて表示可能

自動船舶識別装置（AIS：Automatic Identification System）から情報を取得し，船舶の位置をN/W型PSSRシステム上の別レイヤに重ねて表示できます．同様に情報さえあれば，バス，トラック，自家用車，電車，人などの位置情報を重ねて表示できます．

▶気象情報も地図上に表示可能

雨雲等の気象情報を取得できれば，地図上に重ねて表示できます．

● 地図ベースのGUIにより，直感的にわかりやすく情報を提供可能

収集した航空機の情報を地図をベースとしたGUIにより，誰にでも直感的に，わかりやすく，情報を提

〈図7〉主要8空港にPSSRを設置した場合のカバー範囲（各円は半径200 km）

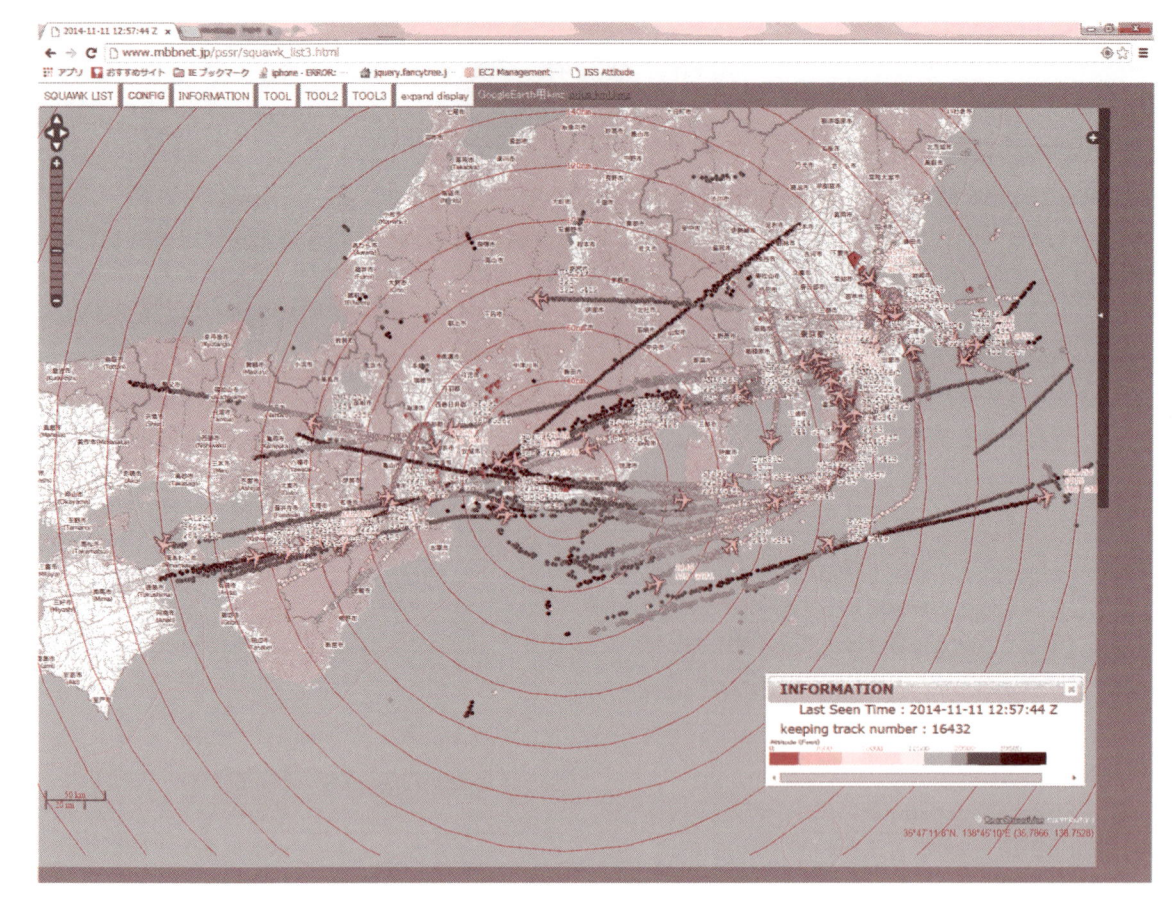

〈図8〉成田空港と小牧空港の情報を集約して表示した例

供可能です．地図はOpenStreetMapをデフォルトでは使用していますが，国土交通省国土地理院やGoogle等の地図を始め，必要な地図を背景に設定することも可能です．

● ウェブ・サービスとして情報を提供するので，どこでも情報を参照できる

このシステムでは，ウェブ・サービスとして情報を提供するので，PSSRを設置した場所にいる必要はなく，インターネットに接続できて，ウェブ・ブラウザさえ使えれば，屋外などどこにいても，PCでもタブレットでもスマートフォンでも航空機の運航情報をリアルタイムで参照することが可能です．

● ADS-B情報もPSSR情報と重ねて表示できる

N/W型PSSRシステムは，ADS-B情報も合わせて取得し，PSSRの情報と重ねて表示できます．また，航空機の識別情報をキーとして航空機のIDを取得し，表示することもできます．

● 過去の航空機情報や航跡を表示できる

専用データベース(DB)に取得した航空機の情報を蓄積していますので，過去のある時点の航空機の情報を取り出したり，ある期間に航空機がどこをどのように通ったか航跡を表示したりはもちろん，過去のある期間の航空機の運航状況を再現して表示することもできます．

● 親局SSRを直接受信できない環境でも，航空機の位置を算出できる

N/W型PSSRシステムは，親局SSRから信号を受信して親局SSRの質問周期やパターンなどのプロファイルを生成する部分と，そのプロファイルに基づいて測位楕円の計算を行う部分とをネットワークで接続しさえすれば，物理的には分離しておくことができるので，親局SSRを直接は観測できないような環境においても，航空機の位置を算出できます．

図9に示すように山などに遮られて，直接は正対質問信号を受け取れない場合にも，ネットワークを介して情報を送り，プロファイルを取得できれば，航空機の運航情報を取得できるようになります．

■ ADS-Bによる情報取得の限界

最近では，ADS-B情報を簡易な設備で取得できたり，インターネットで公開されているスマートフォンのアプリケーションによってADS-B情報を見ること

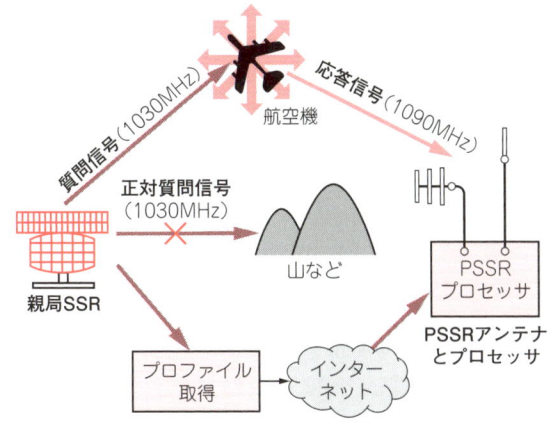

〈図9〉N/W型PSSRシステムの拡張例

ができたりします.しかし,羽田空港や成田空港などの離発着数が非常に多く,また多種多様な航空機が飛び交うようなエリアにおいてさえも,ADS-B信号を放送している航空機はやっと7～8割程度でしかなく,とくに小型機やヘリコプタなどを含むすべての航空機の運航情報を知ることはできるはずもありません.そのほかの地方空港エリアにおいては,推して知るべしというところでしょう.

図10に示すように,モードA/Cでははっきりと確認できている航空機も,ADS-Bではその存在を知ることさえできないのです.

さらにいえば,ADS-Bは航空機がGPS(Global Positioning System)等から取得した位置情報を放送するものですから,電離層擾乱やGPSへの妨害などによる電波干渉に潜在的に弱点を持っており,測位が高精度であるがゆえに今後とも航空機の運航に広く使われることは予想できますが,これだけでは安全で効率的な運航を確保できるものではないのです.

実際の航空管制において,PSRとSSRの情報を合わせて利用していることから考えても,SSRの情報は航空管制にとって重要な情報であることは明らかで,そのSSRと同じ情報を取得,提供できるN/W型PSSRシステムは非常に有用といえます.

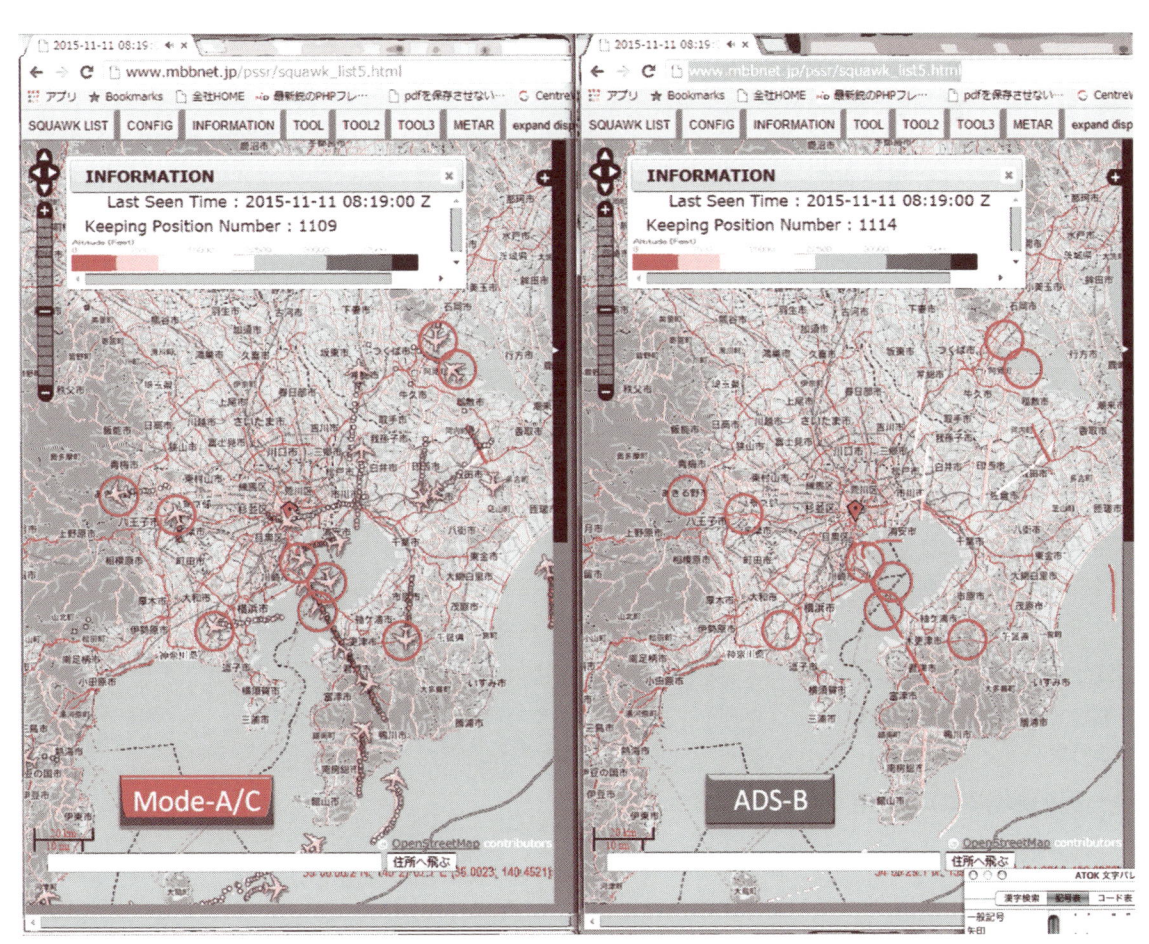

〈図10〉SSRモードA/CならADS-Bでは捕捉できない航空機も表示できている

■ SSRモードSへの対応

SSRモードSを使った個別質問/応答による電波干渉の軽減，応答飽和の防止，監視精度の向上，識別可能機数の向上，データ・リンク機能の追加などが進められています．IRT社では，このモードSに対しても，すでにハードウェア対応を始めています．

SSRモードSは，モードS一括質問により得られる航空機の応答からモードSアドレスを取得し，それに基づき各航空機に対してさらに個別質問を行い，モードA/Cコードを取得するものです．

5 まとめ

■ 実運用からわかってきた課題など

N/W型PSSRシステムを構築し，当社ビル内に装置を設置して定常的な運用を継続して行っています．ここは成田空港から50 kmほど離れているのですが，SSRを親局として正対質問信号を受信し，そのプロファイルを解析して，これに応答する航空機の位置を算出し，運航情報を収集しています．すべての情報を長期にわたり収集/保管しているので，今後これらの情報を基に統計的な知見を得ることができると大変に期待しています．

また，物理的にはSSRに非常に近い羽田空港エリア内に，極く短期的にではありますが装置を設置し，過負荷な環境において運用する実証実験を行いました．ここでは必要な電波だけではなく，余計なノイズが非常に多くなってしまうことを当初から予想していましたが，それが現実の大きな問題として突き付けられました．ゲインを絞れば遠方の航空機が見えづらくなり，その逆ではノイズの影響をもろに受けて航空機の位置を判別できなくなってしまうような現象が起きていました．フィルタの追加，指向性のあるアンテナの方向，ゲインの極微妙な調整などによって，必要な情報を取得することはできるようになりましたが，今後とも必ず直面する問題として対応を考える必要があります．

しかしこれらの経験により，システムの基盤としては漸く成熟しつつあります．今後は，全国各地のSSRを親局として全国を網羅するサービスを行うことも十分に可能になってきました．

■ 災害現場での利活用

小型で可搬型であること，低消費電力であること，取り扱いが容易であることなどから，災害現場に持って行って，航空機の運航情報を正確に把握するために利用することが考えられます．阪神・淡路，東日本，熊本など多くの震災が次々に発生する我が国において，さまざまな災害時に，救急医療，消防，マスコミなどのヘリを含む航空機が現場上空を入り乱れて飛ぶことは稀ではありません．実際に盛岡で災害現場の指揮を執った方が，それらの多くの航空機をコントロールすることが非常に難しかったと述懐されていた言葉が蘇ります．そのとき，N/W型PSSRシステムがあれば，と思わざるを得ません．

また，今後当分の間は，すべての航空機がADS-B信号を放送するような状況には決してならないと予測でき，SSRの情報は変わらずに利用され，したがってN/W型PSSRシステムも活用され得るだろうと考えています．

■ 微弱な反射波を受信して航空機の位置を推定するPRIUS-2

IRT社では"PRIUS-2"を開発しました．これはSSRの電波を利用するのですが，航空機からの応答信号を受信するのではなく，微弱な反射波を受信してPRIUS-1とほぼ同様な結果（航空機の位置情報）を取得できるものです．

この装置であればモードA/CのATCトランスポンダを搭載していない，またはスイッチをOFFにしている航空機であっても，その位置を算出できます．これを現行システムと統合してシステムの価値を向上させていくことを計画しています．

■ 空間情報システムへ

今後は，N/W型PSSRシステムをどう使うのか，さまざまな方面への応用，拡大拡張を考え，またさらに発展させて「空間情報システム」と呼ぶべきものとして，社会に十分に飛躍的に貢献するべく，さまざまな準備を進めていきます．

◆ 参考文献 ◆
(1) 塩見格一；「管制レーダ情報を用いた航跡補足技術について－受動型二次監視レーダのご紹介－」，日東紡音響エンジニアリング 第2回 音環境セミナー（東京），2013年10月．
(2) 青山秀次，塩見格一；「受動型レーダーの開発の現状と展望」，日本航海学会誌(190)，pp.19～28，2014年10月1日．

のだ・あきひこ　三菱スペース・ソフトウエア㈱

Appendix

発明者 植田知雄とPSSR開発をめぐる四方山話
受動型SSR装置の今は昔

塩見 格一
Kakuichi Shiomi

　本編で紹介した受動型SSR装置(PSSR)は，今日 電子航法研究所方式として認知を得ている装置であって，親局SSRの走査アンテナによる質問信号発出方位（親局プロファイル情報）を利用して航空機位置を算出することを特徴としています．もっとも，このPSSRは，本来は「植田式受動型SSR装置」と呼ばれるべきものであって，発明者は植田知雄氏です．電子航法研究所は，1989年に開始したその初号機の試作に当たって幾らかの経費負担をし，また本職がコンセプト資料の作成や少しばかりの空域観測実験において協力した以上のものではありません．受動型SSR装置の基本特許（特開平5-142341，1993年6月8日）において，発明者は植田さんとその同僚だった中尾さんの2名になっています．

■ 植田式受動型SSR装置との出会い

● 配属当初は空港面の航空機や車輌を監視するシステムの検討

　1987年4月1日に私は，当時 運輸省の研究所だった電子航法研究所に研究官として配属されました．それ以前に大学ではレーザー工学や超伝導工学に関わっており，指導教官からは「なぜに大学での研究とはまったく関係ない分野に進むのか？」と訊かれ「エレクトロニクスや情報工学等の最先端の技術を組み合わせた作品はレーダーだと思うので」と答えたことを覚えています．

　1987年4月1日からの私の仕事は，空港面の航空機や車輌をタグ付けして監視するシステムの検討であって，航空機の個別応答を可能とするSSR モードSは未だ存在せず，MLAT（Multilateration）と呼ばれるSSR応答等の航空機の発する信号を複数の同期した受信局で受信し，受信時刻の差から測位双曲面を算出して，その交点として航空機の位置を計算するシステムは東欧チェコの試作システムであり「SSR モードA/C応答をいかに特定の（または限定的な）領域の航空機から得るか？」という課題を検討していました．当時のASDE（空港面探知レーダー）は，今日のASDEほどには明瞭な監視情報を提供できずに，とくに必要とされる雨天時には大幅な監視性能の劣化で「役に立たない！」といわれる程度のものでした．

● 試作開発の打診

　1987年9月の何日だったか，当所の元部長OBの松田さんと，当時は日本プレシジョン㈱に籍を置かれていた植田さんが，当所にお出でになりました．私の上司の石橋さんが松田さんと親しかったからなのか，私は石橋さんとともに，植田さんから「植田式受動型SSR装置」の説明を受けることができました．

　お二人の来所の目的は「植田式受動型SSR装置」の試作開発を電子航法研究所でできないか？ということであり，誰か電子航法研究所に担当者を置けないか？ということでした．しかし，当所からの回答は「直ちには予算がないし，対応できる人間もいない」というものでした．

● サテライト空港にとって画期的で有用な装置

　実は当時，私は「植田式受動型SSR装置」のしくみや機能については理解できたと思っていましたが，これがどれほど画期的で素晴らしく有用なものかについては，十分には理解していなかったように思います．PSSRは2016年の今日においても需要がある装置ですが，インターネットなどは影も形もなく，光ファイバーの敷設は1km当たり1億円では足りなかった当時，サテライト空港に親空港と同じ空域監視情報を提供するシステムの価値は，親局SSRと同じくらいの価値をもつものだったのではないでしょうか．

　PSSR自らは電波を出さないので，当時においてサテライト空港に最適のシステムだったことは間違いないと，私は今日においても確信していますし，10年後の1998年においても，確かにサテライト空港に有用な装置ではあったのです．

● ベスト・ペーパー賞を受賞するも研究開発は頓挫

　米国のアトランティック・シティで開催された第43回 航空管制官協会総会に提出した"Passive Secondary Surveillance Radar system for Satellite Airports and Local ATC Facilities"は，植田さんと東芝の技術者さん2名を共著者として，私が執筆したもので，総会議長からベスト・ペーパーとして紹介されました．

　1988年4月からは，私の上司が石橋さんから後任の方に代わり，残念ながら後任の方はPSSRには殆ど興味を持たれなかったので，その後しばらくは私にできることは特に何もなく，PSSRの研究開発に関しては

何も進まない状況が続きました.

■ PSSRの試作開発がスタート

● 最初の開発予算

　転機は秋口に訪れ，当所幹部に対する研究状況説明において，私がPSSRの試作開発を行いたい旨を述べたところ，幾許(いくばく)かのものでしたが予算を付けてもらうことができました．確保できた予算は試作開発には全く十分な金額ではなかったのですが，予算が確保できた旨を植田さんに伝えると「できるところから始めましょう」とのお返事をいただき，1989年には「植田式受動型SSR装置」初号機の試作を開始できました．

　そのころ当所にはSSRの本体そのものを始め，さまざまな航空無線機器が研究評価用に存在しましたが，私はPSSR装置用の部品等をまったく持っていませんでした．そこで，まず親局SSRの質問信号(1030 MHz)を受信する受信機とアンテナ，また航空機からの応答信号(1090 MHz)を受信する受信機とアンテナをそれぞれ用意して，航空機の測位に必要な信号を観測することから始めることになりました．

● 受信部は市販ATCトランスポンダを改造して流用

　必要な二つの受信機をそれぞれLバンド受信機として製作することは経費的に難しかったので，Bendix/King社製のモードA/CトランスポンダKT76Aを2台購入し，親局SSRの質問信号用の受信機としてはトランスポンダの受信部をそのまま利用し，航空機からの応答信号用の受信機はトランスポンダの受信部を改造して実現することとしました．

　当時，私は植田さんのバックグラウンドを存じ上げなかったため，受信機の改造がどのようなものであるのかも理解せずに，植田さんのされることをただ見ているだけでした．

　1989年ごろGPSは未だ存在せず，広域測位システムとしてはロラン(Loran)(Long Range Navigation)，デッカ(Decca Navigator System)，オメガ(Omega Navigator System)，そしてNNSS(Navy Navigation Satellite System)が利用されており，植田さんは世界的にベスト・セラーとなった漁船用NNSS受信機の開発者だったことが，ずっと後にですがわかりました．植田さんは，自身が開発した最初期のNNSS受信機を搭載してくれたノルウェーの漁船に乗ったこともあるとのことでした．

● 信号処理ボードは漁船用レーダーのを流用

　私にはとても真似できませんが，植田さんはトランスポンダの1030 MHz受信用のキャビティ(プリント・パターンというべきか?)をダイヤモンド鑢(やすり)で削って1090 MHzの受信機に改造してしまいました．また，受信した航空機からの応答信号には相関処理を施さなければならないのですが，当時のパソコン(NEC製PC9801VX)のCPUであるインテル80286では全然間

〈写真1〉受動型SSR装置の初号機(1992年4月撮影)

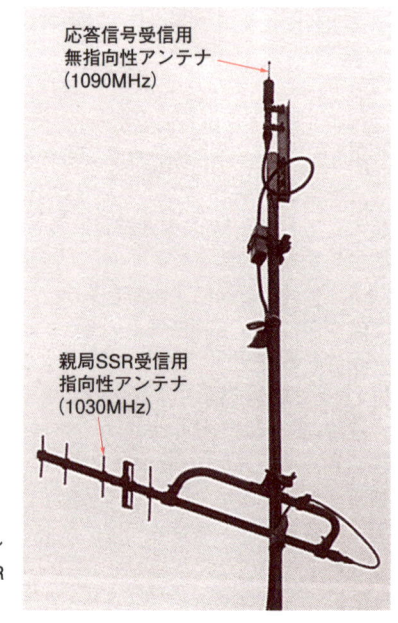

〈写真2〉応答信号受信アンテナと親局SSR受信アンテナ

応答信号受信用無指向性アンテナ(1090MHz)

親局SSR受信用指向性アンテナ(1030MHz)

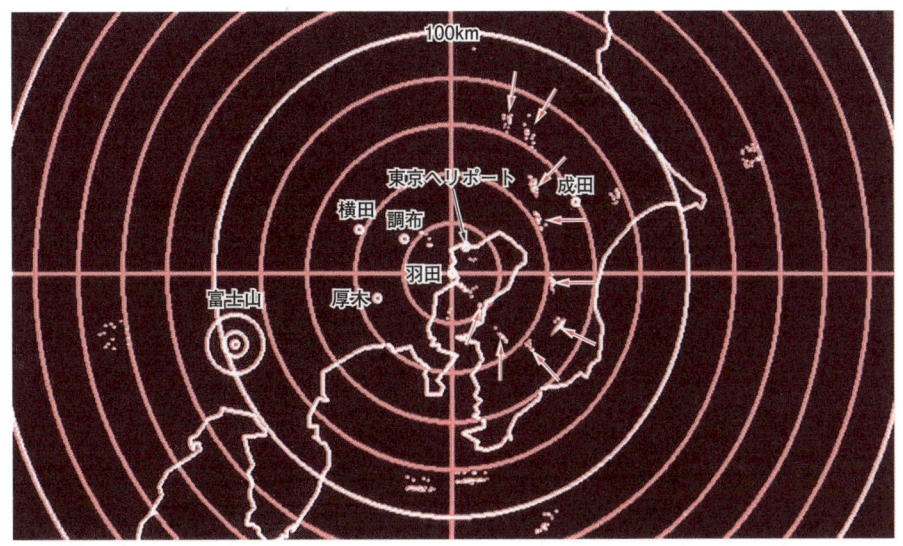

〈写真3〉関東圏空域を観測した最初の結果（東京ヘリポートに設置．赤矢印が羽田空港へ着陸しようと向かっている航空機）

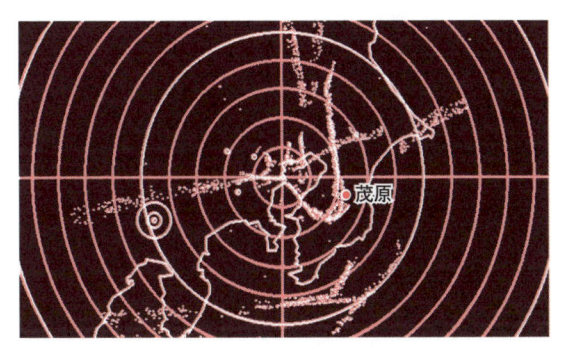

〈写真4〉北から羽田空港に進入する航空機が茂原市上空で旋回しているようすが観測されている

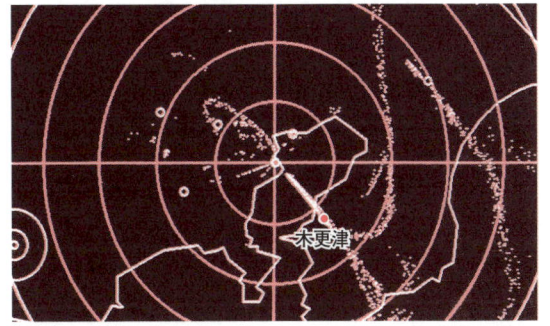

〈写真5〉羽田への進入機に関しては，北からの航空機と西からの航空機が木更津市上空で合流し，羽田空港に進入するようすが観測されている

に合わないので，植田さんは漁船用レーダーに使われていたデクラッタを組み合わせて専用処理ボードを製作し，検出した航空機情報のみをRS-232でパソコンに送ることとしました．

● 初号機が完成したものの休眠状態へ

こうして実現した初号機が写真1に示すもので，10Uの19インチ・ラックに納められ，天板上に空域監視情報表示用のパソコンを設置しています．アンテナとしては，写真2に示す親局SSRの走査アンテナに向ける指向性アンテナと航空機からの応答を受信する無指向性アンテナを組み合わせたものを製作しました．

受動型SSR装置 初号機の実現は1992年までずれ込んだため，すでに私の仕事は仮想現実感を利用した飛行場管制シミュレータの開発に移っており，この初号機はその開発を発注したときに私の所属していた研究室に納入され，そのまま休眠状態に置かれることとな

ってしまいました．

● 試作機による動作検証

写真3はその研究室への納品前に，受動型SSR装置を東京ヘリポートに持ち込み，関東圏空域を観測した最初の結果です．羽田空港に着陸しようとする航空機が北から南下して，更に旋回する列を構成していることを見て取ることができます．実験の準備から現場での測定まで数々のトラブルを乗り越えて，やっと収録できた感動の1枚です．なお，青色（誌面では赤）のレンジ・マークは20km，空色（誌面では薄赤）の少し太いレンジ・マークは100kmです．

このように完成したPSSRは，1993年には宮崎の航空大学校からも整備したいとのお話がありました．写真4～写真6は，このお話を受けての機能確認実験として，1993年の5月に収録したデータを再生し，応答識別した航空機の位置をディスプレイ上に表示し，こ

RFワールド No.35　　　127

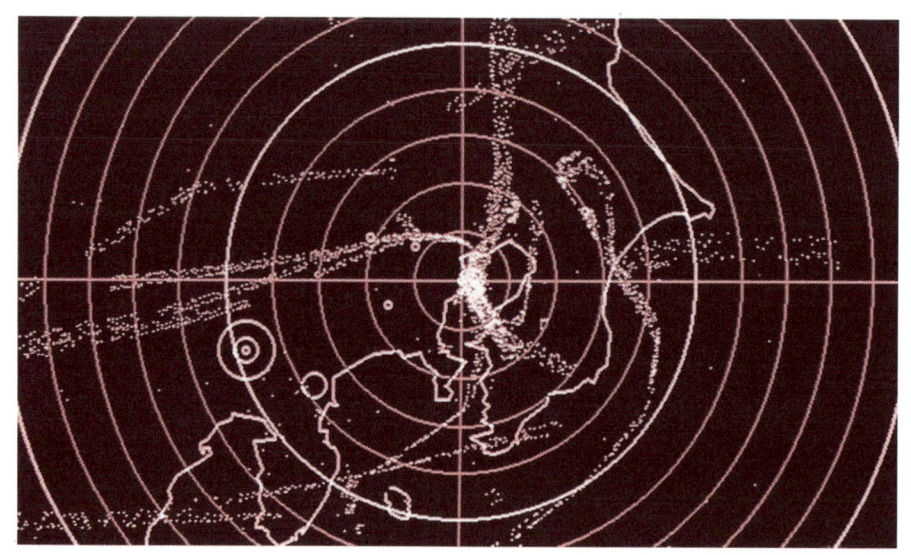

〈写真6〉200 km以遠の航空機まで観測されているが，観測点の分布から，測位誤差に方向性が見られることがわかる．1本の線に見えているような航跡であっても，実はその進行方向の誤差が大きく，個々の観測点の関係を見れば航空機が後退したように見える部分もある

れを写真に撮ったものです．なお，この機能確認は**写真3**の場合と同様に，PSSRを東京ヘリポートに設置して実験しました．

● その技，真に恐るべし！！！

1980年代末はパソコンのCPUが16ビットでクロック10 MHz程度だった時代です．その後，電子メールが当所で利用できるようになったのが1995年ころでしたが，今日のようなインターネットなどは影も形もなくて，一般にはデジカメも認知されていなかったころです．

そんな1992年に，植田さんは航空機搭載用モードA/Cトランスポンダを受信機として，漁船用レーダーの部品を組み合わせて信号処理部を製作し，NECのPC98上にアセンブラでホスト・プログラムを記述して，東京ヘリポートにおいて覆域半径50マイル以上の受動型SSR装置を実現したのです．その技，真に恐るべし！！！

■ PSSRの実用化を進めようとしたが，頓挫の憂き目

1992年以降，飛行場管制シミュレータの開発を進めていた私は，1997年ごろまでの数年間，受動型SSR装置について忘れていたのですが，飛行場管制シミュレーションにおける必要から，1997年に再度PSSRの実用化を進めることにしました．

● シミュレーションのために航空機の運航情報が欲しかった

飛行場管制シミュレーションやターミナル空域管制シミュレーションには，実際の航空機の運航情報が必要不可欠です．しかし，当時 管制官の利用するレーダー・システムで観測された運航情報等が外に出ることはほとんどあり得ないことであって，航空管制業務に係る研究を行っている当所であっても，情報提供を受けることなどは例外的な事例のみでした．シミュレーションには，今日でいうビッグ・データが必要ですから，その提供を期待することなどは非現実的だったわけです．そこで私は関東圏の航空機の運航情報をPSSRで収録しようと考えました．

● PSSR開発再開への期待と落胆

早速，ご無沙汰でまったくの失礼だったことも顧みずに植田さんに連絡を取り，PSSRの開発を再開する可能性を訊ねました．1998年，植田さんは日本プレシジョン㈱に在籍されており，日本プレシジョンは㈱東芝の関連会社となっていました．

仮想現実シミュレーション環境の一部を構成する飛行場管制シミュレータの開発は，いくつかの経緯を経て東芝と行っていたので，シミュレーション・シナリオに必要なデータをPSSRにより収得しようと思っていることを東芝の関係者さん達に伝え，PSSRの説明も行いました．私は当時，PSSRの開発を含めて，その後の研究開発方針において合意が得られたと思っていましたが，東芝としては必ずしもそうではなかったようです．東芝には，PSSRについては開発の実現性についての検討を行う，と言った程度の認識しかなかったようで，東芝が研究開発を進めてくれたら，PSSRはすぐにでも実現できるだろうという私の期待は叶いませんでした．

ちなみに，その開発を進めていた仮想現実シミュレ

ーション環境は，視聴覚的な仮想現実感により管制塔における飛行場管制業務を模擬する飛行場管制シミュレータと模擬レーダー・システムを利用したレーダー管制シミュレータ，さらにこの二つを連接したシミュレーション環境を航行する航空機操縦シミュレータを連接したもので，当時としては世界最大規模で最先端のシステムでした．

● 開発計画の頓挫

今さらの繰り言ではありますが，PSSRに関して，東芝の営業の担当者さんには興味を持っていただき，私も資料を作成し，同社内にご紹介いただいたのです．東芝は親局SSRの製造メーカですが，SSRの製造に携わっていらっしゃった方々にはPSSRには興味を持っていただけなかったようです．東芝とはPSSRの運用方式や測位精度の改善にかかる特許（特開2000-137072，137073，他）の共同出願等も行いましたが，PSSRそのものを実現するための研究開発に関しては，残念ながら協力を得られませんでした．さらには，日本プレシジョンからも私の想定を遥かに越えた試作開発費を提示されて，植田さんに期待した開発計画は2000年12月には完全に頓挫してしまいました．

● 特許を国内にしか出願しなかった結果，米国で製品化され日本に持ち込まれ運用された

しかし，東芝にもPSSRを評価してくれていた人は居たわけで，先の営業担当者さん以外にも，ある技術者さんには，彼が英語を日本語と同じように使える方だったからだと思っていますが，1998年に植田さんとともに米国のアトランティック・シティで開催された第43回 航空管制官協会（ATCA）総会でPSSRの紹介にご協力をいただきました．

この後日談として，ATCA総会でベスト・ペーパーとしての評価をいただけたことは良かったのですが，PSSRの特許は日本の国内出願のみだったので，数年後には米国の会社に同じコンセプトの装置を製造されて，日本にもノース・ウエスト航空によって持ち込まれ，運用されることになってしまいました．

■ PSSRの開発を再び再開

● 三菱スペース・ソフトウエアをパートナーとして開発を再開する

2001年，三菱スペース・ソフトウエア（MSS）を新たなパートナーとしてPSSRの開発を再度再開しました．しかし，残念ながら，当時のMSSは無線機のハードウェアが作れる会社でもなく，FPGAやソフトウェア・ラジオに係る技術をもつ会社でもなかったので．MSSのある技術者さんが，ソフトウェア・ラジオを将来のビジネスの柱として育てたいと考えていたので，そのケース・スタディとして私のリクエストに応えようとしてくれていたわけであって，なかなか成果を出すことはできませんでした．植田さんの初号機がいかに驚くべきものだったのか，MSSの関係者とともに深く感心するのみでした．

● 植田氏の協力を得たものの親局のプロファイルに同調させることはできず

2001年3月ごろだったと思うのですが，日本プレシジョンを離れられた植田さんからPSSRの開発に協力できる旨の連絡をいただきました．MSS関係者との顔合わせを済ませ，早速に1030 MHzと1090 MHzの受信機の製作を進めることになり，1990年当時とはパソコンCPUの性能も桁違いに良くなっていたので，受信機以降は，検波した信号を高速A-D変換ボードで受けて，プログラムにより相関処理以降の処理を行うこととして試作システムを構築しました．

以降2006年まで，親局SSRからの質問信号を受けて，航空機からの応答信号も受けて，航空機の位置を算出する実験を行いましたが，ついにPSSRを親局のプロファイルに同調させることはできませんでした．

● 完成できないために所内では散々な評価を受ける

1998年から2006年までの間，当所からは毎年必ずしも十分とは言えないまでも幾許かの研究開発費の配算を受けて，パートナーがMSSに変わってからは，当所の若手研究員の協力も受けながら，受信信号の分析等を行ってきましたが，全く上手くは行きませんでした．毎年の研究開発状況の報告においては，散々の評価が毎度のことで，特に当所の研究員出身の幹部からの評価は大変厳しいものでした．

「そもそも当所近辺や岩沼分室辺りでも，どれ程多くの電波が飛び交っているのか，わかっているのか？」といった質問は，PSSR実現の難しさを感覚的に理解していた方々からのコメントとしては実に妥当なものではありました．今日，2006年当時の正確なデータはわかりませんが，関東圏では航空局の運用するSSR以外にも，自衛隊や米軍の運用するSSRが幾つもあって，1090 MHzを受信すれば，2012年以降，今日までの時点では，毎秒1万ものモードA/C/S応答を受信する状況さえ発生しています．この途方もない数の応答信号の中から，想定する親局からの質問信号に対応する数％の正しい応答信号を識別することは，当たり前には「できる筈がない！」と思われるものです．

このような状況であったにも拘わらず，細々とでも研究を継続することができたのは，唯，当時の理事長のご理解のお蔭であったと，今でも深く感謝しています．

PSSRは1992年に実現可能であることが確認されている装置であって，2006年に実現できていないのは単に私等の能力が不足していることが問題なのですから，「ケツを叩く」でも良いでしょうけれど，または「おまえにはできないから諦めろ！」であれば，残念ながら，これは正しい認識であったでしょう．

端からPSSRの実現性を否定することは無理解に過ぎなかったのではないかと思います．上記の技術的な困難は，後述する青山秀次氏の登場を待って，彼の構築した驚くべき信号処理手法による解決を以って何とか克服することができたもので，青山氏がいなければ今日のPSSRは有り得なかっただろうと思います．

■ PSSRのプロトタイプ実現から，さらに進化したPPSRの実現へ

● リオンがパートナーとして加わり，PSSRのプロトタイプ実現に成功

2007年，MSSでは担当者さんが退職/独立し，会社としての対応も立ち行かないような状況において，当所は空港環境整備協会から「リオン㈱をパートナーに加えて，当所との三者でPSSRの試作開発を行いたい」との共同研究の提案をいただきました．リオンには㈲IRTの青山さんという強力な助っ人がいて，2008年には，後に空港環境整備協会の担当者さんに"SkyGazer"と名付けられるPSSRのプロトタイプを実現してしまいました．

● ステルス機まで観測可能なPPSRの実現に成功

その後も紆余曲折はあって，みんなで仲良くという訳にはなかなか行きませんでしたが，2015年にはIRTによって，太陽電池でも動作可能なほどに省電力化し，更にモードS応答にも対応させた，第3世代のPSSRが製品化されており，また同様の原理により親局の発出する走査信号の反射を処理するPPSR(Passive Primary Surveillance Radar)も実現しました．

PPSRは，航空機が反射した走査信号を親局とは異なる場所において受信するものですから，ステルス機のように走査信号を親局方向には反射しない航空機であっても，上手く設置すればレーダ・エコーとして観測できる場合があると考えられます．

PPSRは，PSSRに比較してはるかに弱い信号を処理する必要があり，アナログ回路部分等を適正に実現するためにはPSSRよりもかなり高い技術が必要になります．しかし，うまく製作すれば，雲の動きなども十分に観測できることが確認されています．気象レーダーを親局とするシステムも含めて，ゲリラ豪雨の積乱雲発生を警告するシステム等への適用を想定して，将来的な研究開発分野となることも期待されます．

写真7はPPSRにより2015年11月11日に初飛行したジェット旅客機MRJを観測した結果であり，小牧空港着陸時の約3分間の観測データを重ね合わせて航跡を示したものです．MRJに随伴する航空機や，マス

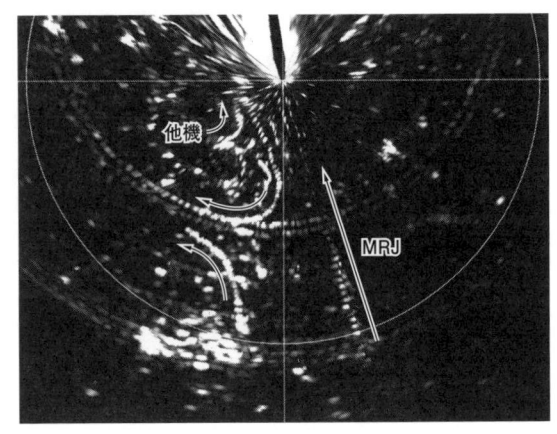

〈写真7〉PPSRを使って小牧空港のASRを親局としてMRJのアプローチを観測した結果．原理的にはステルス機も観測可能なのでF22なども捉えたい

コミのヘリコプタと思われる航跡も観測されています．

PPSRの親局としては小牧空港に設置されたASRを設定し，2.7～2.9 GHzの反射信号からMRJほかの位置を計算しました．

■ 研究開発の失敗を振り返る

2001年ごろの研究開発の失敗は，まず1030 MHzの親局SSRからの質問信号の分析に注力すべきだったのに，そのことに気付かず，人的資源も無かったのに，1090 MHzの応答信号処理部や，監視情報表示部などの試作開発を並行して行っていたことにあったように思われます．2016年の今日であれば，1090 MHzの応答信号のみを受信しても，驚く程に高性能化したCPUにより航空機位置を算出できるでしょうが，2006年時点ではCPU単独の処理性能では，リアルタイムな親局SSRのプロファイリングは不可能だったのです．

今日，私はPPSR/PSSRがソフトウェア・ラジオの勉強には絶好の課題だと思っています．親局をFMラジオ局や地デジのタワー等々に設定して，高専や大学，専門学校等でソフトウェア・ラジオを勉強している方々に航空機の機影を捉えていただきたいと思います．

なお，PSSRを開発したかったMSSは，現在はPSSRの利用者，アプリケーションの開発者として，当所とIRTのパートナーとなっています．

しおみ・かくいち　国立研究開発法人 海上・港湾・航空技術研究所 電子航法研究所

歴史読物　　　　　　　　　　**平磯無線開設100周年記念**

日本の無線通信研究の故郷

平磯無線の100年史

後編：電波警報から宇宙天気予報へ

丸橋 克英
Katsuhide Marubashi

1 まえがき

1915年（大正4年）に通信省電気試験所平磯分室として開設された「平磯無線」は2015年に平磯太陽観測施設として100周年を迎えました．日本の無線通信技術開発を先導してきた「平磯無線」の前半史は，本誌前号（No.34）[1]をご覧ください．

第2次大戦後，短波利用は国際通信，放送，船舶／航空通信へと広がり，全盛期を迎えました．電離層の反射を利用する短波通信では，太陽フレアや地磁気嵐によって電離層が乱され，通信に大きな障害が発生することがあります．こうした通信障害を事前に予知して通信利用者に知らせることにより，無線通信の円滑化を図ることが国立研究機関の業務として要請されました．これが電波警報業務であり「平磯」の中心業務になりました．

1960年代後半には，衛星通信，衛星放送など宇宙利用が急激に活発化しました．電波警報業務は，太陽から電離層まで一連の現象の流れを理解する太陽地球間物理学を基盤としています．その知見を活かし，宇宙環境の擾乱を予報することにより，宇宙利用を支援するべきであるという機運が高まってきました．そして1988年「宇宙天気予報システムの研究開発」というプロジェクトが「平磯」を中心に始められました．

本稿では平磯無線100年の後半史として，電波警報業務の開始から平磯太陽観測施設として幕を閉じるまで，その研究と業務の変遷について紹介します．**写真1**は最近の平磯太陽観測施設です．太陽電波観測用HiRAS（後述）のアンテナ群が見えます．

2 電波警報の時代

平磯で電波警報業務を開始した1950年から，宇宙天気予報プロジェクトが開始された1988年までを電波警報の時代とよび，1960年代前半ごろまでを前期，それ以後を後期とわけることにします．前期は国際地球観測年（略称：IGY International Geophysical Year）を中心に電波警報と関連研究が急速に発展した時代であり，後期は種々の改革が求められた「苦難の時代」，または「将来発展への胎動」

〈写真1〉最近の平磯太陽観測施設

の時代ということができるでしょう.

2.1 電波警報の時代：前期

● 2.1.1 電波警報業務の幕開け

第2次大戦末期昭和20年初めごろ文部省学術研究会議が短波無線障害予知班を結成しました．これが日本における電波警報の芽生えです．これは間もなく終戦を迎えて中止されました．

その後，1949年（昭和24年）12月，電気通信省の電波庁電波部電波資料課（国分寺）が，電波警報を始めました．これは激しい通信障害が予想された場合にのみ，モールス符号"W"（・－－）をJJY標準電波に載せて報知するものでした．この警報を発令する業務は1950年8月に平磯（当時，平磯電波観測所）へ移管になり，不安定な状態"U"（・・－），平穏な状態"N"（－・）の通報が追加されました．これにより利用者は電波伝搬状態を常に知ることが可能になりました．さらに1951年（昭和26年）5月に中央電波観測所（国分寺）で始められた，伝搬状態週間予報をはがきで利用者に知らせるサービスも，後に平磯に移管されました．当時，電波伝搬状態の判定/予報のために利用したデータは，

(1) 平磯における太陽黒点観測，地磁気/地電流，世界各方面から発した短波の受信電界強度，
(2) 東京天文台，名古屋大学空電研究所，気象庁地磁気観測所（柿岡）の協力で得られる情報，
(3) ウルシグラム（Appendix参照）から得られる世界各地の観測速報

でした．**写真2**はシーロスタットで黒点をスケッチする当時のようすを示しています．

● 2.1.2 電波警報の的中率向上を目指した研究

電波警報の信頼性を上げるためには，太陽の活動現象，それによって引き起こされる地磁気嵐や電離層の擾乱を研究し（太陽地球間物理学の研究），予報の的中率を向上させる必要があります．1952年（昭和27年）8月1日に郵政省電波研究所が発足する前後の時期，平磯電波観測所では電波警報的中率向上に向け，観測施設の充実を図り，同時にそのころようやく整いつつあった世界各地の電離層観測データの解析を精力的に進めました．

1952年（昭和27年）に4×6素子の赤道儀式自動追尾アンテナ（**写真3**）を整備し，200MHz太陽電波強度の定常観測を開始しました．この観測は悪天候で太陽の光学観測ができないときの補助として導入されたといわれています．また翌1953年（昭和28年）には，地磁気の変動をリアルタイムで監視するために，直視式磁力計を導入し，本格的な地下観測室も整備しました．正確な地磁気測定のため，鉄材を使わない本格的な観測室でした．

ここで，当時の平磯において，大林辰蔵氏，羽倉幸雄氏，新野賢爾氏らが太陽地球間物理学の分野で挙げた世界に誇る研究成果について紹介します．この3名

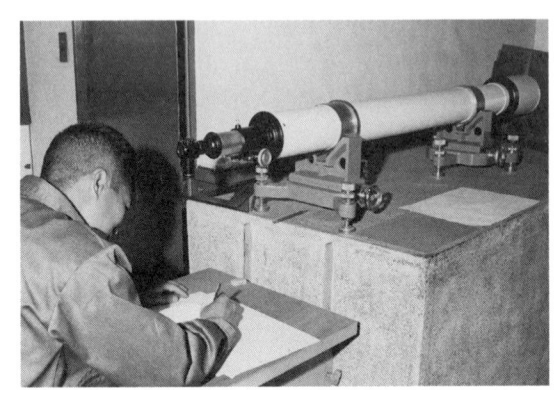

〈写真2〉シーロスタットを使った太陽黒点のスケッチ

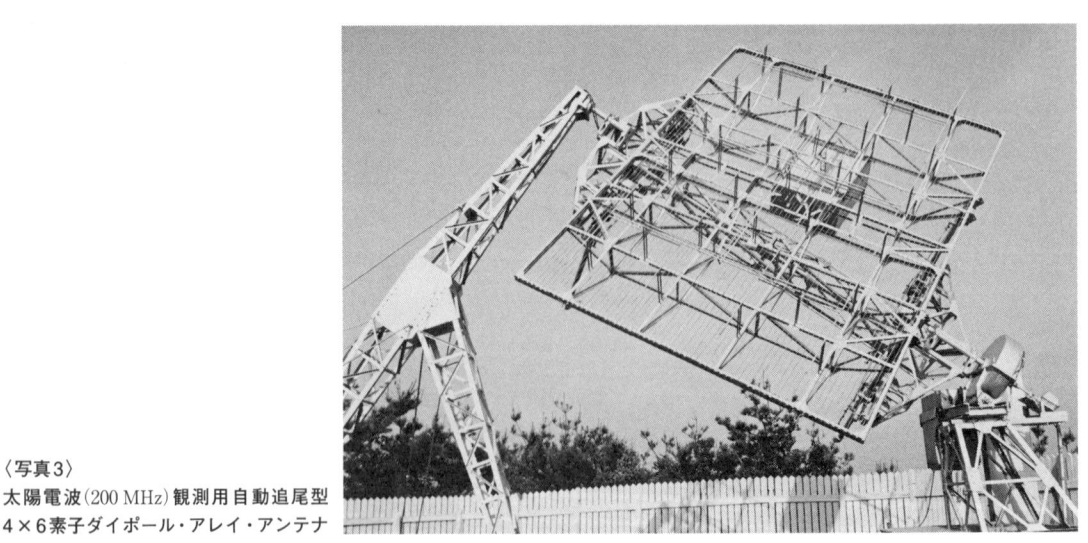

〈写真3〉
太陽電波（200MHz）観測用自動追尾型
4×6素子ダイポール・アレイ・アンテナ

とその他の研究者により多数の論文が出版されていますが，ここでは文献(2)を参考にしました．

▶200 MHz太陽電波バーストと地磁気嵐発生に関する研究

太陽フレアに伴って，強い電波が広い周波数領域で放射されます．これが太陽電波バーストです．多くの太陽電波バーストのスペクトル特性を調べ，地磁気嵐を引き起こす太陽フレアは200 MHzで強い電波バーストを伴っていることを世界で初めて明らかにしました．また，マイクロ波バーストがSWF(Short Wave Fadeout：短波消失，いわゆるデリンジャー現象)の発生と強い相関があることも明らかにしました．図1(a)は磁気嵐を起こすタイプ，図1(b)はSWFを起こすタイプの太陽電波スペクトル例です．

▶極冠吸収(PCA：Polar Cap Absorption)の発見

太陽フレア発生の後，磁気嵐の発生よりも数時間～十数時間前に，極域に強い電波吸収領域が発生することを発見し，太陽フレアで発生した高エネルギー(10 MeV程度)のプロトンが極冠に集中して降り込むために生じることを明らかにしました．図2は1957年9月11日に発生した太陽フレア［図1(a)］による極冠吸収の発達過程を示したものです．この発見は，太陽フレアが高エネルギー粒子を発生させることを証明したものであり，その後の太陽宇宙線研究につながる発見でした．また，極冠吸収は地磁気嵐の前兆現象として予報に応用されました．

▶磁気嵐に伴って起きる電離層あらしの地球規模変動パターンの導出

短波通信の最高利用可能周波数(MUF)を決めるには電離層F層の臨界周波数(foF2)の世界分布が必要です．そのため同種の研究が国際的にも実施されていましたが，平磯から発表された結果は，統計的手法が最も信頼されるものとして，高く評価されました．

● 2.1.3 国内外の研究連絡体制

電離層は電波伝搬だけでなく，地球物理学の分野としても広く関心がもたれていました．国内では1946年(昭和21年)日本学術会議の電離層特別研究委員会が設置され，太陽，宇宙線，地磁気，電離層，電波伝搬などの研究者が観測結果を持ち寄って比較／検討する会合が定期的に開かれてきました．地球の超高層の諸現象はほとんどが太陽現象に起因していることから，地球物理学の一部と太陽物理学の一部が次第に融合し，「太陽地球間物理学」という新しい分野が誕生しました．平磯で発見された太陽電波バーストと磁気

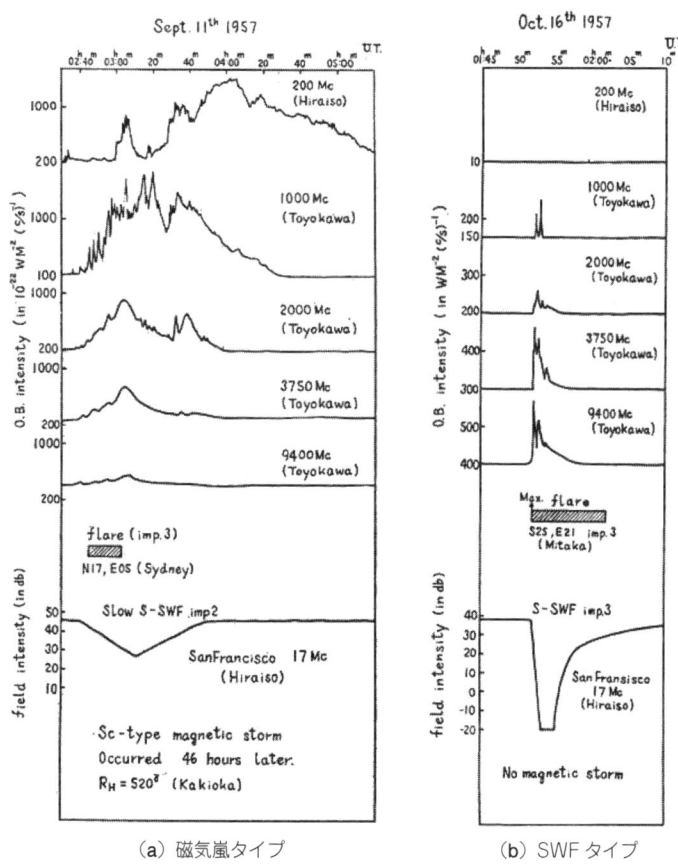

〈図1〉[(2)] 太陽電波スペクトルの比較

(a) 磁気嵐タイプ　　(b) SWFタイプ

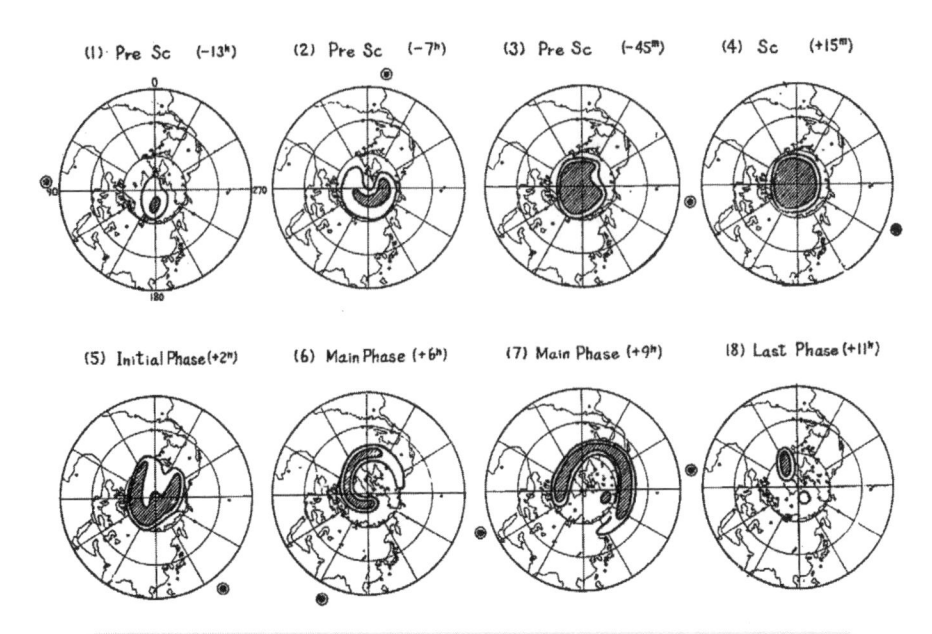

(1) Pre Sc (-13ʰ)　(2) Pre Sc (-7ʰ)　(3) Pre Sc (-45ᵐ)　(4) Sc (+15ᵐ)

(5) Initial Phase (+2ᵐ)　(6) Main Phase (+6ʰ)　(7) Main Phase (+9ʰ)　(8) Last Phase (+11ʰ)

1957年9月11日の太陽フレア〔**図1(a)**〕の31時間後から極冠域(斜線の領域)で電離層吸収が増大した．Scは磁気嵐の急始を表す．磁気嵐の進行に伴い，極冠を囲むオーロラ帯で吸収が増加している．

〈図2〉(2) 極冠吸収の発達過程

嵐の関係や極冠吸収にかかわる高エネルギー・プロトンの特性は長らくこの会合の中心的話題となり，平磯は太陽地球間物理学の先導的な役割を果たしました．

　国際的には，国際地球観測年(略称IGY)における事業の一環として始まった「特別世界日警報」(Appendix参照)を平磯が担当しました．その中で200 MHz太陽電波バーストに基づく地磁気嵐の予報で大きな成果をあげることができました．特に1957年9月13日と1958年2月11日の大地磁気嵐を的確に予報し，"HIRAISO"は名声を博しました．当時，優れた研究成果に惹かれて，IGY前後には外国からの平磯訪問者が多かったといわれています．1963年(昭和38年)9月に東京で開催された第14回 国際電波科学連合(URSI)総会のときは，平磯がエクスカーションのコースに選ばれ，大型バスから多くの国際的に著名な研究者が続々と降りてきたようすが平磯で語り継がれています．

■ **2.2 電波警報の時代：後期(1966年以降)**

　1966年4月1日，平磯電波観測所は平磯支所に昇格し，電波警報を担当する超高層研究室と太陽電波を研究する太陽電波研究室が設置されました．このころになると電波警報業務には，以下のような問題が意識されるようになりました．
(1) 短波通信の重要性の低下
　国際通信には海底ケーブルが利用されるようになり，宇宙通信も実用の段階に入ってきました．その結果，短波通信の役割は相対的に低下しました．
(2) 磁気嵐発生に支配的な役割をする太陽風のデータが入手できないこと
　太陽地球間物理学においても，人工衛星による観測が活躍し，とくに磁気嵐の発生には太陽風が支配的な役割をしていることが明らかになりました．当時は人工衛星データを即時的に入手して電波警報に利用することは不可能な時代でした．
(3) 平磯が電波警報業務を行い，電波研究所電波部(国分寺)が警報的中率向上のための研究を行うという役割分担が非現実的な状況になったこと
　本所では衛星観測による新たな研究課題に興味が集中し，警報向上に向けた研究意欲は自然に弱まりました．超高層研究室が，太陽地球間物理学の発展から取り残される苦難の時代といえる状況もありました．

　一方，太陽電波研究室では多数の周波数で太陽電波を観測する施設を充実させてきましたが，1977年にはミリ波通信実験用衛星(ECS)計画の一翼を担うことが決まりました．
　以下，これら二つの研究室の動きを紹介します．

● **2.2.1 太陽電波研究室の活動**
▶太陽電波観測用アンテナ群の整備
　平磯では，太陽電波研究室が設置される以前から，太陽電波を複数の周波数で観測する施設を整備してきました．1960年(昭和35年)には直径1.1 mのパラボラ・アンテナによる9.5 GHzの観測を開始し，翌1961年(昭

(a) 9.5GHz(直径 1.1m)

(b) 500MHz(直径 5m)

(c) 100MHz および 200MHz(直径 10m)

〈写真4〉太陽電波を観測する三つのパラボラ・アンテナ

〈写真5〉ECS副局舎とミリ波帯アンテナ

和36年)には直径5mのパラボラ・アンテナを完成し，500MHzの定常観測を開始しました．太陽電波研究室ができてからは，1967年(昭和42年)に200MHzの観測を新しく設置した直径10mのパラボラ・アンテナに置き換え，精度の高い測定を開始しました．さらに1970年(昭和43年)には，直径10mパラボラ・アンテナに100MHz測定機能を追加しました．こうして太陽電波バーストのスペクトル特性がある程度把握できるようになりました．写真4は太陽電波観測用の3アンテナの写真です．

▶ECSミリ波通信サイト・ダイバーシティ実験の副局

ECSは国産技術による35GHz/32GHz帯のミリ波衛星通信の開拓を目的とする衛星で，1979年(昭和54年)2月に打ち上げられる予定でした．この周波数帯では強い降雨があると衛星と地上局の通信が途絶える可能性があります．その際，別の地上局に切り替えて通信を確保するサイト・ダイバーシティ実験のため，鹿島支所に主局を平磯支所に副局を設置することが計画されました．打ち上げ計画に合わせて，1978年12月に直径10mのミリ波通信用パラボラ・アンテナを持つ局舎(写真5)が完成しました．

しかし，不幸にしてECSは予備機も含めて打ち上げ後に不具合を生じたため，衛星通信実験は不可能になりましたが，高性能のミリ波受信施設が残りました．

▶ミリ波太陽電波マッピング

ECS通信実験が不可能になったので，副局用に整備されたミリ波受信施設をミリ波太陽電波観測装置として活用することになり，機器を調整して1980年(昭和55年)7月から定常的な観測を開始しました．32GHzで半値幅0.06°のビームが得られるので，太陽直径の約1/10の分解能で太陽表面のマッピングが可能でした．32GHz太陽電波画像は世界初の観測結果として，当時の太陽物理学の分野で広く関心を集めました．

この観測は1983年12月に平磯のアンテナ撤去により中断しましたが，同じ仕様で作られた鹿島の装置を平磯から遠隔操作する形で，1985年(昭和60年)8月に再開されました．1988年5月からは7.5 GHzのマイクロ波専用回線を使って，9600 bpsでデータ取得を始め，1991年まで継続されました．ミリ波の輝度温度から，太陽の活動領域，ダーク・フィラメント，コロナ・ホールなどが判別可能であり，また輝度温度の上昇とフレアの発生に相関があるなど，警報業務に重要な多くの知見が得られました．図3にミリ波太陽電波マップと黒点図の比較例[3]を示します．

● 2.2.2 超高層研究室の活動
▶電波伝搬研究の継続
　平磯では以前から多くの短波遠距離回線で電界強度測定を行ってきました．1961年には米国の標準電波WWVとWWVH(15 MHz)の電界強度測定基準局に選定され，図4に示す受信システムを整備して，1995年まで精度の高いデータをCCIR(国際無線通信諮問委員会，現ITU-R)のデータ・バンクに提供を続けました．

　また，平磯支所に新しい庁舎が完成した1968年(昭和43年)から1969年にかけて，写真6のように短波帯対数周期アンテナ4面(東西南北)が整備され，必要に応じて短波伝搬状態をモニタする回線が選べる態勢ができました．しかし，このころにはモニタ回線として使える遠距離短波回線が徐々に少なくなっていきました．
　中波帯においては，1973年(昭和48年)電波監理局の要請で，太平洋海域の中波伝搬曲線を得るために船舶を使った移動実験を行いました．自衛艦「ながつき」と練習艦「かとり」の協力を得て，最大距離10000 kmに及ぶ中波遠距離伝搬曲線が多周波にわたって得られました．結果は1974年のCCIR最終会議に提出され，世界各国から高い評価を受けました．
▶新しい観測データ取得の試み
　1976年，名古屋大学 空電研究所がマイクロ波帯太陽電波マップでコロナ・ホールが検出できることを確認しました．当時コロナ・ホールは高速の太陽風の吹き出し口として注目を集めていましたので，回帰性磁

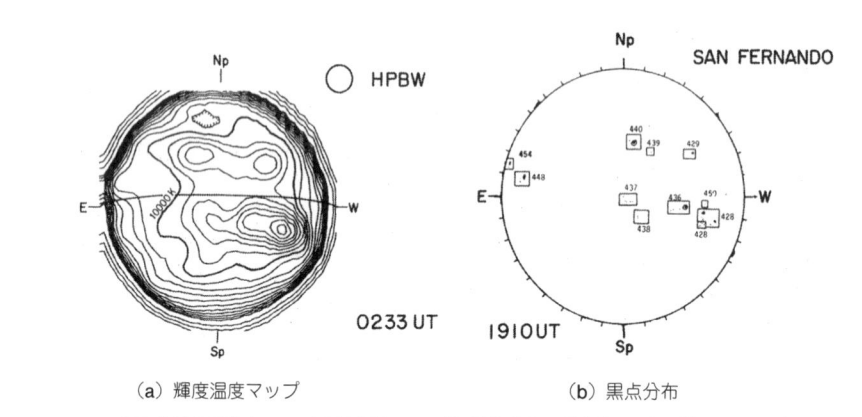

(a) 輝度温度マップ　　　　　　　(b) 黒点分布

〈図3〉[3] ミリ波(32 GHz)輝度温度マップと黒点分布の比較(1981年2月4日の太陽)

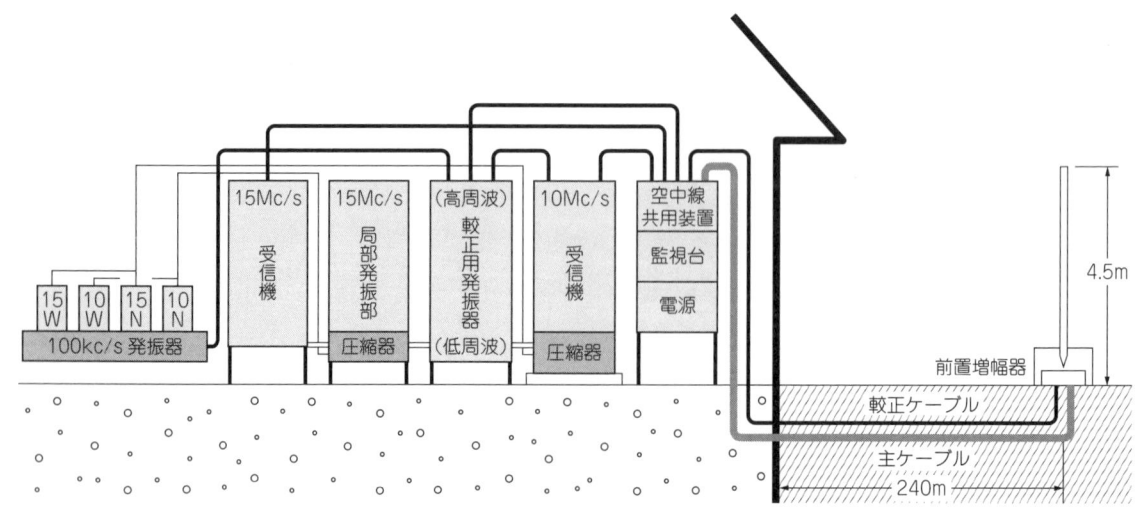

〈図4〉国際電界強度測定局の機器配置図

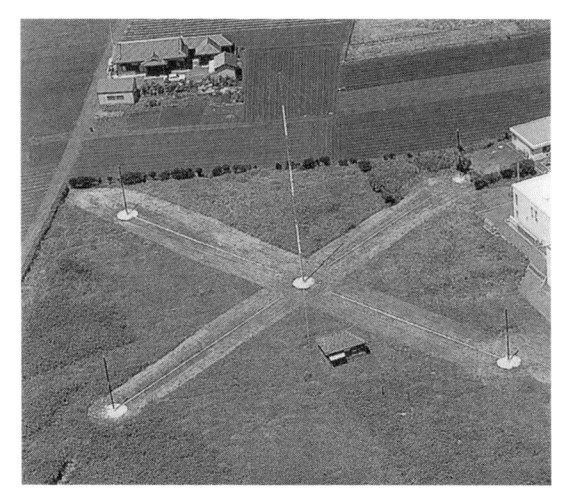

〈写真6〉短波モニタ用対数周期アンテナ(4～30 MHz)

気嵐予報に役立つ重要な情報として，そのマップをファックスで入手する試みを始めました．平磯では大いに期待しましたが，残念ながら，定常的にはコロナ・ホールが検出されないことがわかり，マップの利用は打ち切られました．

電波研究所が計画/開発した電離層観測衛星の観測を電波警報に利用する試みも行われました．1976年(昭和51年)2月に打ち上げられたISS(うめ)は約1か月の試験運用期間中に不具合を起こしましたが，電源系を改良して1978年2月に打ち上げられたISS-b(うめ2号)は順調に定常運用に入りました．図5[4]に示したような，地球1周の軌道に沿うf_oF2の分布がファックスによって毎日配送され，電波警報用資料として利用されました．

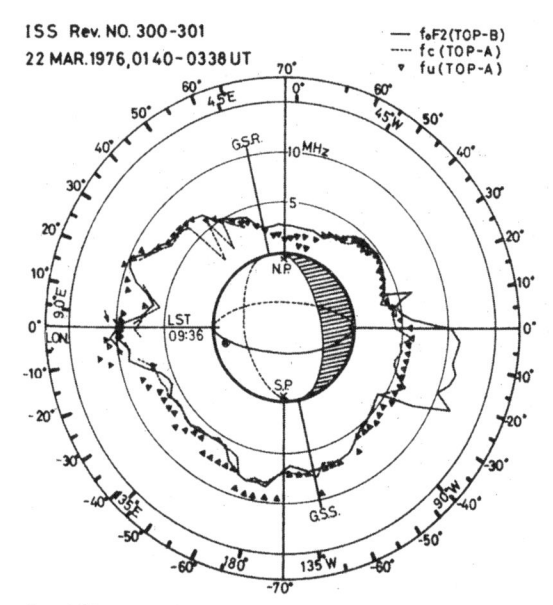

〈図5〉[4] ISS-bで観測した地球一周の軌道に沿うf_oF2の分布例
(ISS-bは軌道傾斜角が70°なので，北緯70°から南緯70°までの範囲を探索する)

■ 2.3 宇宙天気予報への胎動

● 2.3.1 気象衛星「ひまわり」と太陽地球環境予報

日本最初の気象衛星「ひまわり」は衛星環境モニタ(SEM)として高エネルギー・プロトンの測定器を搭載していました．1978年ごろそのデータがファックスで毎日平磯に提供されるようになりました．

「ひまわり」運用開始後間もなく，地磁気嵐によって電離層の不規則構造が発達し，ビーコン波の激しいシンチレーションのために，地上局のアンテナが衛星追尾不能になるという事態が発生しました．そこで，大きな地磁気嵐の予報が要請され，地磁気嵐を起こす可能性のある太陽フレアの発生報告，磁気嵐の予報，磁気嵐の発生速報を含む太陽地球環境予報を提供することが決まり，気象庁からはプロトン・データの提供を受けることが同意されました．プロトン現象が発生した際には，その情報がIUWDS(International URSIgram and World Days Service)(Appendix参照)の連絡網を通じて，世界の警報センターに伝達されるようになりました．これは電波警報が宇宙天気予報へと発展するきっかけとなるできごとでした．

● 2.3.2 STE研究連絡会における活動

東京大学に共同研究所として宇宙航空研究所が発足するにあたって，従来 電離層特別委員会で行ってきた観測/研究速報などの会合の世話を宇宙航空研究所が担当することになりました．1977年に会合の進め方の見直しがあり，各大学/研究機関の報告を特別に興味深い異常現象に集中し，議論を活発にするという方針が決定され，会の名称も「STE(Solar-Terrestrial Environment)研究連絡会」と改められました．報告するべき期間を選定し，会合の前に連絡する係が必要で，太陽地球間の諸現象を常に監視している平磯がその役割を引き受けることになりました．

後に，名古屋大学 空電研究所が太陽地球環境研究所(STE研)に改組されるに際して，STE研究連絡会はSTE研の集会の一つ「STE現象報告会」として引き継がれました．この活動は現在も年2回の定例集会として継続されていて，NICTの宇宙天気関係者が世話人として検討/報告すべき現象の抽出にあたっています．

● 2.3.3 警報業務改善に向けた内外の動向

1979年，太陽地球環境予報をテーマとする国際ワークショップが，IUWDSの世界本部を務める米国宇宙環境研究所(NOAA/SEL)の主催で開催されました．予報技術の現状，予報の新しい応用分野，将来の新しい予報の需要などが検討されました．この会合は平磯の警報担当部門に大きな刺激を与えました．当時平磯で企画した研究会の報告が参考文献(5)です．

電波研究所でも同様な検討が進められ，1985年3月

「電離層観測/予警報検討委員会報告」がまとめられました．定常業務の簡素化/合理化と，あわせて電波利用形態の変化，宇宙利用の発展に応じた新しい予警報分野の開発を提言するものでした．

警報担当部署では二つの新しい試みを実行しました．第一は1986年（昭和61年）4月に開設した電波警報の自動応答電話サービス（テレホン・サービス）です．応答システムは平磯のほか，稚内，秋田，山川，沖縄の各電波観測所と近畿電気通信監理局に設置し，内容も，従来の電波警報に加えて，その根拠となる太陽活動と地磁気活動の解説をデータとともに知らせるものに拡充されました．テレホン・サービス・システムの概観を写真7に示します．第二の新しい試みは1987年（昭和62年）に完成したウルシグラムの自動翻訳システムの開発です．これによりウルシグラムの内容が，誰にでもすぐにわかるようになり，応用範囲もひろがりました．

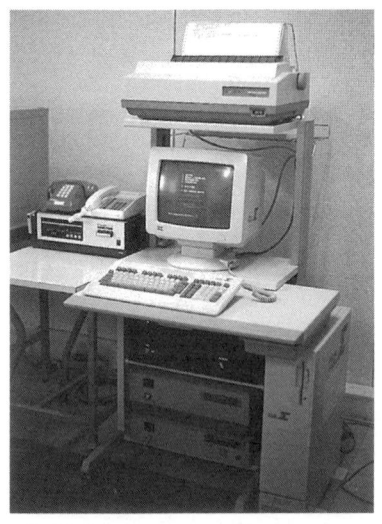

〈写真7〉テレホン・サービス・システム

3 宇宙天気予報への展開

1988年（昭和63年）「宇宙天気予報システムの研究開発」プロジェクトを開始しました．電波警報業務とIUWDS西太平洋地域警報センターの活動を宇宙開発分野へ広げようとするものです．宇宙天気予報の概念図を図6に示します．プロジェクト予算は昭和63年度のスタートですが，実際は昭和62年度の大型補正予算により，すでに動き始めていました．計画は5年ごとの3期で構成されていて，第1期は平磯宇宙環境センターを中心とするもので，平磯センター一丸となって，太陽フレア観測施設の整備と，コンピュータ・ネットワークの構築にとりかかりました．計画の背景が参考文献(6)に紹介されています．

以下に紹介する実績をもとに，1995年には宇宙天気予報国際ワークショップと，それに続くIUWDSの警報センターの代表者会議を開催しました．これは第1回 米国ボルダー（1979年），第2回 仏国ムードン（1984年），第3回 豪州シドニー（1989年）に続くものです．

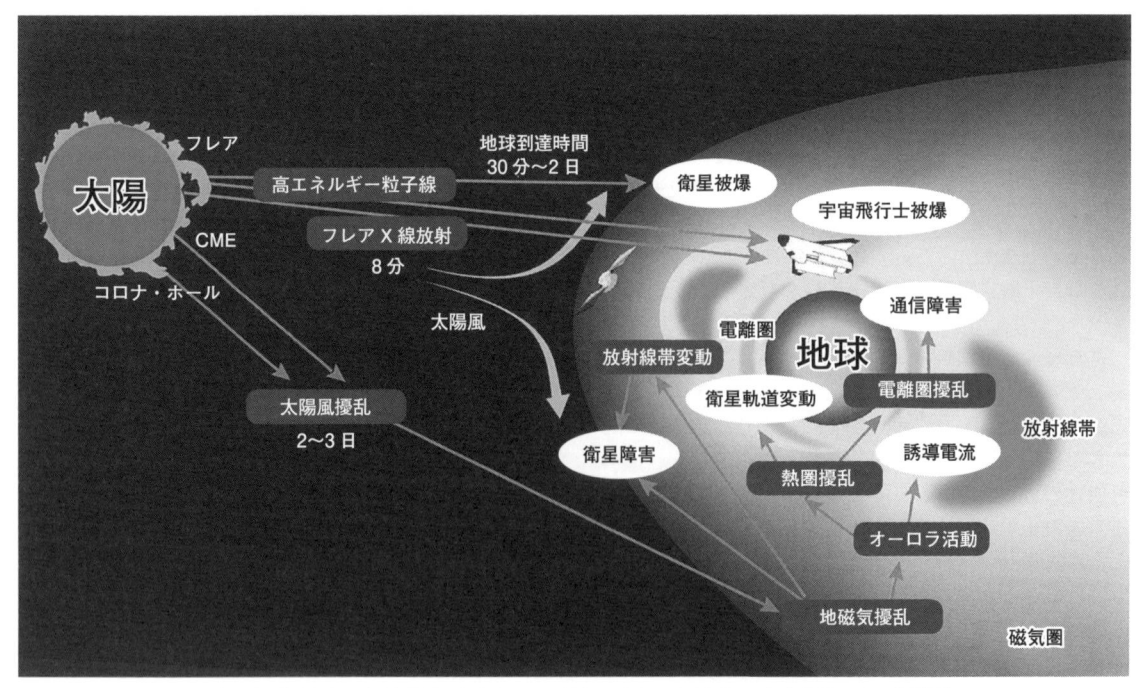

〈図6〉宇宙天気の概念図（太陽活動による擾乱の発生が地球周辺の宇宙空間に及ぼす影響）

■ 3.1 太陽電波バーストの
　　　　動スペクトル計の整備

　1988年（昭和63年）8月に70～500 MHz帯太陽電波のダイナミック・スペクトル計整備が終了し，運用を開始しました．アンテナは直径10 mのパラボラ・アンテナで，1次放射器は二つの対数周期アンテナを直交させて偏波成分を測定します．受信機はスペクトル・アナライザを使用した周波数掃引型スペクトル計となっています．観測データは磁気ディスクに記録すると同時に，疑似カラー表示されます．これにより，地磁気嵐に直結するIV型太陽電波バーストの発生を正確に把握できるようになりました．

　1992年（平成4年）には新たに直径6 m（500～2500 MHz受信）と直交ログペリ・アンテナ（25～70 MHz受信）を追加して，広帯域太陽電波ダイナミック・スペクトル計が完成しました．時間分解能の向上，ノイズ除去などに努め25～2500 MHzを連続的に受信できる世界的にも有数の性能を誇る装置になりました．これをHiRAS（ハイラス：Hiraiso Radio Spectrograph）と呼びました．1993年から定常運用に入り，広く太陽分野の研究者にも利用されるようになりました．図7にHiRASで得られた太陽電波バーストのダイナミック・スペクトルの例を示します．HiRASのアンテナ群は先の写真1に見られます．

■ 3.2 プラズマ動態望遠鏡の整備

　プラズマ動態望遠鏡は，太陽大気（プラズマ）の動き

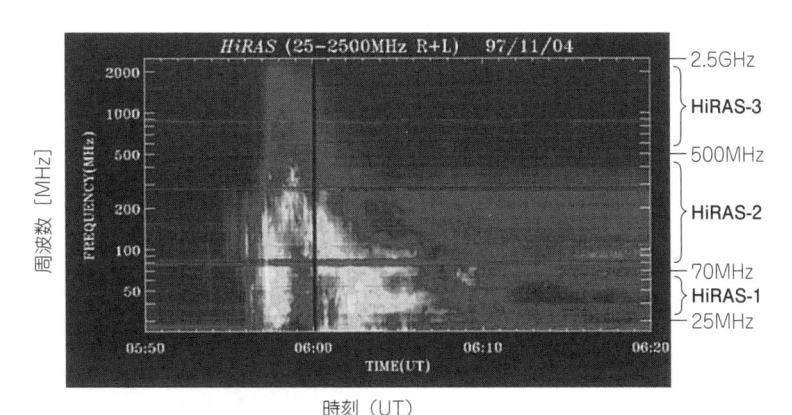

〈図7〉HiRASで記録した太陽電波バーストのダイナミック・スペクトル観測例（1997年11月4日）

（a）高精細Hα望遠鏡

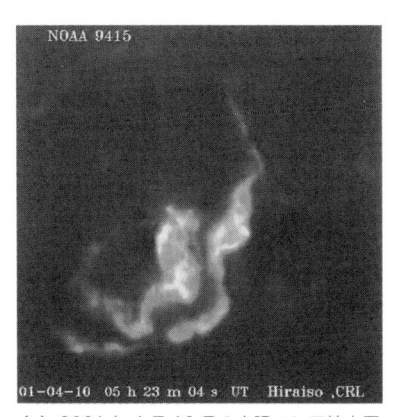

（b）2001年4月10日の太陽フレア拡大図

〈写真8〉高精細Hα望遠鏡と太陽フレア

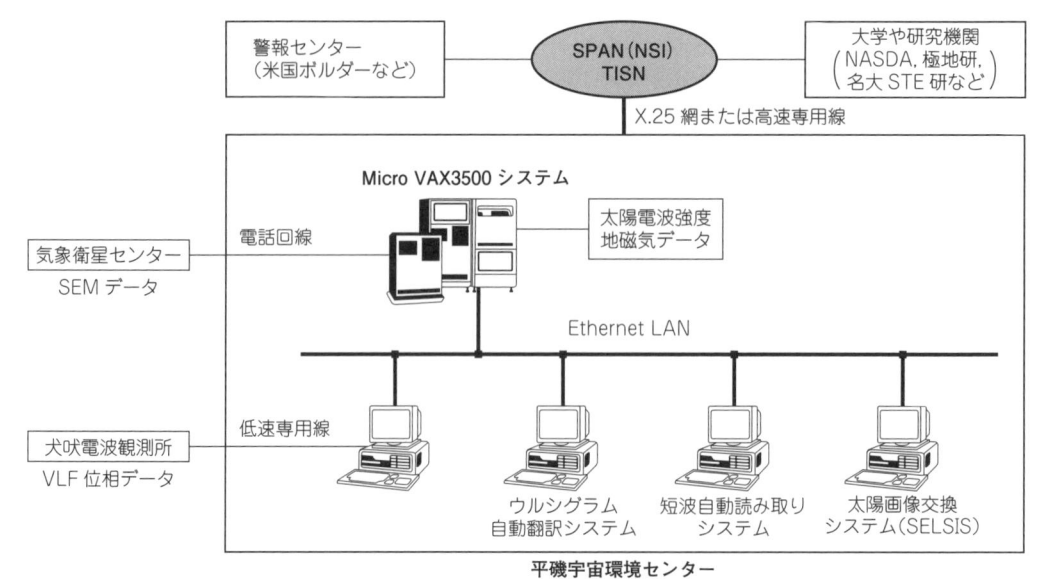

〈図8〉SERDINシステムの構成

をHα線のドップラー効果を利用して測定する装置で，太陽の活動現象をとらえるもっとも基本的なものです．波長をスキャンできるリオ・フィルタ，赤道儀式架台，望遠鏡，観測室など，1987年（昭和62年）から年次計画にしたがって整備し，1992年（平成4年）に本観測を開始しました．

その後も改良を重ね，1994年には400万画素ディジタル撮像をする高精細Hα望遠鏡となりました．非常に精度よく吸収線のドップラー・シフトを計測することが可能になり，太陽彩層部の運動をとらえて，磁束管の浮上やフィラメントの運動など，太陽フレアやフィラメント噴出の兆候をとらえることができました．**写真8**は高精細Hα望遠鏡と，平磯で捉えた2001年4月10日の太陽フレアの拡大像です．

■ 3.3 コンピュータ・ネットワークの整備（SERDIN）

1987年（昭和62年）にMicroVAX3500を整備し，翌年には公衆パケット網（9.6 kbps）を介してNASAのSPAN（Space Physics Analysis Network）に接続，コンピュータ・ネットワークの世界につながりました．平磯センター内にはEthernet LANを整備し，所内の観測データ記録システムや，ウルシグラム自動翻訳システムに接続しました．このコンピュータ・ネットワークはSERDIN（Space Environment Real-time Data Intercommunication Network）と名付けられました．これにより，日々の警報業務で予報官が手にする情報は質/量とも目ざましく改善しました．当初のシステム概要を**図8**に示します．

1990年代はコンピュータ通信が急速に発展した時

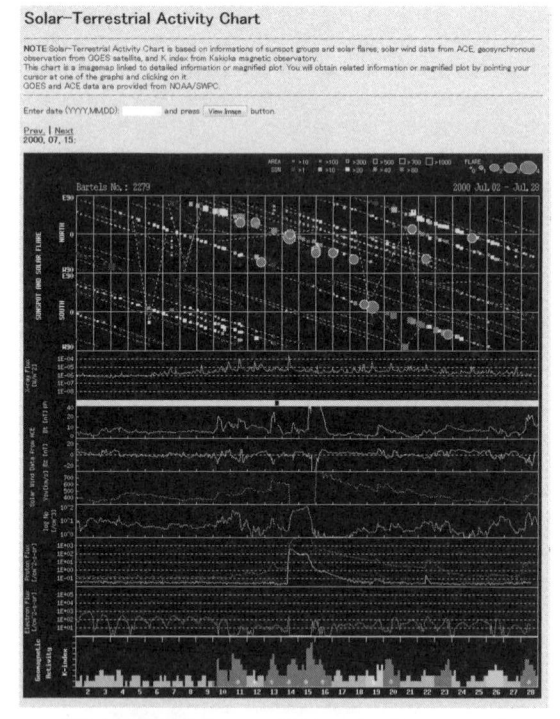

〈図9〉太陽活動チャートの例（2000年7月2日～28日）

代です．インターネットを通じて多くの観測データがリアルタイムで往来するようになりました．平磯では，1992年に地磁気データ収集網（INTERMAGNET）に参画し，世界各地の地磁気変化をリアルタイムに入手する態勢を作りました．1994年には「ひまわり」の高エネルギー粒子計測結果を平磯で衛星から直接に受信することを開始し，SERDINに接続しました．

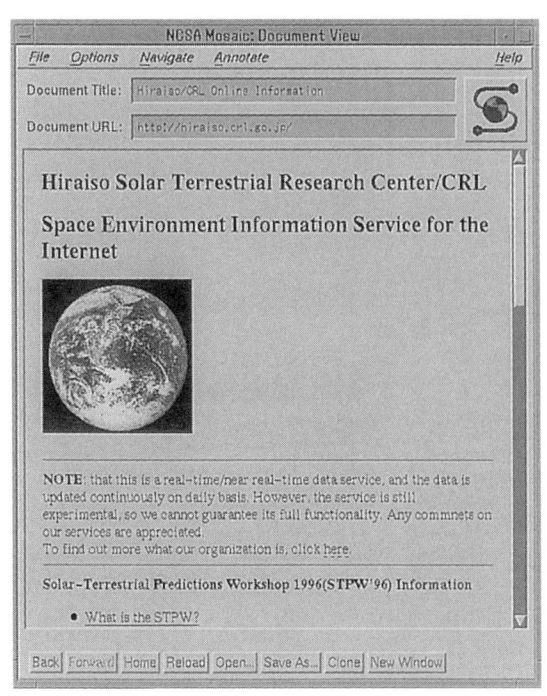

〈図10〉SERDIN/WWWのトップ・ページ

さらにインターネットを通じて得られるGOES衛星観測のX線フラックスや高エネルギー粒子のデータも合わせて、宇宙天気にかかわる諸現象を一望できる図表「太陽活動チャート」を作成しました．図9はその一例で，上から太陽フレアの発生状況，X線放射，太陽風，高エネルギー粒子，地磁気活動の変化を表示しています．1994年，SERDINは通信総合研究所CRL（NICTの前身）全体を結ぶコンピュータ・ネットワークに接続され，WWWサーバを使って外部にも公開されました（SERDIN/WWW）．当時のトップページを図10に示します．これは現在の宇宙天気予報センターの中核をなすものです．

3.4 ACE衛星テレメトリ受信

ACEは1997年にNASAが打ち上げた，太陽と地球の引力が均衡する第1ラグランジェ点（L1点）のハロー軌道を周回する人工衛星（惑星）です．太陽風と，その他の宇宙粒子組成の詳細な計測が，その主目的でした．国際宇宙環境サービス機関（ISES）（Appendix参照）の本部がある米国NOAA宇宙環境研究所が，ACEの太陽風計測を予報に利用する計画（ACE/RTSW）を提案し，太陽風観測結果を即時的伝送するリアルタイム・オプションが実現しました．

CRLは小金井に直径11 mパラボラ・アンテナと受信施設を設置して，この計画に参加しました．世界各地の受信施設の協力でACEを24時間追跡し続ける受信体制の中で，重要な役割を果たしました．ACE受

〈写真9〉2000年ごろの平磯における予報会議

信は施設建設，運用ともに小金井本所の宇宙科学部が担当し，現在でも継続しているのですが，ISESの警報センターとしてのCRLへの期待に基づく要請によって開始されたので，ここに記述しました．

太陽風は磁気嵐の発生を直接に決定づけるものです．とくに太陽風の磁場が南向きで数時間経過すると，磁気嵐が発生することが1970年代初頭から知られていましたが，太陽風の磁場をリアルタイムで知る方法がありませんでした．ACE/RTSWによる太陽風データの取得は世界の宇宙天気予報関係者が長年にわたって望んできたものの一つです．なお，2015年2月には，ACE衛星の後継としてDSCOVR衛星が打ち上げられました．

4 宇宙天気予報センターの運営体制の変遷

4.1 宇宙天気予報センターの構築

宇宙天気予報プロジェクトの最終段階の目標は，宇宙天気予報センターの構築と運用でした．予報センターはプロジェクトの進行にともない発展してきました．予報の発令は，電波警報の時代から続く伝統に従い，関連の職員が一堂に集まる予報会議で観測データを検討し，予報内容を決めてきました．

写真9は平磯で収集データが最も充実した2000年（平成12年）ころの予報会議のようすです．

4.2 予報センターの小金井移転と平磯の閉鎖

通信総合研究所（CRL）では2001年度（平成13年度）に独立行政法人化を予定し，従来の課室体制からグループ制に移行することが検討されていました．本所宇宙科学部と平磯宇宙環境センターは，全員で宇宙天気予報プロジェクト推進を強化するために，平成12年度からグループ制を取り入れ，研究員がすべて交代で予報当番にあたること，予報センターを本所（小金

井)に移すことを決めました．宇宙科学部が平磯の予報会議を見学する期間，平磯と小金井が交代で予報を担当する期間を経て，2002年(平成14年)に移転を完了しました．

平磯宇宙環境センターは2001年(平成13年)に平磯太陽観測センターへ，2009年(平成21年)には無人運用の平磯太陽観測施設へと縮小されていきましたが，高精細Hα太陽望遠鏡とHiRASによる太陽の光学/電波観測は定常的に継続されました．とくに，平磯が無人運用の施設になった2009年以降も，小金井からの制御により安定に観測を続け，観測データを国内外の利用に供しました．

100年の歴史を経て，平磯の施設は閉鎖されることになりました．しかし，大幅に機能更新した太陽電波観測システムが山川電波観測施設に設置され，太陽光学望遠鏡群は国立天文台に移管されて，大学との共同研究に供されることになりました．

5 あとがき

こうして「平磯」の後半史を振り返ってみると，その初期に電波警報を開始したころには，その業務を実施するための研究が非常に新しいもので，後に謂うところの太陽地球間物理学を先導していたことは間違いありません．後年，警報業務にあたる平磯を補強するために，警報向上のための研究にあたる研究部門が本所に設置されましたが，その後の歴史において，太陽地球間物理学が独自の道を歩むようになり，業務に専念する「平磯」が結果的に取り残されたことも否定できません．警報業務とそのための研究という役割分担には，無理があったのかもしれません．電波警報の初期の頃には，研究者が警報業務を担当していたことが思い出されます．

宇宙天気予報プロジェクト開始以降の研究成果はあまりにも多岐にわたるので，本稿では割愛しました．発表の一部は参考文献(6)〜(10)に見ることができます．

宇宙天気予報プロジェクトが平磯で始められてから25年あまりが経過しました．平磯太陽観測施設は閉鎖されますが，2015年(平成27年)から文部科学省新学術領域研究「太陽地球圏環境予測：我々が生きる宇宙の理解とその変動に対応する社会基盤の形成」(代表者：名古屋大学 草野完也教授)がスタートしました．宇宙天気の学術的研究と予報実務の融合を図る壮大な全国規模のプロジェクトで，情報通信研究機構も予報実務機関として参加しています．宇宙天気予報プロジェクトへの規模を拡大した再挑戦として大いに期待したいと思います．

◆参考・引用＊文献◆

(1) ＊滝澤 修；「平磯無線の100年史」，前編：黎明期の無線技術開発から電波伝搬研究へ，RFワールドNo.34，pp.124〜141，CQ出版社．

(2) ＊羽倉幸雄；「電離層嵐の研究」，pp.65〜137，電波研究所季報 第7巻 第1号 特集，1961年．

(3) ＊ Kumagai, H.; "Magnetic field strucutres of solar active regions obtained by polarization mapping observation at 32 GHz", Journal of Radio Research Laboratory, Vol.32, No,137, pp.167〜174, 1985.

(4) ＊西崎 良，松浦延夫，西山 巌；「電離層観測衛星(ISS)によるトップサイド・サウンディング(TOP)データの評価」，電波研究所 季報 第24巻 第127号，pp.147〜158，1978年3月．

(5) 電波研究所 季報 第25巻 第134号，太陽地球環境予報特集号，1979年7月．

(6) 電波研究所 季報 第35巻 第7号，宇宙天気予報モデルの開発に向けて，1989年11月．

(7) 電波研究所 季報 第43巻 第2号，宇宙天気予報システムの研究開発—中間報告—，1997年6月．

(8) 通信総合研究所 季報 第48巻 第3号，宇宙天気予報特集Ⅰ—宇宙天気諸現象の研究—，2002年9月．

(9) 通信総合研究所季報 第48巻 第4号，宇宙天気予報特集Ⅱ—観測・予報システムの開発と情報サービス—，2002年11月．

(10) 情報通信研究機構季報 第55巻 第1〜4号，宇宙天気予報特集，2009年11-12月．

NICTが発信する宇宙天気予報は以下のURLで見られます．
▶ http://swc.nict.go.jp/

まるばし・かつひで　元郵政省通信総合研究所 平磯支所長

Appendix

電波伝搬と関連深い観測速報を国際的に交換するシステム
ウルシグラムの創成と国際警報業務機関

丸橋 克英
Katsuhide Marubashi

● ウルシグラムの始まり

電波伝搬に関連の深い太陽黒点，地磁気，電離層などの観測速報を国際的に交換するシステムの運用が，1927年の国際電波科学連合(URSI：Union Radio

訂正▶本誌前号に掲載した前編のp.134右段，下から10行目の「河野守夫」は「河野哲夫」の誤りでした．誤記を訂正いたしますと共にお詫び申し上げます．

〈図1〉国際宇宙環境サービス機関(ISES)に加盟する18か国の宇宙環境予報センターの配置

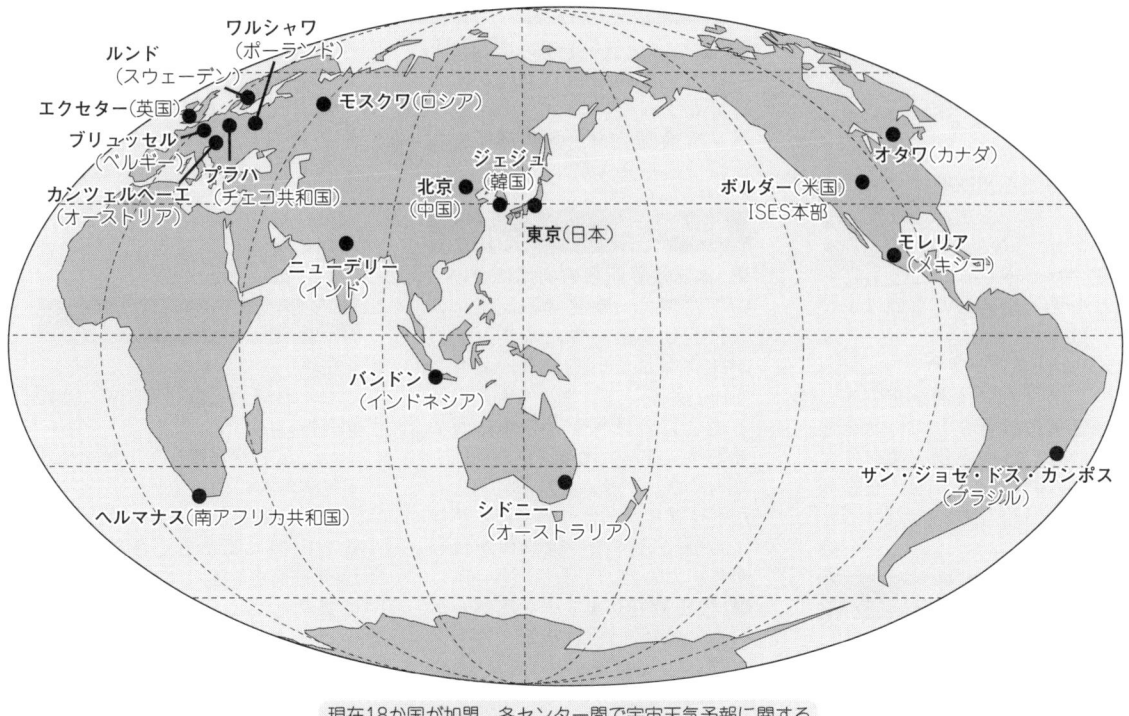

現在18か国が加盟．各センター間で宇宙天気予報に関する情報とデータを交換している．

Scientifique Internationale)で決定され，1928年からフランスで始められました．

この業務は第2次大戦のため1941年以降中断しましたが，戦後 第9回URSI総会で再開が決められ，日本は1951年(昭和26年)に電離層(中央電波観測所)，太陽活動状態／太陽コロナ／太陽電波(東京天文台)，地磁気(地磁気観測所)，宇宙線(理化学研究所)の観測速報を再開しました．観測速報はコード化された電文によるもので，この電文がウルシグラムです．ウルシグラムは国分寺の通信係が運用する短波局JJDから世界に向けて放送され，世界の電波警報業務で利用されました．

● 国際地球観測年

1957年7月から1958年12月31日まで国際地球観測年(略称：IGY)という国際協力プロジェクトが実施されました．太陽活動，地磁気，電離層などを含む12項目の地球物理学分野の共同観測を行う大プロジェクトです．世界規模で行う同時共同観測を強化する目的で，太陽フレアや地磁気嵐発生を予知して連絡をとりあう組織が創設されました．本部を米国ボルダーに置き，仏，露，豪，日に地域警報センターを置く組織でした．

電波研究所がこの組織の西太平洋地域警報センターに指定され，特別観測を行う期間の予報(特別世界日警報)を「平磯」が担当することになりました．相互の連絡はテレックスが使用されていました．

● IUWDSからISESへ

IGY終了後，この世界組織はウルシグラム交換組織と統合され，1962年に常設の機関として国際ウルシグラム世界日警報業務機関(IUWDS：International Ursigram and World Days Service)が創設され，業務が継続されました．

1992年には，各地域警報センター間のウルシグラムやその他の情報交換にインターネットを利用するようになりました．その後，1996年(平成8年)，IUWDSは電波伝搬だけでなく，広く宇宙環境に関する情報交換に関与する方針へと転換し，国際宇宙環境サービス機関(ISES：International Space Environment Servise)へと名称を変更しました．現在，図1に示すように，世界18か国が加盟しています．宇宙環境サービスの国際的な標準化を目指して活動しています．

ISES ▶ http://www.spaceweather.org/

まるばし・かつひで　元郵政省通信総合研究所 平磯支所長

The Editor's Notes
編集後記

■ 特集はいかがでしたか？ DG8SAQのVNWAはシンプルながら秀逸な出来映えで，世界中にユーザを広めたと思います．一方，VNAの実際の動作を現実のハードウェアとともにわかりやすく解説した事例は本特集が初めてでしょう．

ziVNAuはハードウェア/ソフトウェアともに公開予定です．信号処理の改善などで性能を伸ばしたり，多機能化を図れる余地が残されているので，ぜひ読み解いて活用していただけると幸いです．　　　　　　（☺）

読者アンケート実施中！
図書カードをプレゼント！詳しくはホーム・ページへどうぞ．

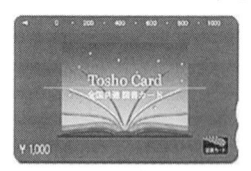

No.36のお知らせ　2016年10月28日発売

■ 本格的な無線IoTの成功にとって，電波環境の整備は必須条件でしょう．スペクトラム・アナライザを使えば，無線機器や電波環境の不具合が一目瞭然です．今後はIT系エンジニアもスペアナを使う時代になるでしょう．

次号では，IoT機器にも即応するUSBリアルタイム・スペアナとその活用法を特集します．

編集部から

● **本誌掲載記事の利用についてのご注意**――本誌掲載記事には著作権があり，また産業財産権が確立されている場合があります．したがって，個人で利用される場合以外は所有者の承諾が必要です．また，掲載された回路，技術，プログラムを利用して生じたトラブルなどについては，小社ならびに著作権者は責任を負いかねますのでご了承ください．

● **投稿歓迎します**――実験レポート/製作記事/技術解説など，本誌への投稿希望の方は，連絡先（自宅/勤務先）を明記のうえ，テーマと内容の概要をレポート用紙1～2枚程度にまとめて「RFワールド　投稿係」宛てにお送りください．検討のうえ，追って採否をお知らせいたします．なお，採用の分には小社規定の原稿料をお支払いいたします．

お問い合わせ先のご案内

● 在庫，バックナンバーに関して
　　販売担当☎ (03)5395-2141
● 広告に関して
　　広告担当☎ (03)5395-2131
● 記事内容に関して
　　編集部　☎ (03)5395-2123
記事内容に関するご質問は，返信用封筒を同封して編集部宛てに郵送してくださるようお願いいたします．筆者に回送してお答えいたします．

CQ出版社
〒112-8619
東京都文京区千石4-29-14
http://www.cqpub.co.jp/

アンケート実施中！抽選で図書カードをプレゼント！詳しくはwww.rf-world.jp

● **本書記載の社名，製品名について**――本書に記載されている社名および製品名は，一般に開発メーカーの登録商標です．なお，本文中では™，®，©の各表示を明記していません．
● **本書掲載記事の利用についてのご注意**――本書掲載記事は著作権法により保護され，また産業財産権が確立されている場合があります．したがって，記事として掲載された技術情報をもとに製品化をするには，著作権者および産業財産権者の許可が必要です．また，掲載された技術情報を利用することにより発生した損害などに関して，CQ出版社および著作権者ならびに産業財産権者は責任を負いかねますのでご了承ください．
● **本書に関するご質問について**――直接の電話でのお問い合わせには応じかねます．文章，数式などの記述上の不明点についてのご質問は，必ず往復はがきか返信用封筒を同封した封書でお願いいたします．ご質問は著者に回送し直接回答していただきますので，多少時間がかかります．また，本誌の記載範囲を越えるご質問には応じられませんので，ご了承ください．
● **本書の複製等について**――本書のコピー，スキャン，デジタル化等の無断複製は著作権法上での例外を除き禁じられています．本書を代行業者等の第三者に依頼してスキャンやデジタル化することは，たとえ個人や家庭内の利用でも認められておりません．

JCOPY 〈㈳出版者著作権管理機構委託出版物〉本書の全部または一部を無断で複写複製（コピー）することは，著作権法上での例外を除き，禁じられています．本書からの複製を希望される場合は，㈳出版者著作権管理機構(TEL：03-3513-6969)にご連絡ください．

RFワールド　トランジスタ技術 増刊　No.35
無線と高周波の技術解説マガジン
RADIO FREQUENCY　www.rf-world.jp

編　集	トランジスタ技術編集部	2016年8月1日発行
発行人	寺前　裕司	©CQ出版株式会社 2016
		（無断転載を禁じます）
発行所	CQ出版株式会社	
	〒112-8619 東京都文京区千石4-29-14	定価は裏表紙に表示してあります
		乱丁，落丁はお取り替えします
電　話	編集 (03)5395-2123	
	販売 (03)5395-2141	編集担当者　小串　伸一
振　替	00100-7-10665	DTP・印刷・製本　三晃印刷株式会社/DTP　有限会社 新生社
		Printed in Japan

◆**訂正とお詫び**◆　本誌の掲載内容に誤りがあった場合は，その訂正を小誌ホーム・ページ(http://www.rf-world.jp/)に記載しております．お手数をおかけしまして恐縮ですが，必要に応じてご参照のほどお願い申し上げます．

無線LANや無線PANなどの周波数チャートⅣ

RFワールド No.35 折り込み付録❶
© 2016 CQ出版社

お願い 本表に記載した内容は予告なく変更されることがあります。ご利用にあたっては、最新の資料でご確認ください。〈編集部〉

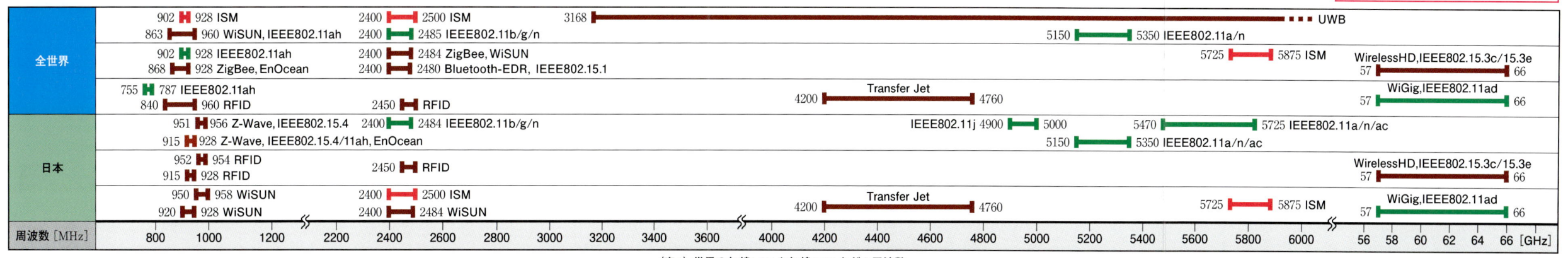

〈表1〉世界の無線LANや無線PANなどの周波数

全世界
- 902–928 ISM
- 863–960 WiSUN, IEEE802.11ah
- 902–928 IEEE802.11ah
- 868–928 ZigBee, EnOcean
- 755–787 IEEE802.11ah
- 840–960 RFID
- 2400–2500 ISM
- 2400–2485 IEEE802.11b/g/n
- 2400–2484 ZigBee, WiSUN
- 2400–2480 Bluetooth-EDR, IEEE802.15.1
- 2450 RFID
- 3168– UWB
- 4200–4760 Transfer Jet
- 5150–5350 IEEE802.11a/n
- 5725–5875 ISM
- WirelessHD, IEEE802.15.3c/15.3e 57–66
- WiGig, IEEE802.11ad 57–66

日本
- 951–956 Z-Wave, IEEE802.15.4
- 915–928 Z-Wave, IEEE802.15.4/11ah, EnOcean
- 952–954 RFID
- 915–928 RFID
- 950–958 WiSUN
- 920–928 WiSUN
- 2400–2484 IEEE802.11b/g/n
- 2450 RFID
- 2400–2500 ISM
- 2400–2484 WiSUN
- IEEE802.11j 4900–5000
- 5150–5350 IEEE802.11a/n/ac
- 5470–5725 IEEE802.11a/n/ac
- 4200–4760 Transfer Jet
- 5725–5875 ISM
- WirelessHD, IEEE802.15.3c/15.3e 57–66
- WiGig, IEEE802.11ad 57–66

周波数 [MHz]: 800, 1000, 1200, 2200, 2400, 2600, 2800, 3000, 3200, 3400, 3600, 4000, 4200, 4400, 4600, 4800, 5000, 5200, 5400, 5600, 5800, 6000, 56, 58, 60, 62, 64, 66 [GHz]

項目 (*印は策定中)	IEEE 802.15.4 (ZigBee, RF4CEなど) 世界	IEEE 802.15.4 日本	IEEE 802.15.4g/4e (WiSUN)	ISO/IEC 14543-3-10 (EnOcean)	Z-Wave	Bluetooth IEEE 802.15.1	UWB*	ISO/IEC 17568, 17569 (Transfer Jet)	WirelessHD IEEE 802.15.3c	IEEE 802.15.3e*	IEEE 802.11 a/b/g/n	IEEE 802.11j	IEEE 802.11ac	WiGig IEEE 802.11ad*	Wi-Fi HaLow IEEE 802.11ah
無線PAN											無線LAN				
周波数範囲	865.6～867.6 MHz 902～928 MHz 952～954 MHz 2.4～2.4835 GHz チャネル番号と周波数 [MHz] ch 周波数 ch 周波数 ch 周波数 0 868.3 9 922 18 2440 1 906 10 924 19 2445 2 908 11 2405 20 2450 3 910 12 2410 21 2455 4 912 13 2415 22 2460 5 914 14 2420 23 2465 6 916 15 2425 24 2470 7 918 16 2430 25 2475 8 920 17 2435 26 2480	915～928 MHz 951～958 MHz 2.4～2.4835 GHz	世界 周波数 [MHz] 169.4～169.47 450～510 779～787 863～870 896～960 1427～1518 2400～2483.5 日本 920～928 950～958 2400～2483.5	世界 315 MHz帯 868 MHz帯 米国 315 MHz帯 902 MHz帯 EU 868 MHz帯 オセアニア 868 MHz帯 日本 315 MHz帯 928 MHz帯	900 MHz帯 ISMバンド 日本 915～928 951～956 MHz 米国 908.42 MHz EU 868.42 MHz 香港 919.82 MHz 豪州, NZ 921.42 MHz	2.402～2.480 GHz (3.0 + HSは IEEE 802.11 を適用) 1.0～3.0： データ：79ch, アドバタイズメント：32ch 4.0～4.2： データ：37ch, アドバタイズメント：3ch	3.168～10.560 GHz バンド・グループ バンド [MHz] 1 3168～3696 2 3696～4224 3 4224～4752 4 4752～5280 5 5280～5808 6 5808～6336 7 6336～6864 8 6864～7392 9 7392～7920 10 7920～8448 11 8448～8976 12 8976～9504 13 9504～10032 14 10032～10560	4.20～4.76 GHz	日本 57～66 GHz 米国, 韓国 57～66 GHz EU 59～66 GHz 中国 59～64 GHz ch 中心周波数 [GHz] 1 58.32 2 60.48 3 62.64 4 64.80	日本 57～66 GHz 米国, 韓国 57～64 GHz EU 59～66 GHz 中国 59～64 GHz	802.11b/g/n 2.4～2.485 GHz 802.11a/n W52：5.15～5.25 GHz W53：5.25～5.35 GHz W56：5.47～5.725 GHz (W52とW53は屋内限定)	4.9～5.0 GHz 5.03～5.091 GHzは 2017年11月30日 まで 使用期間延長	日本 5.15～5.25 GHz W53： 5.25～5.35 GHz W56： 5.47～5.725 GHz W52とW53は 屋内限定	日本 57～66 GHz 米国, 韓国 57～64 GHz EU 59～66 GHz 中国 59～64 GHz	日本 916.5～927.5 米国 902～928 韓国 917.5～923.5 中国 755～787 EU 863～868 MHz
変調方式等	868/915 MHz：BPSK 2.4 GHz：OQPSK, MSK		2FSK, 4FSK, OQPSK, OFDM	ASK	GFSK	GFSK, π/4シフトDQPSK, 8PSK	QPSK (MB-OFDM) BPSK/QPSK (DSSS)	π/2シフトBPSK DSSS	GMSK BPSK π/4 QPSK シフト 8PSK 16QAM	未定	DSSS, OFDM	DSSS, OFDM	BPSK, QPSK, 16QAM, 64QAM, 256QAM, OFDM	π/2シフト (DBPSK, BPSK, QPSK, 16QAM) OFDM	BPSK, QPSK, 16QAM, 64QAM, 256QAM, OFDM
多元接続方式等	CSMA/CA		CSMA/CA	—	—	FHSS	TFI-OFDM (MB-OFDM) Ternary CDMA (DSSS)	なし (1:1)	OFDMA	未定	OFDMA, CSMA/CA	OFDMA, CSMA/CA	Multi User-MIMO, CSMA/CA	OFDMA, CSMA/CA	—
複信方式	TDD		TDD	—	TDD	TDD	TDD	TDD	TDD	未定	TDD	TDD	TDD	TDD	—
チャネル帯域幅	868 MHz：300 kHz 915 MHz：600 kHz 2.4 GHz：2 MHz		920/950 MHz帯 2FSK/4FSKの チャネル間隔： 200/400/600 kHz	—	—	1.0～3.0：1 MHz 4.0～4.2：2 MHz	Wimedia：528 MHz (MB-OFDM) UWB forum： 1.368 GHz, 2.736 GHz (DSSS)	560 MHz	最大 2.5 GHz	未定	20 MHz または 40 MHz	20 MHz	20 MHz 40 MHz 80 MHz 160 MHz		1, 2, 4, 8, 16 MHz
チャネル数	868 MHz：1 915 MHz：10 2.4 GHz：16		—	—	1.0～3.0：79 4.0～4.2：37		13 (MB-OFDM) 2 (DSSS)	1		未定	2.4 GHz：14(オーバーラップ) 3(ノンオーバーラップ) 5 GHz：12(ノンオーバーラップ)	4.9 GHz帯：4ch 5.0 GHz帯：3ch	2ch (160 MHz幅)		—
ピーク・データ速度	868 MHz：20 kbps 915 MHz：40 kbps 2.4 GHz：250 kbps		920/950 MHz帯 必須：50 kbps 4FSKで 最大600 kbps	125 kbps	9.6 kbps 40 kbps	3.0 + HS 最大24 Mbps 4.0 Smart： (Low Energy) アプリケーション・スループット 650 kbps	代表値480 Mbps 計画値1 Gbps	560 Mbps (実効375 Mbps)	最大5 Gbps超 (15.3c-2009)	未定	11b：最大11 Mbps 11a/g：最大54 Mbps 11n：最大600 Mbps	最大54 Mbps	最大6.93 Gbps	最大7 Gbps	4～78 Mbps 1 MHz幅 150 k～4 Mbps 2 MHz幅 650 k～7.8 Mbps

BPSK：Bi-Phase Shift Keying, CCK：Complementary Code Keying, CSMA/CA：Carrier Sense Multiple Access with Collision Avoidance, DL：Down Link, DQPSK：Differential QPSK, DSSS：Direct Sequence Spread Spectrum, EDR：Enhanced Data Rate, FDD：Frequency Division Duplex, FHSS：Frequency Hopping Spread Spectrum, GFSK：Gaussian filtered MSK, GMSK：Gaussian filtered MSK, MB-OFDM：Multiband OFDM, MBWA：Mobile Broadband Wireless Access, MC：Multi Carrier, MSK：Minimum Shift Keying, OFDM：Orthogonal Frequency Division Multiplex, OFDMA：Orthogonal Frequency Division Multiple Access, OQPSK：Offset QPSK, PSK：Phase Shift Keying, QPSK：Quaternary PSK, SC：Single Carrier, SDMA：Spatial Division Multiple Access, TDD：Time Division Duplex, TDM：Time Division Multiplex, TFI-OFDM：Time-Frequency Interleaved OFDM, UL：Up Link, UWB：Ultra Wide Band, WLAN：Wireless Local Area Network, WMAN：Wireless Metropolitan Area Network, WiSUN：Wireless Smart Utility Network

RFワールド No.35 折りたたみ付録② 無線と回路設計の 便利メモ

© CQ出版社 2016 http://www.rf-world.jp/

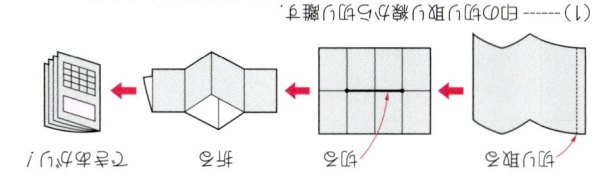

● レーダ・バンド名

電波利用には多くのバリエーションがありますが、民生および軍事に使われているのは、IEEE 波長バンドです。電子機器では TRI サービス・バンド、IEEE 波長バンドサービスとも NATO バンドとも呼びます。

IEEE バンド

バンド名	周波数 [GHz]
L	1～2
S	2～4
C	4～8
X	8～12
Ku	12～18
K	18～27
Ka	27～40
V	40～75
W	75～110
mm	110～300

IEEE std 521-2002に基づく
R(Rec. ITU-R V.431-7）も同じ

TRI サービス・バンド

米国等 3 サービス・バンド、NATOバンド

バンド名	周波数 [GHz]
A	0～0.25
B	0.25～0.5
C	0.5～1
D	1～2
E	2～3
F	3～4
G	4～6
H	6～8
I	8～10
J	10～20
K	20～40
L	40～60
M	60～100

● 無線通信で重要な基礎定数

名称	記号	値	単位
真空中の光の速度	$c = 1/\sqrt{\varepsilon_0 \mu_0}$	$\approx 2.997\,9250 \times 10^8$	m/sec
円周率	π	3.14159265	なし
ネイピア数	e	2.71828182	なし
真空の誘電率	ε_0	$\approx 1/(36\pi) \times 10^{-9}$ $\approx 8.8519 \times 10^{-12}$	F/m
真空の透磁率	μ_0	$\approx 4\pi \times 10^{-7}$ $\approx 1.25664 \times 10^{-6}$	H/m
自由空間インピーダンス（特性インピーダンス）	Z	$=120\pi$ ≈ 376.6	Ω
氷の融解温度	K	273.15	K
プランク定数	h	6.626196×10^{-34}	J·sec
アボガドロ数	N_A	6.02×10^{23}	/mol
ボルツマン定数	k	1.380622×10^{-23}	J/K
電気素量（電子の電荷）	e	$1.602\,1917 \times 10^{-19}$	C

◆ 折りたたみ方 ◆

(1) ------ 印の所を手前側に折る
(2) ▼------▼ 印の所を奥側に折る
(3) ▲------▲ 印の所を手前側に折り込む
(4) ページ番号の順になるように、ハサミで切り開きます

できあがり!

● 単位の接頭語

たとえば周波数を50235000 Hzなどと書くのは煩わしく、位取りを間違えやすいので、工学では3桁ごとに区切って50.235 MHzなどのように表記します。Mは10^6を表すので大文字、Hzは人名に基づく単位記号なので、Hを大文字で表記します。50235 kHzと表すこともできます。ただし、50,235 kHzのように位取りを表す記号（radix）を使いません。灰色で網掛けした接頭語は、工学表記ではあまり使いません。

倍数	記号	英語スペル	読み方
10^{24}	Y	yotta	ヨタ
10^{21}	Z	zetta	ゼタ
10^{18}	E	exa	エクサ
10^{15}	P	peta	ペタ
10^{12}	T	tera	テラ
10^{9}	G	giga	ギガ
10^{6}	M	mega	メガ
10^{3}	k	kilo	キロ
10^{2}	h	hecto	ヘクト
10^{1}	da	deca	デカ
10^{-1}	d	deci	デシ
10^{-2}	c	centi	センチ
10^{-3}	m	milli	ミリ
10^{-6}	μ	micro	マイクロ
10^{-9}	n	nano	ナノ
10^{-12}	p	pico	ピコ
10^{-15}	f	femto	フェムト
10^{-18}	a	atto	アト
10^{-21}	z	zepto	ゼプト
10^{-24}	y	yocto	ヨクト

倍数	記号	パソコン機器での数値（10進数）
2^{80}	Y	桁数が多いので省略
2^{70}	Z	
2^{60}	E	
2^{50}	P	
2^{40}	T	1099511627776
2^{30}	G	1073741824
2^{20}	M	1048576
2^{10}	K	1024

● SI組み立て単位

量	量記号	単位記号	読み	他のSI単位による表示
周波数	f, ν	Hz	ヘルツ	1 Hz = 1/sec
電位	V	V	ボルト	1 V = 1 W/A
電圧	U, V			
起電力	E			
静電容量	C	F	ファラド	1 F = 1 C/V
電気抵抗	R	Ω	オーム	1 Ω = 1 V/A
コンダクタンス	G	S	ジーメンス	1 S = 1 A/V
電流	I	A	アンペア	1 A = 1 C/s
電荷, 電気量	Q	C	クーロン	1 C = 1 As (1 Ah = 3.6 kC)
電束	D			
磁束	Φ	Wb	ウェーバー	1 Wb = 1 V·s
磁束密度	B	T	テスラ	1 T = 1 Wb/m² = 1 N/(A·m) = 1 V·s/m²
自己インダクタンス	L	H	ヘンリー	1 H = 1 Wb/A = 1 V·s/A
相互インダクタンス	M			
電界強度	E, K	V/m	―	1 V/m = 1 N/C
電束密度	D	C/m²	―	
誘電率	ε	F/m	―	
透磁率	μ	H/m	―	
電流密度	J, S	A/m²	―	
磁界強度	H	A/m	―	
抵抗率	ρ	Ω·m	―	
力	F	N	ニュートン	1 N = 1 kg·m/s² (重力単位系では、1 N ≈ 0.102 kgf)
エネルギー	W, A	J	ジュール	1 J = 1 N·m
仕事率, 電力	P	W	ワット	1 W = 1 J·s

● アルファベット変数と主な用途など

大文字	主な用途	小文字	主な用途
A	増幅度, 面積	a	変換比
B	サセプタンス, 帯域幅, 磁束	b	サセプタンス, 帯域幅
C	キャパシタンス	c	光速
D	電束, デューティ比	d	直径, 距離, 歪率
E	電界, 起電力, 電圧	e	電荷, 電圧
F	雑音指数	f	周波数
G	利得, コンダクタンス	g	コンダクタンス
H	磁界	h	パラメータ, 高度
I	電流, 輝度, 放射輝度	i	電流
J	電流密度	j	虚数単位
K	定数または係数	k	定数または係数
L	インダクタンス, 自己インダクタンス	l	長さ
M	相互インダクタンス, 変調度	m	変調指数
N	数, 雑音電力	n	数
O	―	o	―
P	電力, パーミアンス, 圧力	p	電力, 圧力
Q	品質係数, 電荷量	q	電荷量
R	抵抗, リアクタンス	r	抵抗, 比, 半径
S	定在波比, 信号電力, 面積	s	パラメータ
T	温度, 周期	t	温度, 時間
U	内部エネルギー, 電位	u	
V	電圧, 電位, 起電力, 体積	v	電圧, 電位, 起電力
W	仕事量, エネルギー	w	エネルギー, 体積密度
X	リアクタンス	x	
Y	アドミッタンス	y	アドミッタンス
Z	インピーダンス	z	インピーダンス

● ギリシア文字変数の読みと主な用途など

主な用途	大文字	読み	小文字	主な用途
―	A	アルファ	α	角度, 係数, 温度係数, 減衰率
―	B	ベータ	β	角度, 係数, 位相定数, 帰還率
電圧反射係数	Γ	ガンマ	γ	角度, 係数
微小変化	Δ	デルタ	δ	微小変化, 密度, 損失角
―	E	イプシロン	ε	誘電率
―	Z (ツェータ)	ゼータ	ζ	減衰定数
―	H	イータ	η	効率
絶対温度	Θ	シータ	θ	角度, 位相, 熱抵抗
―	I	イオタ	ι	
―	K	カッパ	κ	磁化率
鎖交磁束	Λ	ラムダ	λ	波長
―	M	ミュー	μ	透磁率
―	N	ニュー	ν	周波数
―	Ξ	クサイ	ξ	変数
―	O	オミクロン	ο	
―	Π	パイ	π	円周率
―	P	ロー	ρ	抵抗率, 体積電荷密度
―	Σ	シグマ	σ	導電率, 表面電荷密度
―	T	タウ	τ	時定数, 時間, トルク
―	Y	ウプシロン	υ	
電位	Φ	ファイ	φ	磁束, 位相, 角度
電束	X	カイ	χ	
電気抵抗, 立体角	Ψ	プサイ	ψ	位相, 角度, 電束
―	Ω	オメガ	ω	角速度, 角周波数

参考資料 ▶ ANSI/IEEE std 280-1985 : IEEE Standard Letter Symbols for Quantities Used in Electrical Science and Electrical Engineering.

● 各種マッチングの相互関係

コンダクタンス $G [S]$ ⇔ レジスタンス $R [\Omega]$ ⇔ リアクタンス $X [\Omega]$ ⇔ インダクタンス $L [H]$ / キャパシタンス $C [F]$ / サセプタンス $B [S]$

電圧 ⇔ 電流

● よく使う dB 値 （大ざっぱに使う値）

正の dB値	電圧 比	電力 比	負の dB値	電圧 比	電力 比
0 dB	1	1	0 dB	1	1
1 dB	1.1	1.3	-1 dB	0.9	0.8
2 dB	1.3	1.6	-2 dB	0.8	0.6
3 dB	1.4	2	-3 dB	0.7	0.5
4 dB	1.6	2.5	-4 dB	0.6	0.4
5 dB	1.8	3	-5 dB	0.56	0.3
6 dB	2	4	-6 dB	0.5	0.25
7 dB	2.2	5	-7 dB	0.45	0.2
10 dB	3	10	-10 dB	0.3	0.1
20 dB	10	100	-20 dB	0.1	0.01

● 考えてよく使う式とすぐには計算しにくい電波伝搬関係の式

(1) 受信電力の受信電力 P_r W
$$P_r = \frac{P_t G_t G_r \lambda^2}{(4\pi d)^2} \quad [W]$$
ただし、P_t: 送信電力 [W], G_t, G_r: 送信, 受信アンテナの絶対利得 [m²], λ: 波長 [m], d: 送受信アンテナの距離 [m]

(2) 受信アンテナの実効面積 A_e と利得 G_r の関係
$$A_e = \frac{G_r \lambda^2}{4\pi} \quad [m^2]$$

(3) 自由空間伝搬損失 L
$$L = \left(\frac{4\pi d}{\lambda}\right)^2 \quad [m]$$

(4) 受信電力 P_r と電界強度 E_0 の関係
$$E_0 = \sqrt{\frac{120\pi P_t G_t}{4\pi d^2}} \quad [V/m]$$
ただし、Z_0: 自由空間インピーダンス (120π) [Ω]

(5) アンテナ実効長 l_e と受信アンテナの実効面積 A_e
実効長 $l_e = \lambda/\pi$ (半波長ダイポールアンテナの場合)
半波長ダイポールアンテナで電流が等振幅で受信された場合の誘起電圧 $V_0 = E_0 l_e = E_0 \lambda/\pi$ (半波長ダイポールアンテナ)
または、$l_e = \lambda/(2\pi)$ 微小ダイポールアンテナの場合

(6) 半波長ダイポールアンテナの実効長 l_e
$$l_e = E_0 \lambda/\pi \quad [V]$$

(7) 各種アンテナから距離 d_m 離れた点の電界強度 $E \, V/m$
微小ダイポール DP 半波長 DP 等方性
$\sqrt{\frac{49P}{d}}$ $\sqrt{\frac{45P}{d}}$ $\sqrt{\frac{30P}{d}}$
1.64倍 1.76dB 1.5倍 0dB

(8) 代表的なアンテナの利得比較
微小ダイポール DP 半波長 DP 等方性
1.5倍 1.64倍 1.0倍
1.76dB 2.15dB 0dB

(9) 大地反射波を考慮した電界強度 E
$$E = 2E_0 \sin \frac{2\pi h_1 h_2}{\lambda d} \quad [V/m]$$
ただし、h_1, h_2: 送信、受信アンテナの高さ [m]

(10) 基本レーダ方程式
$$R_{max} = \sqrt[4]{\frac{P_t G_t A_e \sigma}{(4\pi)^2 P_s}}$$
ただし、A_e: アンテナの実効開口面積 [m²], P_s: 目標検出限界電力 [W]